面 向 21 世 纪 课 程 教 材

国 家 工 科 机 械 基 础
教 学 基 地 系 列 教 材

陕 西 省 工 程 制 图 教 改 教 材

U0311198

面向21世纪课程教材

Textbook Series for 21st Century

工程制图基础

（第2版）

西北工业大学
西安建筑科技大学　编
孙根正　王永平　主编

西北工业大学出版社

【内容提要】　本书是教育部"高等教育面向21世纪教学内容和课程体系改革计划"及"陕西省高等教育面向21世纪教学内容和课程体系改革研究项目"的研究成果,是面向21世纪课程教材和西北工业大学"国家工科机械基础课程教学基地"的系列教材之一。

本书将徒手草图、尺规图及计算机绘图的方法随课程内容的深入逐步介绍,使经典内容与现代的CG知识有机结合,三种绘图方法同时训练。为了增强学生的创新意识,本书从不同角度、不同层次加强了二维图形构成和三维形体构造的内容介绍;为了增强学生的工程意识,本书还增加了标准知识的介绍,首次在教材中引入较大篇幅的简化表示法的内容,并引入了CAD制图规则的介绍。书中除简要介绍AutoCAD的相关内容外,还简要介绍了二维绘图系统"大雄机械CAD"。在经典内容的编写上,采用了集合论符号,可使内容的叙述更准确、简练。

本书共分12章,主要内容有:绪论,制图的基本知识,投影基础知识,点、直线和平面的投影,几何元素间的相对位置,投影变换,曲线,二维图形的构成及绘制,曲面,基本体及其表面交线,三维形体的构造及表达,轴测投影,物体的图样表达方法,简化表示法及附录——"大雄机械CAD"简介。

与本书配套的《工程制图基础习题集》(第2版)由西北工业大学出版社同时出版。

本书可作为大学本科机械、土建及其他各专业的教材,亦可供有关工程技术人员参考。

图书在版编目(CIP)数据

工程制图基础(第2版)/孙根正,王永平主编.西北工业大学,西安建筑科技大学编.—西安:西北工业大学出版社,2003.9(2015.4重印)

ISBN 978-7-5612-1398-8

Ⅰ.工…　Ⅱ.①孙… ②王… ③西… ④西…　Ⅲ.工程制图—高等学校—教材
Ⅳ.TB23

中国版本图书馆CIP数据核字(2001)第062445号

出版发行:西北工业大学出版社
通信地址:西安市友谊西路127号　邮编:710072
电　　话:(029)88493844　88491757
网　　址:www.nwpup.com
印　刷　者:兴平市博闻印务有限公司
开　　本:787 mm×1 092 mm　1/16
印　　张:16.875
字　　数:374千字
版　　次:2003年9月第2版　2015年4月第11次印刷
定　　价:36.00元

前　言

随着社会主义市场经济体制的建立,我国的经济已逐步进入世界经济的循环圈。经济全球化使得社会对人才的需求发生了根本变化:从以前的计划经济时代强调专业对口到如今的注重基本素质和创新能力。国家和省级教改立项的研究表明,本科教育尤其是基础课教学应淡化专业,加强基础,注重能力,拓宽面向。本教材是为适应上述要求,打破专业界限,提高学生的基本素质、工程意识及创新能力而建立的图学教育平台。

计算机技术的发展和渗透,给本门课程注入了新的活力,由此所产生的计算机图形学和计算机绘图技术已成为工程领域不可或缺的技术基础。本书从内容的把握上试图体现这一点。

在内容处理上,本书具有如下特点:

1. 将经典内容和现代的计算机图形学知识相融合,使图学系列课的教学视角趋于一致,便于学生不同阶段的学习。

2. 将草图、尺规图及计算机绘图方法同时介绍,并随课程内容逐步深入,三种方法同时训练。

3. 增加了标准知识的介绍。首次在教材中引入较大篇幅的简化表示法的内容,并引入了 CAD 制图规则的介绍,这对推广 CAD 技术,与世界接轨,增强学生的工程意识有积极意义。

4. 把二维图形的构成单列成章,从构形讲起,有利于激发学生的创新思维。

5. 注重教学性。无论是二维图形还是三维形体都采用先构形或先造型再表达的方式,有助于学生理解工程形体与其投影图之间的关系,也有利于创新意识的建立。

6. 教材中除介绍 AutoCAD 的相关内容外,还简要介绍了二维绘图系统"大雄机械CAD"。该软件的特点是符合工程技术人员的绘图习惯,好用易学。采用高水平自主知识产权的软件,有利于激励学生的创新意识和进取精神。

7. 在画法几何内容的编写上,采用了集合论符号,可使对问题的叙述更准确、简练。

本书各章的编者依次为:孙根正(绪论),臧宏琦(第 1 章),王永平(第 2 章),沈梅、雷蕾、叶军(第 3 章),孙根正、叶军(第 4 章),雷哲书、孙根正(第 5 章),贾天科、王永平(第 6 章),王永平、雷光明(第 7 章),贾天科(第 8 章),雷光明、王永平、贾天科(第 9 章),刘援越、叶军(第 10章),邓飞(第 11 章),蔡旭鹏(第 12 章),廖达雄(附录)。全书由孙根正、王永平任主编。

西北工业大学刘荣光教授对本书进行了审阅并提出了许多宝贵意见,在此谨致谢意。

限于编者的经验和水平,本书还会存在一些错误与不足,恳请读者批评指正。

编　者

2003 年 8 月

目　　录

绪　论 ……………………………………………………………………………………… 1

第 1 章　制图的基本知识 ……………………………………………………………… 5

　　1.1　制图基本规定 ………………………………………………………………… 5

　　1.2　制图工具 ……………………………………………………………………… 18

　　1.3　几何作图 ……………………………………………………………………… 22

　　1.4　草图 …………………………………………………………………………… 26

　　1.5　计算机绘图简介 ……………………………………………………………… 28

第 2 章　投影基础知识 ………………………………………………………………… 36

　　2.1　概述 …………………………………………………………………………… 36

　　2.2　投影的基本性质 ……………………………………………………………… 37

　　2.3　工程中常用的图示方法 ……………………………………………………… 39

　　2.4　三视图的形成及其特性 ……………………………………………………… 41

第 3 章　点、直线和平面的投影 …………………………………………………… 45

　　3.1　点的投影 ……………………………………………………………………… 45

　　3.2　直线的投影 …………………………………………………………………… 50

　　3.3　平面的投影 …………………………………………………………………… 57

第 4 章　几何元素间的相对位置 …………………………………………………… 67

　　4.1　平行关系 ……………………………………………………………………… 67

　　4.2　相交关系 ……………………………………………………………………… 69

　　4.3　垂直关系 ……………………………………………………………………… 73

　　4.4　综合举例 ……………………………………………………………………… 75

第 5 章　投影变换 ……………………………………………………………………… 78

　　5.1　概述 …………………………………………………………………………… 78

　　5.2　更换投影面法 ………………………………………………………………… 78

第 6 章　曲　线 ………………………………………………………………………… 86

　　6.1　曲线的基本概念 ……………………………………………………………… 86

　6.2　平面曲线的投影 ·· 87

　6.3　圆柱螺旋线 ·· 88

　6.4　Bézier 曲线 ··· 90

　6.5　B 样条曲线 ··· 93

第 7 章　二维图形的构成及绘制 ·· 97

　7.1　二维图形的构成方法 ··· 97

　7.2　圆弧连接的尺规作图 ·· 100

　7.3　用计算机作圆弧连接 ·· 105

第 8 章　曲　　面 ··· 112

　8.1　概述 ··· 112

　8.2　回转面 ·· 114

　8.3　螺旋面 ·· 115

第 9 章　三维形体的构造及表达 ·· 118

　9.1　三维形体的构造方法 ·· 118

　9.2　平面立体及其表面交线 ··· 121

　9.3　曲面立体及其表面交线 ··· 132

　9.4　立体与立体相交 ·· 156

　9.5　多个立体相交 ·· 176

　9.6　组合体视图的画法 ··· 180

　9.7　组合体视图的尺寸标注 ··· 185

　9.8　组合体视图的阅读 ··· 188

第 10 章　轴测投影 ·· 195

　10.1　基本知识 ·· 195

　10.2　正等轴测投影 ·· 196

　10.3　斜二等轴测投影 ··· 205

　10.4　轴测图上的剖切画法 ··· 208

　10.5　用计算机绘制轴测图 ··· 210

第 11 章　物体的图样表达方法 ·· 217

　11.1　视图 ·· 217

　11.2　剖视图 ··· 220

　11.3　断面图 ··· 231

　11.4　综合应用举例 ·· 233

第 12 章　简化表示法 ·· 235

　　12.1　概述 ·· 235

　　12.2　简化画法 ·· 235

　　12.3　简化注法 ·· 242

附录　"在雄机械 CAD"(免费版)简介 ································ 251

参考书目 ·· 259

绪　　论

1. 本课程的研究对象

在生产力还很不发达的时代,人们制造的工具乃至机械,都是由手工制作的。当那些能工巧匠们制造一件工具时,先是依照自己脑子里的构思,然后再亲手把它造出来。所以,他们既是设计者,又是制造者,设计和制造是合二为一的。

现代社会已进入大工业时代,要造的是万吨巨轮、飞越太空的宇宙飞船和高耸入云的摩天大楼。像这样浩大的工程,单凭一个人的构思和制造,显然是不可能的。即便是一些小商品,因为社会需求量巨大,种类花色层出不穷,仅依靠一个人也还是不能完成设计与制造的全过程。于是,构思设计和动手制造就分成了两家。

设计师要表达自己的设计意图,就要画出图来,工人师傅要造出合乎要求的产品,依据的就是这张图。图样能对物体的形状、大小和加工要求作出明晰的说明,而这些若要用文字语言来表达是不可能的。现代工业所用的这种图,我们称之为工程图样。大家上学所乘的汽车、火车和上课的教室,无一不是按照一定的图样制造出来的。由此可见,图样是生产中必不可少的技术文件。一台机器有什么特殊功能,一架新型飞机有什么特点,我们不能把它拆开来看,但这些奥秘都可在它的图样中找到。所以图样不仅用于指导生产,还用于科技交流,同时也用来描述、分析客观现象和实验数据。由于图样在工程上起着类似文字语言的表达作用,而且世界各国基本相同,没有民族、地域的限制,所以人们常把它称为"工程技术语言"。因而,绘制和阅读图样便成为一个工程技术人员所必须具备的基本功。制图就是一门研究如何绘制和阅读图样的学科,本课程包含了工程制图所需的基础知识、基本理论及基本技能。

本课程包括的内容——制图基础知识:其中包括制图标准及平面图绘制等方面的知识;制图基本技能:其中包括尺规绘图、徒手草图及计算机绘图等;基础理论:其中包括画法几何及有关的图学理论;图样表达基础:其中包括投影制图及物体的图样表达方法。

2. 本课程的学习目的

学习本课程的目的如下:

(1) 培养正确绘制和阅读工程图样的基本能力;

(2) 培养和发展空间想像能力、空间逻辑思维能力和创新思维能力;

(3) 培养用计算机手段、尺规及徒手绘制工程图样的能力;

(4) 培养实践的观点、科学的思考方法以及认真细致的工作作风;

（5）培养良好的工程意识。

3. 学习本课程的意义

本课程是同学们入学后所学的基础课之一，也是第一门体现工科特点的入门课程。它的重要性不仅在于要让大家学到制图方面的基础知识，更重要的是培养同学们多方面的能力。在已经经历过的十几年学习中，同学们所学的课程都在不同程度地培养着诸如分析能力、抽象能力等，而着重培养空间想像力及构思能力则为本课程的主要任务。一个人可能有多方面的知识与能力，但想像力是最有价值的，因为它是创造性思维的基础。著名科学家爱因斯坦说过："想像力比知识更重要，因为知识是有限的，而想像力包括着世界上的一切，带动着进步，并且是知识进化的源泉。严格地说，想像力是科学研究中的实在因素"。如果没有想像力，牛顿也决不会由苹果的下落联想到万有引力。希望每个同学都有一双富有想像力的翅膀，带你进入科学的殿堂。实践证明，这门课的利用率也很高，合乎规范的制图能力和空间分析、构思能力，应该成为一名工科毕业生的基本素养。

4. 本课程的学习方法

本课程是一门既有系统理论又有实践，而且是实践性很强的课程。对于理论，必须掌握其基本概念和原理，并学会合乎逻辑地去应用它。绘图又是一种基本技能，而基本技能的掌握只有通过大量的实践。

如果只模仿教材上的例题，对所做练习没有一个清晰的空间形象那是掌握不了基本概念和基本原理的。在解题过程中，必须将对平面图形的投影分析与其对应的空间原形的想像结合起来，由此逐步培养空间想像和思维能力。空间想像力就是对解题方案、步骤及作图结果要有一个明晰的空间形象。譬如将一个小圆柱放在一个大圆柱上，而且两者是同一根轴线，那么你的脑子里就要产生一个相应的空间形象。而空间的思维能力则是以空间想像力为前提的一种逻辑思维。譬如说一直线贯穿一个圆球，你就应能首先想像出圆球和直线的形象，同时应得出穿点通常有两个而不是三个的结论。有些同学的空间想像能力强一些，而有些同学则差一些，但都是可以培养和提高的。那么，如何培养空间想像及分析能力呢？首先，要认识到造成这一问题的症结在于脑子里的形象材料积累较少，显然，这和平时对相关事物的观察不够有直接关系，所以应多看一些习题模型或几何示教模型，多积累一些形象材料。从某种意义上讲，这一过程就是要建立一个几何模型的表象信息库，库存量自然是越大越好。紧接着的一步就是要经常不断地从这个信息库中有意提取表象资料，让几何模型的形象反复再现，直到在脑海里巩固地建立起几何模型的形象。有了这个基础，就可以进行较为困难的下一步，那就是，建立起某一自然形象的正投影图形象。要完成这一步，首先要能根据需要想像出一个具体的形象，譬如说一个正放的圆锥的形象，然后再加入正投影的概念，诸如视线（投射线）平行且与投影面垂直，这样它在正立投影面上的投影就是一个三角形，而在水平投影面上的投影则是一个圆。如果能做到这一步，那么你就完成了从空间到平面、再由平面到空间这样一个完整的过程。为了准确无误地完成这一过程，你就必须进而研究投影图的性质，它是由平面到空间的想像所必须经过的桥梁。只有到了这一步，才能说你有了一定的"再现想像"的能力，这是看懂别人画的工程图样所不可缺少的基本功。下一步则是以此为基础发展你的"创造想像"能力。这一过程就是依照一定的目的或任务,构思一个你并没有看到过的空间形象,再用投影图的形式或运用实体造型的软件把它表示出来。显然它需要将脑子里已有的形象资料按一定的规律进行综合与嫁接,从而产生出一个全新的形象。要做到这一点就必须多学投影原理、多看几何模型、多做练习、多进行科学的思考。

培养和发展想像力是本课程的核心任务,它属于开发智力的范畴。而非智力因素,诸如良好的意志品质,稳定的情绪,浓厚而持久的学习兴趣,知难而进、坚忍不拔的性格和积极进取的精神,在本课程的学习中同样起着关键的作用。作图时要清晰、准确,不应潦草,凡事应细心耐心,要意识到一条线、一个字的差错都会造成不可估量的损失。为了快速正确地画出工程图样,从一开始就应养成正确使用仪器的习惯。

5. 制图的昨天、今天与明天

制图的历史几乎和人类的历史一样古老而久远,表达设计思想的技术图样也同样如此。

在文字出现前的很长一段时期内,人们是用图来满足表达的基本需要的。随着文字的出现,图画才渐渐摆脱其早期用途的约束而与工程活动联系起来。譬如在建设金字塔、战车、建筑物等完美的工程项目和制造简单而有用的器械时,已用图样作为表达设计思想的工具。

从大量的史料来看,早期的工程图样比较多的是和建筑工程联系在一起的,而后才反映到器械制造等其他方面。

春秋时代的《周礼考工记》、宋代的《营造法式》、《新仪象法要》及《天工开物》等著作反映了我国古代劳动人民对工程图样及其相关几何知识的掌握已达到了非常高的水平。

人类进行工程活动的大量实践最终导致了"画法几何"的诞生。1795年,法国人蒙日的《画法几何》问世,他在书中系统叙述了利用垂直的两个投影面进行直角平行投影的方法,这就构成了现代工程图的理论基础,为人们将设计绘图由单面向多面转变奠定了基础。尽管在人类活动的漫长岁月里,产生过有史可鉴的数不胜数的天才设计家以及杰出的工程绘画,但真正现代意义上的工程图(多面正投影图)的出现,则是在此以后的事情。正是因为这个原因,现在人们才公认蒙日为"画法几何之父"。

随着图学理论和制图技术的发展,人类在实践中创造了各种绘图工具,从三角板、圆规、丁字尺、一字尺到机械式绘图机,这些绘图工具至今仍在广泛应用着。毋庸置疑,这种手工方式的绘图是一项劳累、繁琐、枯燥和极费时的工作,况且画出的图精度也低。而计算机的出现和发展使这一切发生了巨大的变化。由于图与数之间可以建立某种转换关系,这就为原本用于高速运算的电子计算机进入绘图领域提供了理论依据。于是,古老的图形语言方法和计算机技术相结合,产生了一门新兴的交叉学科:计算机图形学(Computer Graphics,简称CG)。1958年第一台自动绘图机在美国诞生,从此以后,计算机不仅能输出数字、文字和符号,而且能直接输出图形来。随着计算机图形输入、输出设备的不断发展,出现了智能绘图仪、光笔、操纵杆、跟踪器、坐标数字化仪、高分辨率图形显示器以及图像扫描仪等。绘图方式也由初期的编程绘图发展到目前的人机对话形式的

"交互式"绘图。

由于 CAD(Computer Aided Design)、CG 技术的发展,人们从事产品设计的环境正在发生巨大的变化。人们不仅甩掉了传统的图板绘图,而且也不会置身于成堆的设计手册中。设计所需数据、设计规范以及有关的各种各样的资料都会方便地在计算机中找到。

由于 CAD、CG 技术的发展,人们在进行产品设计时,将越来越多地使用三维图形。在得到直观形象的同时,还可将计算机内部自动生成的数据文件传输给数控机床,从而加工出合格的零件。

可以预计,由于计算机图形输入和处理技术的发展,图样管理水平将会产生划时代的变化。一个大型工程项目的图纸可能有几十万以至上百万张,要在这样多的图纸中查找一张图,难度可想而知。然而人们现在可以用为数不多的光盘把这些图纸存储进去,并且可以随心所欲地调用到其中的任何一张,无图纸工厂的出现已不再是遥远的梦想。

当然这并不说明产品的设计、制造过程就不需要图样,其中所需的图样显然要存储在计算机中,随时可以调用并可在网络上传输。由此可见,图纸已不是惟一的图样载体,人类最早曾把图刻画在石壁上,后来画在纸张上,到如今又存储到计算机里,这是一个多么巨大的变化啊!

就我国的情况而言,目前是手工绘图与计算机绘图并存的时期,但近些年来计算机绘图得到了高速发展。大型设计院所的绘图基本由计算机来完成,大型企业已有专门的CAD 和 CG 的研究及应用部门。我国的 CAD 科研开发和应用水平已经达到国外中等发达国家的水平。占设计过程 60%工作量的绘图工作将在我们这一代人手中由手工绘制改为计算机绘图,这是一个多么诱人的前景啊!

理想之路固然壮丽广阔,然而并非笔直的坦途,美好理想需要我们的辛勤劳动才能实现。要用好先进的自动绘图系统,需要有扎实的制图基础知识;要研制更好的绘图系统,则需要坚实深厚的图学功底。"千里之行,始于足下",让我们勤奋学好工程制图的基础知识,为光辉灿烂的明天而不懈努力!

第1章　制图的基本知识

1.1　制图基本规定

1.1.1　标准概述

标准是随着人类生产活动和产品交换规模及范围的日益扩大而产生的。我国现已制订了 20 000 多项国家标准,涉及工业产品、环境保护、建设工程、工业生产、工程建设、农业、信息、能源、资源及交通运输等方面,已成为标准化工作较为先进的国家之一。

我国现有的标准可分为国家、行业、地方、企业标准四个层次。对需要在全国范围内统一的技术要求制订国家标准;对没有国家标准而又需要在全国某个行业范围统一的技术要求制订行业标准;由于类似的原因产生了地方标准;对没有国家标准和行业标准的企业产品制订企业标准。

国家标准和行业标准又分为强制性标准和推荐性标准。强制性国家标准的代号形式为 GB ××××—××××,GB 分别是"国标"二字汉语拼音的第一个字母,其后的××××代表标准的顺序编号,而后面的××××代表标准颁布的年号。推荐性标准的代号形式为 GB/T ××××—××××。

强制性标准是必须执行的,而推荐性标准是国家鼓励企业自愿采用的。但由于标准化工作的需要,这些标准实际上都被认真执行着。

标准是随着科学技术的发展和经济建设的需要而发展变化的。我国的国家标准在实施后,标准主管部门每 5 年对标准复审一次,以确定是否继续执行、修改或废止。在工作中应采用经过审订的最新标准。

下面介绍绘制图样时常用的国家标准。

1.1.2　国家标准介绍

1.图纸的幅面及格式

(1) 图纸幅面 (GB/T 14689—1993):绘制技术图样时,应优先选用表 1-1 所规定的基本幅面。必要时,允许选用规定的加长幅面,这些幅面的尺寸是由基本幅面的短边成整倍数增加后得出的(图 1-1)。

表 1-1　图纸基本幅面尺寸

幅面代号	A0	A1	A2	A3	A4
$B \times L$	841×1 189	594×841	420×594	297×420	210×297
a	25				
c	10			5	
e	20			10	

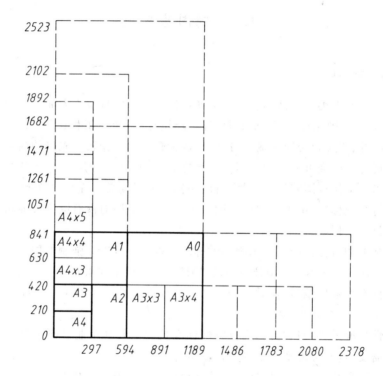

图 1-1　图纸幅面及加长幅面

（2）图框格式：在图纸上，图框必须用粗实线画出。图框尺寸可从表 1-1 中查得，其格式分为不留装订边和留有装订边两种（图 1-2）。同一产品的图样，只能采用一种格式。

（3）标题栏：每张图纸都必须画出标题栏，GB/T 10609.1—1989 对标题栏的尺寸、内容及格式作了规定（图 1-3），标题栏一般应位于图纸的右下角（图 1-2）。

2. 比例（GB/T 14690—1993）

比例是图中图形与实物相应要素的线性尺寸之比。绘制图样时，应尽量采用原值比例。若机件太大或太小需按比例绘制图样时，应在表 1-2 所规定的系列中选取适当比例。必要时允许采用表 1-3 中的比例。

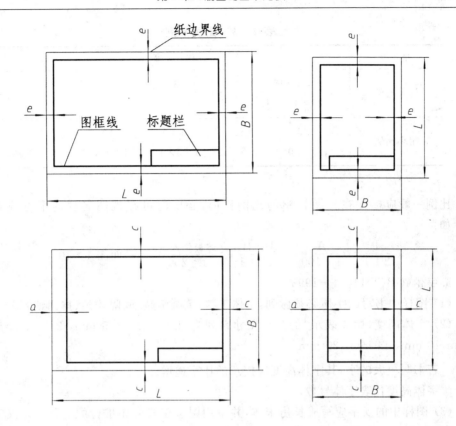

图 1-2　图框格式

标记	处数	分 区	更改文件号	签名	年、月、日				
设 计			标准化			阶 段 标 记	重 量	比 例	
审 查									
工 艺			批 准			共　张　　第　张			

图 1-3　标题栏

表 1-2　比例系列

种　类	比　　　例		
原值比例	1 : 1		
放大比例	5 : 1 $5 \times 10^n : 1$	2 : 1 $2 \times 10^n : 1$	$1 \times 10^n : 1$
缩小比例	1 : 2 $1 : 2 \times 10^n$	1 : 5 $1 : 5 \times 10^n$	1 : 10 $1 : 1 \times 10^n$

注：n 为正整数。

表 1 - 3　比例系列

种　类	比　例				
放大比例	4：1		2.5：1		
	4×10^n：1		2.5×10^n：1		
缩小比例	1：1.5	1：2.5	1：3	1：4	1：6
	$1：1.5 \times 10^n$	$1：2.5 \times 10^n$	$1：3 \times 10^n$	$1：4 \times 10^n$	$1：6 \times 10^n$

注：n 为正整数。

比例一般应标注在标题栏中的比例栏内,必要时可在视图名称的下方或右侧标注。如:

$$\frac{\text{I}}{2：1} \qquad \frac{\text{A}}{1：100} \qquad \frac{\text{B}-\text{B}}{2.5：1} \qquad \frac{\text{墙板位置图}}{1：200} \qquad 平面图 1：100$$

3. 字体(GB/T 14691—1993)

(1)图样中书写的字体必须做到:字体工整、笔画清楚、间隔均匀、排列整齐。

(2)字体高度(用 h 表示)的公称尺寸系列为:1.8 mm, 2.5 mm, 3.5 mm, 5 mm, 7 mm, 10 mm, 14 mm, 20 mm。

若书写更大的字,其字体高度应按 $\sqrt{2}$ 的比率递增。

字体高度代表字体号数。

(3)图样中的汉字应写成长仿宋体,并采用国家正式公布推行的简化字。汉字高度 h 不应小于 3.5 mm,其字宽一般为 $h/\sqrt{2}$。

(4)字母和数字分 A 型和 B 型。A 型笔画宽度(d)为字高(h)的 1/14,B 型笔画宽度(d)为字高(h)的 1/10。

在同一图样上,只允许选用一种形式的字体。

(5)字母和数字可写成斜体和直体。斜体字字头向右倾斜,与水平基准线成 75°。

在 CAD 制图中,数字与字母一般以斜体输出,汉字以正体输出。

国家标准《CAD 工程制图规则》中所规定的字体与图纸幅面的关系见表 1 - 4。

表 1 - 4　字体与图幅的关系　　　　　　　　　(单位:mm)

字高(h)　　图　幅 字　体	A0	A1	A2	A3	A4
汉　字	7	7	5	5	5
字母与数字	5	5	3.5	3.5	3.5

在机械工程的 CAD 制图中,汉字的高度降至与数字高度相同;在建筑工程的 CAD 制图中,汉字的高度允许降至 2.5 mm,字母,数字对应地降至 1.8 mm。

长仿宋体汉字示例:

10 号字:

字体工整笔画清楚间隔均匀排列整齐

7 号字：

横平竖直 注意起落 结构均匀 填满方格

5 号字：

技术制图机械电子汽车航空船舶土木建筑矿山井坑港口纺织服装

3.5 号字：

螺纹齿轮端子接线飞行员指导驾驶舱位挖填施工引水通风闸阀坝棉麻化纤

A 型斜体拉丁字母示例：

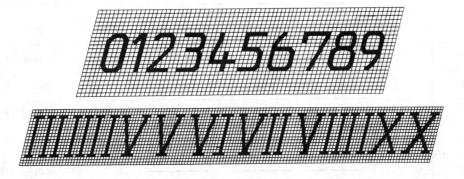

A 型斜体数字、字母示例：

αβγδεζηθϑικλμν
ξοπρστυφφχψω

4. 图线(GB/T 17450—1998)

图线是起点和终点间以任意方式连接的一种几何图形,形状可以是直线或曲线,连续线或不连续线。

图线是由线素构成的,线素是不连续线的独立部分,如点、长度不同的画和间隔。

由一个或一个以上不同线素组成一段连续的或不连续的图线称为线段。

(1)线型:图线的基本线型见表 1-5,共有 15 种,其中 No. 01 是连续线,No. 02～15是不连续线。

表 1-5　基本线型

代码(No.)	基本线型	名称
01	————————————	实线
02	— — — — — — — —	虚线
03	—　—　—　—　—　—	间隔画线
04	—— - —— - —— - ——	点画线
05	—— ·· —— ·· —— ··	双点画线
06	—— ··· —— ··· ——	三点画线
07	· · · · · · · · · · · ·	点线
08	—— — —— — —— —	长画短画线
09	—— — — —— — —	长画双短画线
10	—— · —— · —— ·	画点线
11	—— —— · —— —— ·	双画单点线
12	—— ·· —— ·· —— ··	画双点线
13	—— —— ·· —— —— ··	双画双点线
14	—— ··· —— ··· ——	画三点线
15	—— —— ··· —— ——	双画三点线

（2）基本线型的变形（表 1-6）：

表 1-6　基本线型的变形

基本线型的变形	名　称
〰〰〰〰〰〰	规则波浪连续线
∽∽∽∽∽∽∽	规则螺旋连续线
∧∨∧∨∧∨∧	规则锯齿连续线
～～～～～～	波浪线（徒手连续线）

注：本表仅包括了 No.01 基本线型的变形，No.02～15 可用同样的方法变形表示。

（3）图线宽度：本标准规定了 9 种图线宽度，所有线型的图线宽度（d）应按图样的类型和尺寸大小在下列系数中选择：0.13 mm，0.18 mm，0.25 mm，0.35 mm，0.5 mm，0.7 mm，1 mm，1.4 mm，2 mm。图线的宽度分粗线、中粗线、细线三种，其宽度比率为 4：2：1。在同一图样中，同类图线的宽度应一致。

建筑图样上可采用三种线宽，其比率为 4：2：1；机械图样上采用两种线宽，其比率为 2：1。

在机械工程的 CAD 制图中，A0、A1 幅面优先采用的线宽为 1 mm 和 0.5 mm，A3、A4 幅面采用的线宽为 0.7 mm 和 0.35 mm。常用的细线线宽为 0.25 mm 和 0.18 mm。

（4）图线的构成：手工绘图时，线素的长度应符合表 1-7 的规定。

表 1-7　图线的构成

线　素	线型（No.）	长　度
点	04～07，10～15	$\leqslant 0.5d$
短间隔	02，04～15	$3d$
短　画	08，09	$6d$
画	02，03，10～15	$12d$
长　画	04～06，08，09	$24d$
间　隔	03	$18d$

（5）基本图线的颜色：CAD 工程图在计算机屏幕上的图线应按表 1-8 提供的颜色显示。

（6）图线画法：两条平行线间的距离应≥0.7 mm；基本线型 No.02～06、No.08～15 应恰当地交于画线处；No.07 应准确地交于点上。

图线的应用示例见图 1-4。

表 1-8　基本图线的颜色

图　线　类　型		屏幕上的颜色
粗 实 线	————————————	绿 色
细 实 线	————————————	
波 浪 线	～～～～～～	白 色
双 折 线	～/～/～/～	
虚 线	— — — — —	黄 色
细点画线	— · — · — · —	红 色
粗点画线	— · — · — · —	棕 色
双点画线	— · · — · · —	粉 红 色

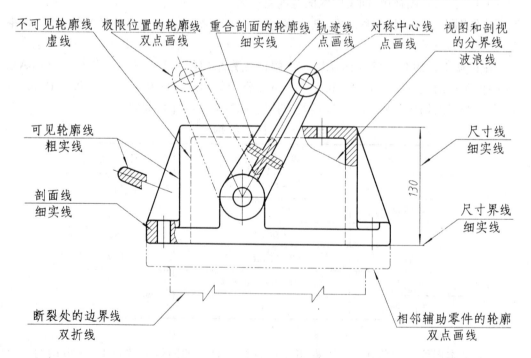

图 1-4　图线应用示例

5. 剖面符号(GB/T 17453—1998)

在绘制剖视图和断面图时,通常应在剖面区域画出剖面线或剖面符号。

不需要在剖面区域中表示材料的类别时,可采用通用剖面线来表示。

通用剖面线是以适当角度的细实线绘制的,它与主要轮廓或剖面区域的对称线成45°角(图 1-5)。

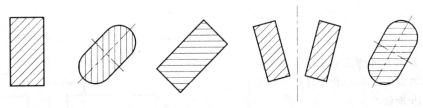

图 1-5　通用剖面线

在专业图中,为了简化制图,往往采用通用的剖面线表示量大面广的材料,如机械图中的金属剖面区域及建筑制图中表示普通砖的剖面区域。若需表示材料的类别,应在相应的标准中去找,也可在图样上以图例的方式说明。

6.尺寸注法(GB/T 4458.4—1984)

尺寸的标注规则及有关规定如表 1-9 所示。

表 1-9　尺寸注法

分类	说　　　明	示　　　例
基本规则	一个完整的尺寸,一般由尺寸数字,尺寸线、尺寸界线及尺寸终端组成。	尺寸界线　尺寸线　尺寸数字　箭头　尺寸界线超出箭头约2mm　$\phi20$　$C\times45°$　$\phi12$　25　33　间距应大于7mm
	1. 机件的真实大小应以图样上所注的尺寸数据为依据,与图形的大小及绘图的准确度无关。 　2. 图样中的尺寸以毫米(mm)为单位时,不需标注计量单位的代号和名称,如采用其他单位,则必须注明相应计量单位的代号和名称。 　3. 图样中所标注的尺寸为该图样所示机件的最后完工尺寸,否则应另加说明。 　4. 机件的每一尺寸一般只标注一次,并应标注在反映该结构最清晰的图形上。	10　10　25　$\phi30$　10　10　25　$\phi30$

续 表

分类	说　　明	示　　例
尺寸数字	线性尺寸的数字一般应注写在尺寸线的上方,也允许写在尺寸线的中断处。	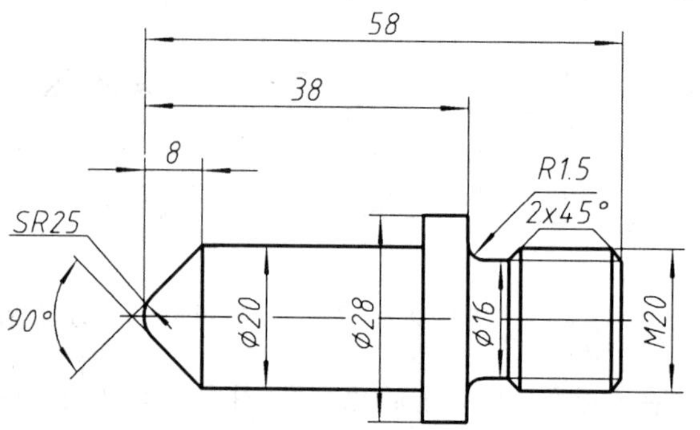
	线性尺寸数字的方向一般按(a)图所示方向注写,并尽可能避免在图示 30°范围内标注尺寸。当无法避免时,允许按图(b)标注。	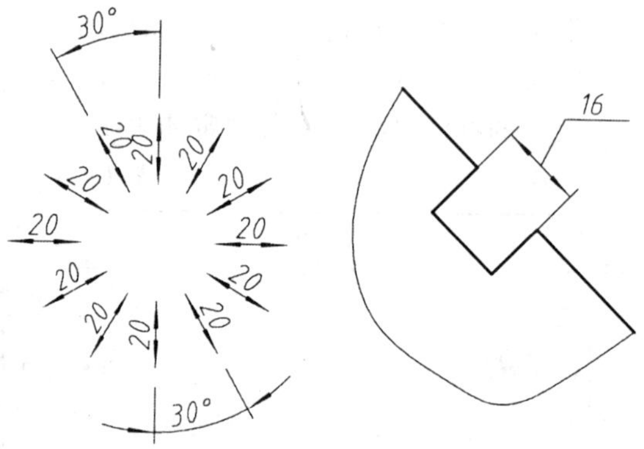
	对于非水平方向的尺寸,其数字可水平地注写在尺寸线的中断处,但全图必须一致。	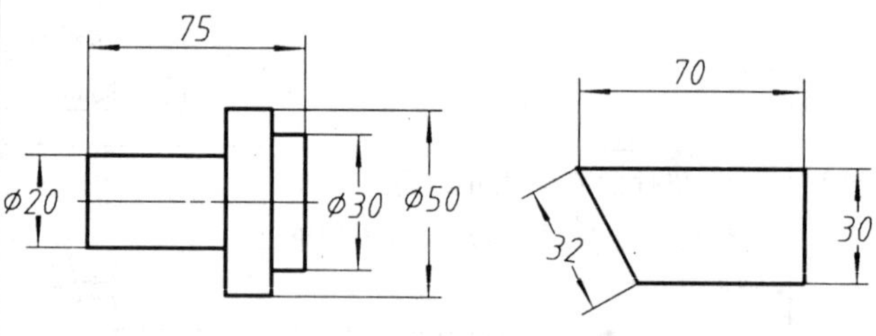
	尺寸数字不可被任何图线所通过,否则必须将该图线断开。	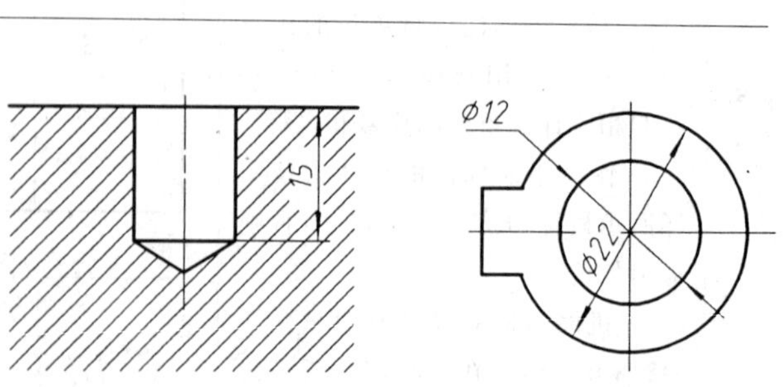

续 表

分类	说　　　明	示　　　例
尺寸线	1. 尺寸线用细实线绘制,尺寸线不能用其他图线代替,一般也不能与其他图线重合或画在其延长线上。 2. 标注线性尺寸时,尺寸线必须与所标注的线段平行。	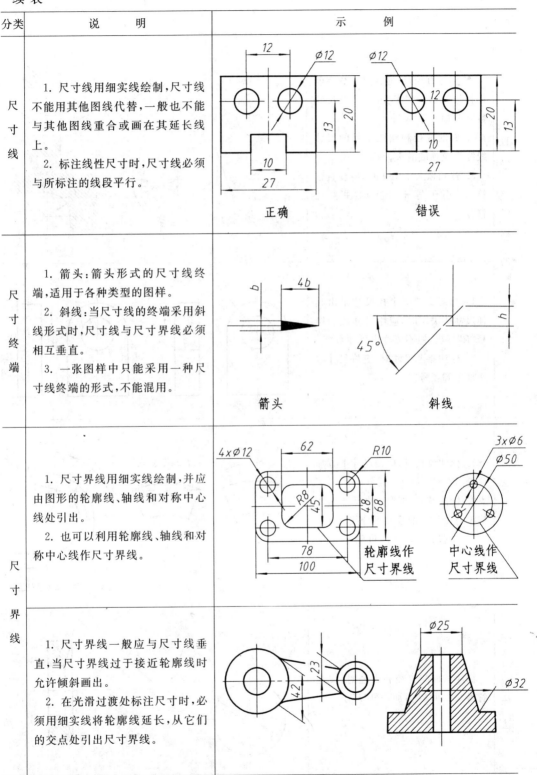
尺寸终端	1. 箭头:箭头形式的尺寸线终端,适用于各种类型的图样。 2. 斜线:当尺寸线的终端采用斜线形式时,尺寸线与尺寸界线必须相互垂直。 3. 一张图样中只能采用一种尺寸线终端的形式,不能混用。	
尺寸界线	1. 尺寸界线用细实线绘制,并应由图形的轮廓线、轴线和对称中心线处引出。 2. 也可以利用轮廓线、轴线和对称中心线作尺寸界线。 1. 尺寸界线一般应与尺寸线垂直,当尺寸界线过于接近轮廓线时允许倾斜画出。 2. 在光滑过渡处标注尺寸时,必须用细实线将轮廓线延长,从它们的交点处引出尺寸界线。	

续 表

分类	说　　明	示　　例
直径与半径的注法	1. 标注直径时,应在尺寸数字前加符号"Φ";标注半径时,应在尺寸数字前加符号"R"。 　2. 圆的直径和圆弧半径的尺寸线终端应画成箭头。 　3. 若圆弧大于180°时,应注直径符号;小于等于 180°时注半径符号。	
	1. 当需要指明半径尺寸是由其他尺寸所决定时,应用尺寸线和符号"R"标出,但不要注出尺寸数字。 　2. 标注参考尺寸时,应将尺寸数字加上圆括号。	
弧长及弦长	1. 标注弧长时,应在尺寸上方加注符号"⌒"。 　2. 标注弦长和弧长的尺寸界线应平行于该弦的垂直平分线。 　3. 当弧度较大时,可沿径向引出。	
球的注法	标注球面的直径和半径时,应在符号"Φ"和"R"前加符号"S"。	

续 表

分类	说　　明	示　　例
角度的注法	1. 角度的数字一律写成水平方向(图(a))。 2. 数字一般注写在尺寸线的中断处,必要时也可按图 b 所示的形式标注。 3. 标注角度时,尺寸线应画成圆弧,其圆心是该角的顶点。 4. 角度的尺寸界线必须沿径向引出。	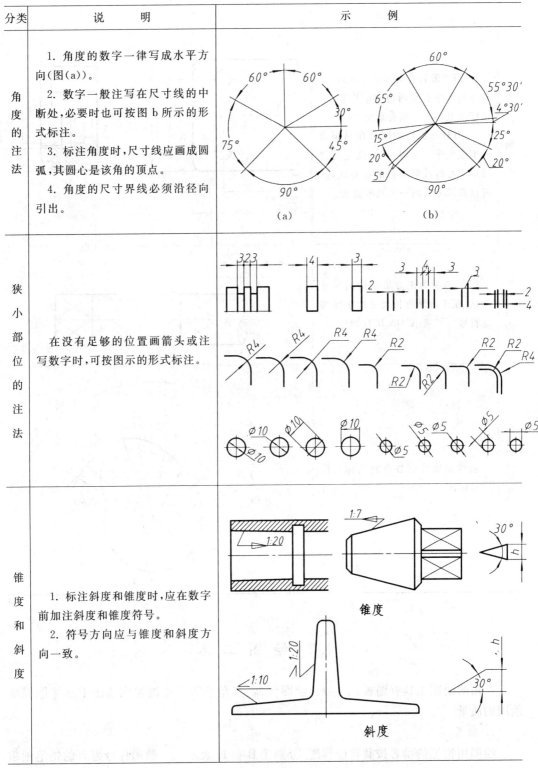
狭小部位的注法	在没有足够的位置画箭头或注写数字时,可按图示的形式标注。	
锥度和斜度	1. 标注斜度和锥度时,应在数字前加注斜度和锥度符号。 2. 符号方向应与锥度和斜度方向一致。	

续　表

分类	说　　明	示　　例
对称图形	1. 当图形具有对称中心线时,分布在对称中心线两边的结构要素,仅标注其中的一组要素尺寸。 2. 当对称机件的图形在只画出一半或大于一半时,尺寸线应超过对称中心线或断裂处的边界线,此时仅在尺寸线的一端画出箭头。	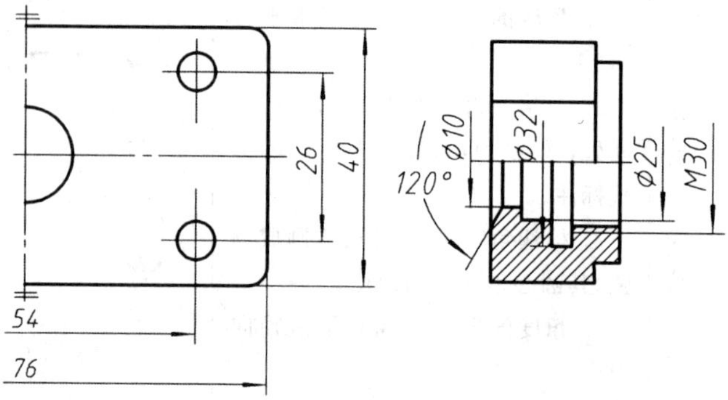
正方结构	标注剖面为正方形结构的尺寸时,可在正方形边长尺寸数字前加注符号"□"或用"$B×B$"注出	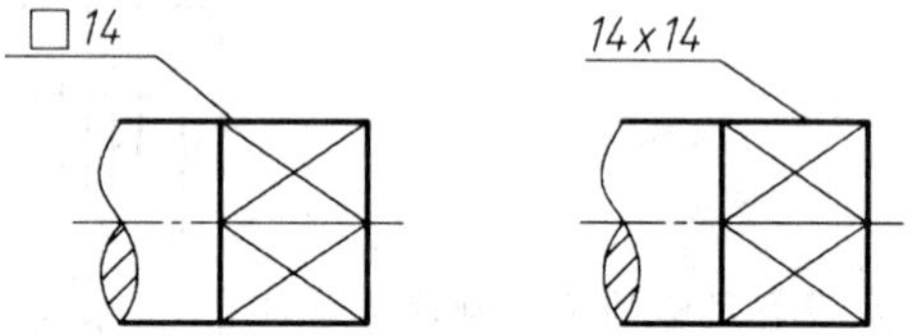
曲线轮廓尺寸的注法	曲线轮廓线上各点的坐标可按图示标注。	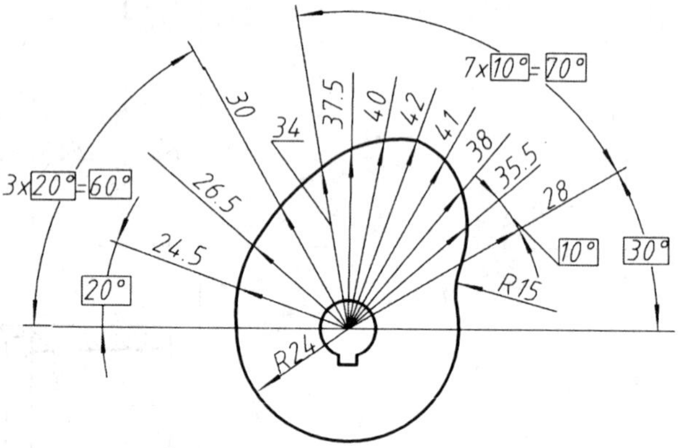

1.2　绘图工具

常用的绘图工具有图板、丁字尺、绘图仪器、三角板等。正确使用绘图工具才能保证绘图的质量。

1. 铅笔

绘图用铅笔的铅芯按其软硬程度,分别用 B 和 H 表示。一般用标号为 B 的铅笔画粗实线；用标号 HB 的铅笔写字；用标号为 H 的铅笔画细线。铅笔的磨削及使用如图 1−6 所示。

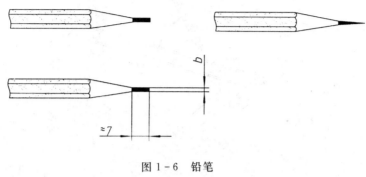

图 1−6　铅笔

2. 图板与丁字尺

绘图时用图板作为垫板，要求图板表面光滑、平坦，用作导边的左侧边必须平直。

图纸用胶带纸固定在图板上。丁字尺与图板配合使用，它主要用于画水平线和作三角板移动时的导边（图 1−7）。

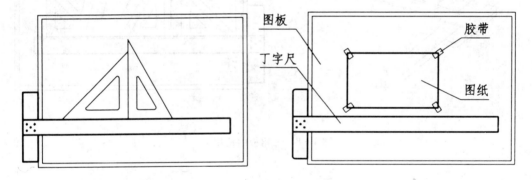

图 1−7　图板与丁字尺的使用

3. 三角板

一副三角板是两块分别具有 45°及 30°、60°的直角三角形板，与丁字尺配合使用，可绘制垂直线、30°、45°、60°及与水平线成 15°倍角的直线（图 1−8）。

4. 曲线板

曲线板用于绘制非圆曲线。曲线绘制的方法和步骤如图 1−9 所示。

作图时，先徒手将曲线上的一系列点轻轻连成一条光滑曲线。然后从一端开始，找出曲线板上与该曲线吻合的一段，沿曲线板画出这段线。用同样方法逐段绘制，直至最后一段。需注意的是前后衔接的线段应有一小段重合，这样才能保证所绘曲线光滑。

5. 绘图仪器

(1) 分规：分规是用来量取或等分线段的工具。用分规量取尺寸，再画到图纸上（图 1−10）。当等分线段时，先估计 1 等分的长度 l，再进行试分。若盈余（或不足）为 b，再用 $l+b/n$（或 $l-b/n$）进行试分。一般试分 2～3 次即可完成。

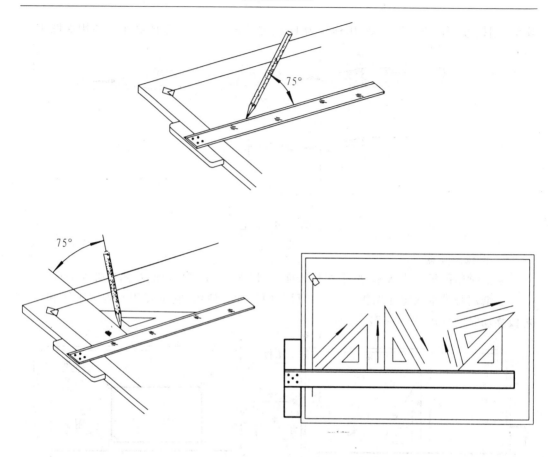

图 1-8　三角板的使用

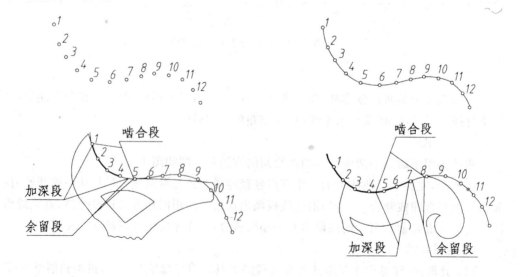

图 1-9　曲线板的使用

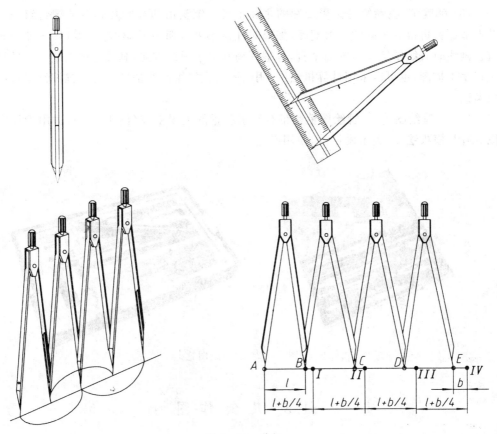

图 1 - 10　分规

（2）圆规及附件：圆规是画圆或圆弧的工具。大圆规配有铅笔（画铅笔图用）、鸭嘴笔（画墨线图用）、钢针（作分规用）三种插脚和一个延长杆（画大圆用），可根据不同需要选用（图 1 - 11）。

画小圆时宜采用弹簧圆规或点圆规。

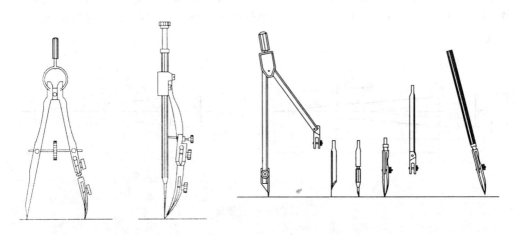

图 1 - 11　圆规及附件

（3）鸭嘴笔:鸭嘴笔是画墨线图的主要工具。笔头由两片叶片和调节螺钉组成。调节调节螺钉可得到不同的墨线宽度,加墨时注意不要弄脏叶片,加墨高度以 4～6 mm 为宜。画线时直线墨笔应与纸面垂直,且笔杆稍倾斜于画线方向,画线速度要均匀。墨线图可以手工描图,也可以采用计算机绘图,用绘图机直接绘制在描图纸上。描图结果可以晒成蓝图。

（4）针管绘图笔:针管绘图笔是带有储水装置的上墨工具(图 1 - 12),适用于技术制图、描图、模板绘图、美术设计等,使用广泛。

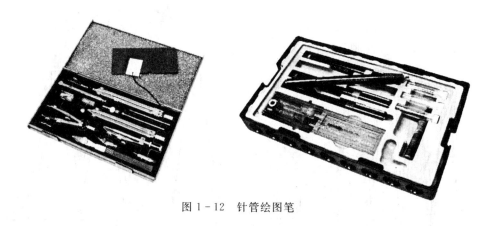

图 1 - 12　针管绘图笔

1.3　几 何 作 图

1.3.1　几何作图

1. 锥度和斜度

（1）锥度:圆锥的底圆直径 D 与其高度 L 之比称为锥度,图样中以 $1：n$ 的形式标注(图1-13(a))。锥度的作法如图1-13(b)所示。由点 A 在水平线上取5个单位长度得点 B,作 $AC \perp AB$,并取 $AC = AC_1 = 1：2$ 个单位长度,分别连接 BC、BC_1 即得锥度1：4的直线。

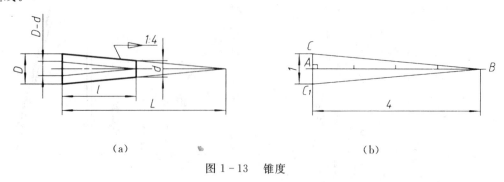

| （a） | （b） |

图 1 - 13　锥度

（2）斜度:一直线(或平面)相对另一直线(或平面)的倾斜程度称为斜度(图

1-14(a))。斜度的作法如图1-14(b)所示。由点 A 在水平线上取5个单位长度得点 B,作
$BC \perp AB$,并取 BC 为1个单位长度,连接 AC 即得斜度 1：5 的直线。

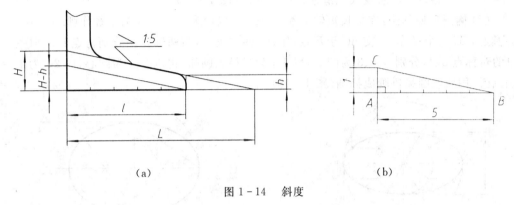

(a)　　　　　　　　　　　　　　　　(b)

图 1-14　斜度

2. 圆内接多边形

圆内接正六边形和圆内接正五边形的作图方法如图 1-15 和图 1-16 所示。

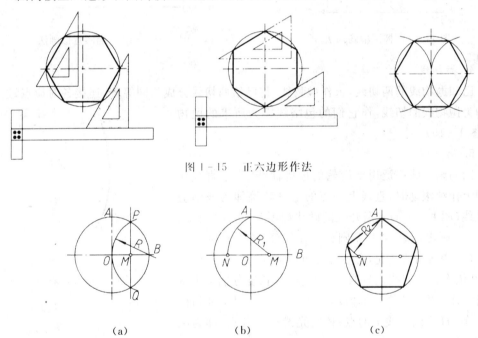

图 1-15　正六边形作法

(a)　　　　　　　　(b)　　　　　　　　(c)

图 1-16　正五边形作法

正五边形作图方法:

(1)求 OB 中点 M:以 B 为圆心,$R = OB$ 为半径作弧与已知圆相交得 P、Q 两点,连接
PQ 与 OB 相交得 M;

(2)求五边形边长 AN:以 M 为圆心,AM 为半径作弧与 OB 延长线交于 N;

(3)求五边形其余四点:以 AN 为边长,A 为起点等分圆,并连接各等分点。

3. 椭圆

这里介绍根据椭圆长、短轴画椭圆的两种方法(设椭圆长轴为 $2a$,短轴为 $2b$)。

（1）椭圆精确画法：以 O 为圆心，分别以 a、b 为半径作同心圆。过 O 作任意射线与两圆相交得 M、N。由点 M、N 分别作长、短轴的平行线，两线交点 K 为椭圆上一点。同样方法求出椭圆上一系列点，用曲线板光滑连接即得椭圆（图 1-17）。

（2）椭圆近似画法：连接长短轴的端点 AC，并以 O 为圆心，OA 为半径作弧 $\overset{\frown}{AE}$；再以 C 为圆心，EC 为半径作弧，交 AC 于 F 点，作 AF 的中垂线，与两轴相交分别得点 1、2。取关于 O 的对称点 3、4，分别以 1、3 为圆心，以 $1A$ 为半径画圆弧，再以 2、4 为圆心，以 $2C$ 为半径画圆弧。用四段圆弧拼画成椭圆（图 1-18）。

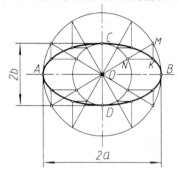

图 1-17　椭圆精确画法

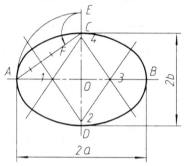

图 1-18　椭圆近似画法

4. 抛物线

已知抛物线的两切线，求作抛物线。将已给两切线分成相同等分，连接各对应点。这些线均为抛物线的切线，作它们的包络线即为所求的抛物线（图 1-19）。

5. 渐开线

圆的渐开线广泛用于齿轮的齿廓曲线。当一直线在圆周上作纯滚动时，直线上一点的运动轨迹即为该圆的渐开线（图 1-20(a)）。渐开线的画法如图 1-20(b) 所示。

（1）画出基圆，并将基圆分为 n 等分，图中 $n=12$。

（2）由等分点 1 起，自各等分点向同一方向作圆的切线，并依次在各切线上量取一段长度，其长度分别等于基圆圆周展开长度 πD 的 $1/n, 2/n, \cdots, n/n$，得点 Ⅰ，Ⅱ，Ⅲ，…… 等，即为渐开线上的点；依次光滑连接各点，即为圆的渐开线。

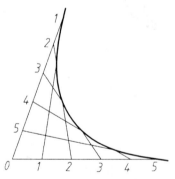

图 1-19　抛物线画法

6. 阿基米德涡线

一动点沿一直线作等速移动的同时，该直线又绕线上一点 O 作等角速度旋转时，动点所走的轨迹就是阿基米德涡线。直线旋转一周时，动点在直线上移动的距离称为导程，用字母 S 表示。

阿基米德涡线在凸轮设计、车床卡盘设计、涡旋弹簧、螺纹、蜗杆设计中应用较多。阿基米德涡线画法如图 1-21 所示。

（1）先以导程 S 为半径画圆，再将圆周及半径分成相同的 n 等分，图中 $n=8$；

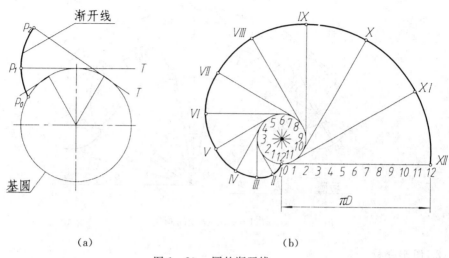

(a)　　　　　　　　　　　(b)

图 1 - 20　圆的渐开线

（2）以 O 为圆心，作各同心圆弧与相应数字的半径相交，得交点 $A,B,C,\cdots\cdots$ 即为阿基米德涡线上的点；

（3）依次光滑连接各点，即得阿基米德涡线。

7. 摆线

当一动圆沿一直线作纯滚动时，动圆上任意点的轨迹称为摆线。引导动圆滚动的线称为导线。当动圆沿直导线滚动时形成平摆线；当导线为圆，动圆在导圆上作外切滚动时形成外摆线，作内切滚动时形成外内摆线。以外摆线为例（设动圆半径为 r，导圆半径为 R），其画法如图 1 - 22 所示。

（1）以 O 为圆心，R 为半径作导圆弧 AA_{12} 并令 $AA_{12} = 2\pi r$。

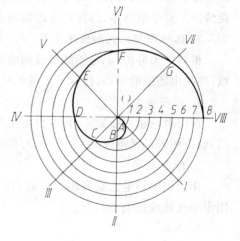

图 1 - 21　阿基米德涡线画法

（2）将导圆弧和动圆作相同的 n 等分，图中 $n = 12$，过各等分点与 O 连成射线。

（3）以 O 为圆心，以 $r + R$ 为半径，作弧交各射线于 O_0，O_1，O_2，$\cdots$，O_{12}。

（4）过 O_0 作一动圆，以 O 为圆心，过动圆上各等分点 1，2，$\cdots\cdots$ 作辅助圆弧。

（5）分别以 O_1，O_2，$\cdots$，O_{12} 为圆心，以 r 为半径画圆，与相应的辅助圆弧交于 A，A_1，A_2，$\cdots$，A_{12} 点，依次光滑连接各点，即得外摆线。

1.3.2　尺规绘图的一般步骤

1. 准备工作

准备好图板、丁字尺、三角板、绘图工具和仪器，修磨好绘制不同图线的铅笔，调整好圆规的针尖和铅心。将各种用具放在适当的位置。

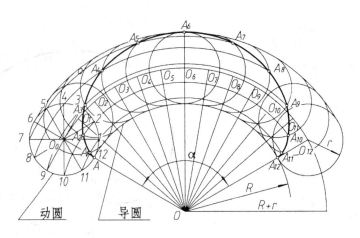

图 1 - 22　摆线的画法

2. 图形分析

分析所绘制的图形,明确平面图形各部分之间的关系,确定已知线段、中间线段和连接线段。对于机器零、部件要考虑如何选择视图表达。

3. 选择图形比例和图纸幅面

根据图形分析,确定图纸幅面和绘图比例。在图板合适的位置上用胶带纸固定好图纸,并找出图纸的中心,按标准图幅的尺寸绘制图框线和标题栏。

4. 图面布置

在图框内适当布置图形,考虑留出尺寸注写和文字说明的位置。图形布置考虑好之后,画出图形的基准线,如中心线、对称线等。

5. 绘制底稿

用较硬的铅笔绘制底稿。先画出图形的主要轮廓,再画细节(如孔、倒角、圆角等)。图形的底稿线应细、轻、准。

6. 加深

底稿完成后要仔细检查,准确无误后,按平面图形标注尺寸的方法引出尺寸界线和尺寸线,然后按不同线型加深图形。图线应浓淡均匀,切点准确光滑,直线棱角整齐。

7. 注写尺寸数字和文字说明,填写标题栏

8. 检查

加深完毕再仔细检查,若没有错误,最后在标题栏内签上名字和日期。

1.4　草　　图

1. 草图的概念

草图是不使用绘图仪器,目测物体比例,徒手绘制的图样。在机器测绘、技术交流、设计方案讨论等方面有广泛的应用。

在目测比例时,应基本把握物体的形状、大小及各部分之间的比例关系。绘制草图时,不可潦草从事。要求图线要清晰、粗细分明、字体工整、尺寸标注无误。

2. 绘制草图的基本方法

(1) 直线的画法:画直线时,执笔要稳而有力,小指靠着纸面,保证线条画得平直;目视终点,以控制绘图方向不变。水平线自左向右,垂线自上而下;画线时要充分利用方格纸的方格线,画 45°线时,利用方格纸的对角线方向(图 1-23)。

(2) 圆及曲线的画法:画小圆时,应先确定圆心的位置,画出两条互相垂直的中心线,再在中心线上按半径定 4 个点,然后连成圆;画较大圆时,再增加两条对角线,共找出 8 个端点,过这些点完成所画的圆;画圆角、椭圆及各种曲线时,也是尽量利用与正方形、长方形、菱形相切的特点作图(图 1-24)。

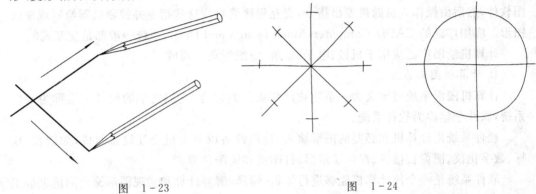

图 1-23   图 1-24

草图画法示例如图 1-25 所示。

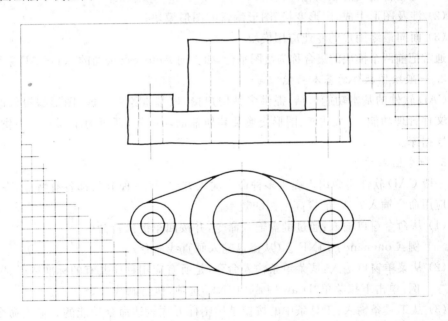

图 1-25

1.5　计算机绘图简介

1.5.1　概　述

计算机绘图是指应用计算机绘图系统生成、处理、存储、输出图形的一项技术。常用的计算机绘图方式有两种：一种是编程绘图，即通过运行所编的绘图程序，由计算机绘图系统自动绘出图形，若对输出的图形不满意，则需修改绘图程序并重新运行。与此对应的另一种绘图方式称之为交互式绘图。要进行交互式绘图，首先要给计算机安装交互式绘图软件，然后由操作人员随机发出指令，交互程序将响应这些指令并控制机器绘制或修改图形。应用广泛的 CADD(Computer Aided Design and Draft)系统一般都是交互式的。

计算机绘图广泛应用于机械、电子、建筑、纺织等众多领域。

1. 计算机图形系统

计算机图形系统可定义为一系列硬件和软件的集合，它们之中的硬件子集称为硬件系统，软件子集称为软件系统。

硬件系统由计算机和必要的图形输入、输出设备以及人机交互设备组成，如键盘、鼠标、数字化仪、图像扫描仪、视频显示器、打印机和绘图仪等。

软件系统是一个使计算机能够进行编辑、编译、解释计算和实现图形输出的信息加工处理系统。图形软件系统一般由以下三部分组成：

(1) 与设备相关的驱动程序模块；

(2) 涉及图形生成、图形变换、图形编辑的图形模块；

(3) 面向最终用户的专业应用模块。

通常把前两个模块的集合称为绘图平台，如美国 Autodesk 公司的 AutoCAD 系统等。

2. 一般绘图软件的基本功能

CAD 软件的基本功能包括：提供多种用户接口、基本绘图功能、图形编辑修改功能、图形文件管理功能、三维功能、图形交换及其他辅助功能等，还可为不同专业提供不同的图形数据库。

3. 命令输入方法

一般 CAD 软件均为用户提供多种命令输入方法，每一种方法都各有特点，在绘图中合理应用命令输入方法，能提高绘图的效率。

(1) 从命令窗口输入：通过键盘输入命令，并按回车键执行命令。

例：Command：LINE ↙（从键盘输入画直线命令）

(2) 从菜单窗口输入：从菜单条输入命令，是所有应用程序共有的标准特征。

例：单击下拉菜单"Draw"中的"LINE"选项，执行画线命令。

(3) 从工具条输入：工具条中的按钮是用图标方式表达命令功能的。输入命令时，只需将光标移动到所需执行的命令图标上，按鼠标拾取键即可。

4. 基本绘图命令

一般 CAD 软件均提供基本绘图、图形编辑修改、图形显示、目标点捕捉、图层管理及线型、颜色设置等基本功能。这里简单介绍几个基本绘图命令。

（1）绘制直线（Line）：执行一次 Line 命令，可绘制一段直线、多段直线、多段封闭直线。

　　例　Command：LINE √

　　　　Specify first point：(给点)10,10 √

　　　　Specify next point or [Undo]：20,10 √

　　　　Specify next point or [Undo]：20,20 √

　　　　Specify next point or [Close/Undo]：10,20 √

　　　　Specify next point or [Close/Undo]：10,10 √

　　　　√ (图 1-26)

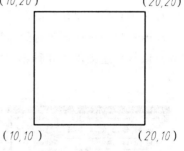

图 1-26　绘制多边形

（2）绘制圆（Circle）：可采用多种选项，使用不同方法绘制圆。

　　例　Command：CIRCLE √（用圆心、半径画圆）

　　　　Specify center point for circle or [3p/2p/Ttr ⟨tan tan radius⟩：120,200 √

　　　　Specify radius of circle of [Diameter]：40 √

　　　　(图 1-27)

（3）绘制圆弧（Arc）：采用多种不同方法绘制圆弧。

　　例　Command：ARC √（给定三点画圆弧）

　　　　Specify Start point of arc or [Center]：70,40 √

　　　　Specify second point of arc or [Center/End]：60,50 √

　　　　Specify end point of arc：60,30 √

　　　　(图 1-28)

（4）绘制椭圆（Ellipse）：按给定椭圆的一个轴和另一轴的半长画椭圆，还可以按旋转方式画椭圆。

　　例　Command：ELLIPSE √

　　　　Specify axis endpoint or ellipse or [Arc/Center]：P_1 √

　　　　Specify other end point：P_2 √

　　　　Specify distance to other axis or [Rotation]：P_3 √

　　　　(图 1-29)

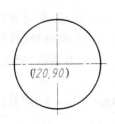

图 1-27　绘制圆

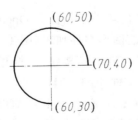

图 1-28　绘制圆弧

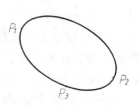

图 1-29　绘制椭圆

1.5.2 AutoCAD 2000 绘图过程

1. AutoCAD 2000 界面

AutoCAD 2000 启动后的屏幕界面如图 1 - 30 所示,分为绘图区、菜单区、命令提示区等。该软件还提供了几种不同的菜单,包括工具栏、下拉菜单、图标菜单等。

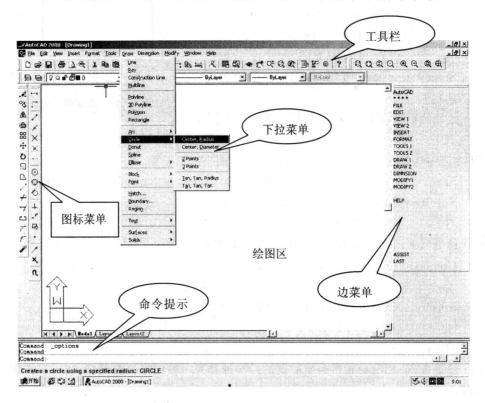

图 1 - 30　AutoCAD 2000 界面

2. 绘图过程

(1) 打开或建立新图形文件:

1) 打开一张旧图:启动 AutoCAD 2000,软件弹出"Startup"对话框。

·Startup 对话框:

位于"Startup"对话框,左上角的第一个图标为 Open a Drawing 按钮,单击该按钮,"Startup"对话框显示最近打开过的图形文件列表(图 1 - 31(a)),双击要编辑的图形文件,则该图形文件被打开。若单击"Browse"按钮,可打开"Select File"对话框,浏览系统文件夹,以便找到需要打开的图形文件(图 1 - 31(b))。

·从下拉菜单"File"中选择"Open"命令,AutoCAD 2000 弹出"Select File"对话框,用鼠标点取或键盘输入要打开的文件名。

2) 建立新图:从下拉菜单"File"中选择"New"命令,AutoCAD 2000 弹出"Create New Drawing"对话框(图 1 - 32),左上角四个可选图标依次为:

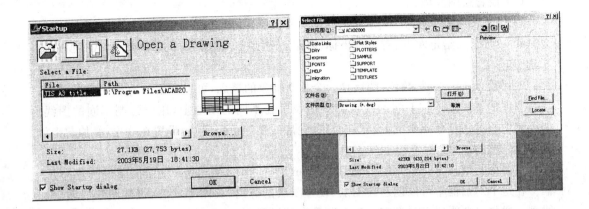

（a）　　　　　　　　　　　　　　　　　　（b）

图 1 - 31　Startup 和 Select File 对话框

· Open a Drawing：打开图形文件。选择"New"命令后，该图标按钮目前不允许使用。

· Start from Scratch：从草图开始。列表框"Default Setting"用来选择"English"英制或"Metric"公制单位绘图。缺省为公制。若选择英制，AutoCAD 则创建英制度量衡制的新图形，该图形使用 acad. dwt 模板文件，并将绘图极限（Limits）设置为 12 英寸×9 英寸；若选择公制，AutoCAD 则创建公制度量衡制的新图形，该图形使用 acadiso. dwt 模板文件，并将绘图极限（Limits）设置为 420 mm×297 mm。单击"OK"，建立新的图形文件（图 1 - 32）。

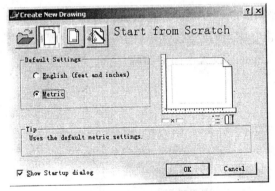
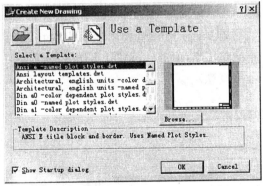

图 1 - 32　Great New Drawing 对话框　　　　图 1 - 33　Use a Wizard 对话框

· Use a Template：使用样板图。列表框"Select Template"中列出了"AutoCAD"软件提供的标准样板图，选择后，单击"OK"，即可建立新的图形文件（图 1 - 33）。

· Use a Wizard：使用创建向导。列表框"Select Wizard"有两个选项，"Advanced Setup"引导用户逐步创建新图中的单位制、角度、角度测量、角度正方向和图幅等信息；"Quick Setup"引导用户逐步创建新图中的单位制和图幅信息（图 1 - 34）。

（2）设置绘图环境：

1）设置图幅和单位制：在建立新的图形文件时，一般已设置了图幅和单位制，还可键入"Limits"命令，给定左下、右上角坐标，限定图幅大小，并用"Zoom"命令中"All"窗口显示绘图区。

2）设置图层、线型、颜色：图层是一个相对抽象的概念，可以理解为有相同定位基准、没有厚度的透明纸片。不同的线型和颜色设置在不同的图层上，用于绘制不同的图线。如绘制中心线用红色点画线，设置在 1 层；轮廓线用绿色粗实线，设置在 0 层，叠加起来就是一张完整的图形。

在命令行键入"Layer"命令，激活"Layer Properties Manager"（图层属性管理）对话框。在这个对话框中可以创建新图层、设置图层的开启、关闭等状态，设置图层的颜色和线型。通常一个图层上只设定一种颜色和一种线型。

（3）绘制修改图表：使用绘图命令、编辑和修改命令完成图形绘制、修改。

（4）保存图形文件：图形绘制后，需要将图形文件保存到磁盘中，从下拉菜单"File"中选择"Save"命令将当前图形文件存盘，但不退出图形编辑状态。选"Save as"将当前图形文件用另一文件名存盘。

（5）退出 AutoCAD：图形存盘后，要结束工作，可退出 AutoCAD 系统。从下拉菜单"File"中选择"Exit"命令，退出前，若图形作过更改，系统会询问是否保存相应的图形文件。也可以用命令"Quit"退出 AutoCAD 系统。

1.5.3　绘图举例

1. 建立图形文件

从下拉菜单"File"中选择"New"命令，弹出"Create New Drawing"对话框（图 1 - 34），选 Use a Wizard 使用"Quick Setup"，单击"OK"弹出下级菜单（图 1 - 35），设置新图中的单位制；单击"Next"弹出下一级菜单（图 1 - 36），设置新图中图幅信息。单击"Done"结束设置。

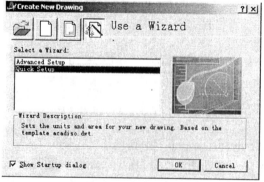

图 1 - 34　创建单位制

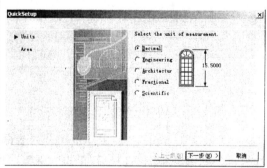

图 1 - 35　创建图幅

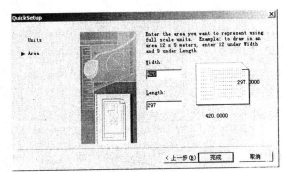

图 1-36　Layer Linetype Properties 对话框

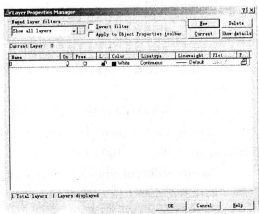

图 1-37　创建图层、线型

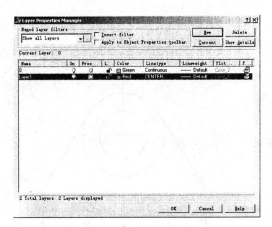

1-38　创新图层

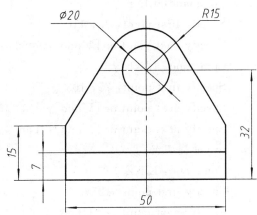

图 1-39　架座

2. 设置图层、线型、颜色

从下拉菜单"Format"中选择"Layer"命令,弹出"Layer Properties Manager"对话框(图 1-37),单击"New"设置新图层 1,并将图层 1 中线型设为点画线,颜色设为红色(图 1-38)。

3. 绘制图形

图 1-39 架座的绘图步骤如下:

1) 将图层 1 设置为当前层。

2) 用直线命令绘图(图 1-40(a)):

Command:LINE √

Specify first point:(给点)100,100 √

Specify next point or [Undo]:@0,52 √

Command：LINE　　✓

Specify first point：83，135 ✓

Specify next point or ［Undo］：@34，0 ✓

3）将图层 0 设置为当前层，用圆命令绘图（图 1－40(b)）：

Command：CIRCLE(用圆心、半径画圆)✓

Specify Center point for circle or ［3P/2P/Ttr 〈tan tan radius〉］：100，135 ✓

Specify radius of circle or ［Diameter］：10 ✓

用同样方法绘制半径为 15 的圆：

Command：LINE ✓

Specify first point：75，103 ✓

Specify next point or ［Undo］：@50，0 ✓

Command：LINE ✓

Specify first point：75，110 ✓

Specify next point or ［Undo］：@50，0 ✓

Command：LINE ✓

Specify first point：75，103 ✓

Specify next point or ［Undo］：@0，15 ✓

Specify next point or ［Undo］：Tan ✓

to（捕捉切点）✓

Command：LINE ✓

Specify first point：125，103 ✓

Specify next point or ［Undo］：@0，15

Specify next point or ［Undo］：Tan ✓

to（捕捉切点）✓

（图 1－40(c)）

4）编辑、修改图形：使用 Trim 命令剪切多余图线，完在图形（图 1－40(d)）。

4．保存图形文件：

从下拉菜单"文件"中选择"Save"命令，给出文件名（Sample）单击"保存(S)"（图 1－41）。

5．退出 AutoCAD

从下拉菜单"文件"中选择"Exit"命令，退出 AutoCAD 系统。

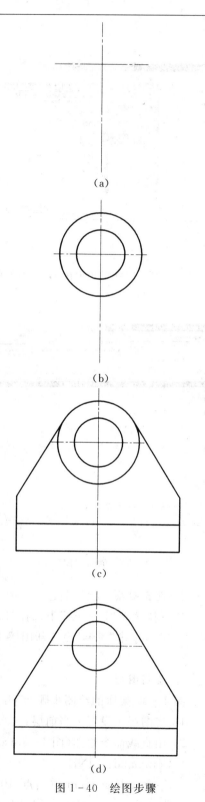

(a)

(b)

(c)

(d)

图 1－40　绘图步骤

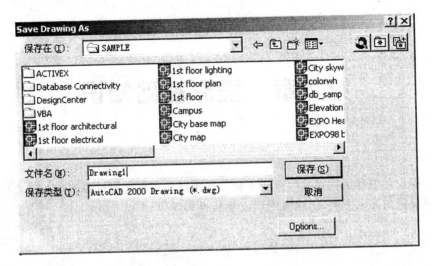

图 1－41　Save Drawing As 对话框

第2章 投影基础知识

在工程设计中常用各种投影方法绘制工程图样。本章介绍投影的基本概念和性质以及工程中常用的图示方法、三视图的形成及其投影规律。

2.1 概　　述

2.1.1 投影概念

当物体受到光线照射时,会在地面或墙壁上产生影子,人们根据这一现象,经过几何抽象创造了投影法,并用它来绘制工程图样。

设空间有一平面 P 和不在 P 面上的一点 S,在 S 和 P 之间置一点 A,连接 SA 并延长交 P 平面于点 a。我们称 S 为投射中心,SA 为投射线,平面 P 为投影面,a 为空间点 A 在投影面 P 的投影,如图 2-1 所示。

2.1.2 投影法分类

1. 中心投影法

如图 2-2(a) 所示,在投影面 P 和点 S 之间置一几何图形如 $\triangle ABC$,过 S 点引直线 SA、SB、SC,交 P 平面于 a、b、c,它们是 $\triangle ABC$ 的顶点在 P 平面的投影,连接 a、b、c 得 $\triangle abc$,称其为空间 $\triangle ABC$ 在 P 平面的投影。SA、SB、SC 为投射线,其交点 S 为投射中心。这种投影法称为中心投影法。

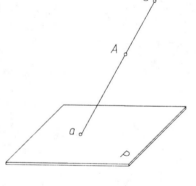

图 2-1　投影概念

2. 平行投影法

如将图 2-2(a) 中投射中心 S 移至无穷远处,则所有投射线将由相交转化为平行,这种投影法称为平行投影法。投射线的方向 S 称为投射方向。

投射方向 S 与投影面 P 可能斜交或垂直相交,故平行投影法又分为斜投影法和正投影法。

(1) 斜投影法:如图 2-2(b) 所示,投射方向 S 不垂直于投影面 P 的平行投影法称为斜投影法。

(2) 正投影法:如图 2-2(c) 所示,投射方向 S 垂直于投影面 P 的平行投影法称为正投影法。

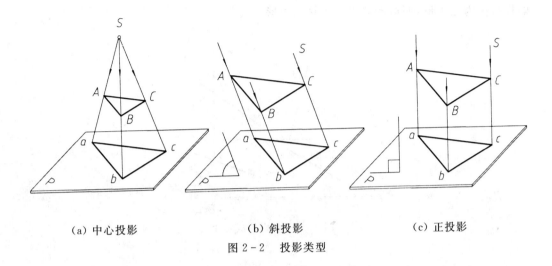

(a) 中心投影　　　　(b) 斜投影　　　　(c) 正投影

图 2 - 2　投影类型

2.2　投影的基本性质

2.2.1　平行及中心投影法共有的投影性质

1. 同素性

点、线的投影在一般情况下仍为点、线，如图 2 - 3 所示。将投影的这一性质称为同素性。

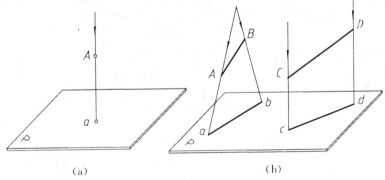

(a)　　　　　　　　　(b)

图 2 - 3　投影的同素性

2. 从属性

点在线上，其投影仍在该线的同面投影上，如图 2 - 4 所示。若 $M \in AB$，则 $m \in ab$；若 $N \in CD$，则 $n \in cd$。

3. 积聚性

当直线或平面与投射方向一致时，其投影分别积聚为一点或一条直线，如图 2 - 5 所示。直线 AB 积聚成一点 $a(b)$，$\triangle CDE$ 积聚成一条直线 cde。

4. 相仿性

与投射方向不一致的任何平面图形，其投影与真实图形相仿，如图 2 - 6 所示。三角形的投影仍为三角形,四边形的投影还是四边形。

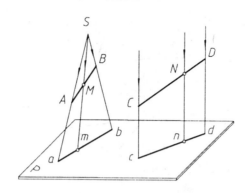

图 2-4　投影的从属性

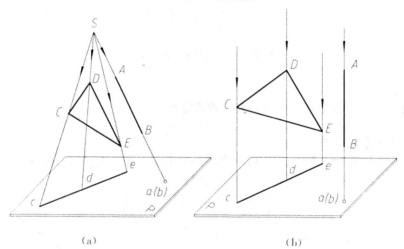

（a）　　　　　　　　　　　（b）

图 2-5　投影的积聚性

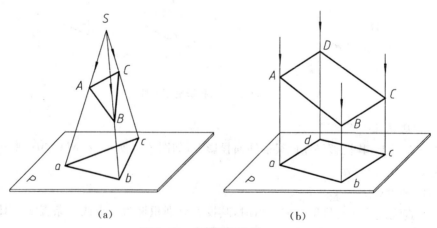

（a）　　　　　　　　　　　（b）

图 2-6　投影的相仿性

2.2.2　平行投影法特有的投影性质

1. 实形性

平行于投影面的任何直线或平面,其投影反映线段的实长或平面的实形,如图 2-7 所示。

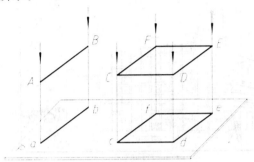 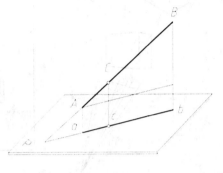

图 2-7　平行投影的实形性　　　　　　　图 2-8　平行投影的定比性

2. 定比性

若直线上的点分割线段成一定比例,则点的投影分割线段的投影成相同的比例,如图 2-8 所示。

3. 平行性

当两直线平行时,它们的投影也平行,且两直线的投影之比等于其长度比,如图 2-9 所示。$AB \mathbin{/\mkern-5mu/} CD$,则 $ab \mathbin{/\mkern-5mu/} cd$,且 $AB : CD = ab : cd$。

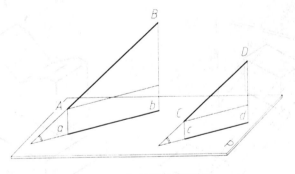

图 2-9　平行投影的平行性

2.3　工程中常用的图示方法

1. 透视图

透视图是根据中心投影原理绘制的能生动逼真地表现物体形状的工程图样,如图 2-10 所示。这种图样尺规作图复杂,不易度量,多用于建筑工程中的方案设计,以供审批或招、投标时使用。

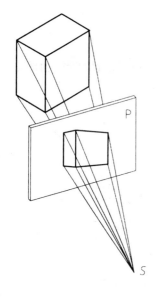 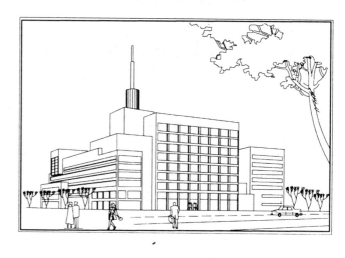

（a）透视图的形成　　　　　　　　　（b）建筑物的透视图

图 2-10　透视图

2. 轴测图

　　轴测图是根据平行投影原理绘制的具有立体感的工程图样。轴测图的真实感、逼真性不如透视图，但作图比透视图简单，且可以度量，在工程设计中常作为一种辅助图样，如图 2-11 所示。

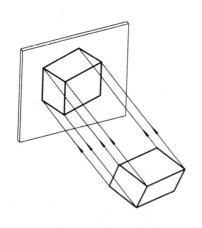 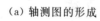 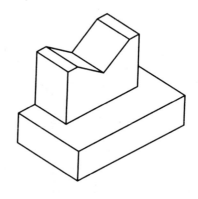

（a）轴测图的形成　　　　　　　　　（b）物体的轴测图

图 2-11　轴测图

3. 等值线图

　　等值线图是根据正投影原理绘制的由正投影和标高数字共同构成的图样，如图 2-12(a) 所示。图中 a 为点 A 在 P 平面的正投影，20 为点 A 到 P 平面的距离。这种图样一般用来表现起伏变化的某种物理量。图 2 - 12(b) 所示是受力齿轮应力分布等值线图,图 2 - 13 所示是描述地势起伏变化的地形图。

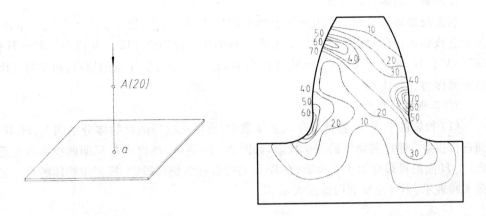

(a) 形成方法　　　　　　　　　　(b) 轮齿应力等值线图

图 2 - 12　等值线图

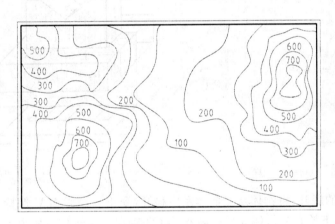

图 2 - 13　地形图

4. 多面视图

多面视图是根据平行正投影法的原理,将物体向几个投影面投射后所得到的图形,它能准确地表达物体的形状和大小,作图简单,在工程设计中应用广泛。

2.4　三视图的形成及其特性

三视图是多面视图,是将物体向三个相互垂直的投影面作正投影所得到的一组图形。下面将说明三视图的形成及其投影规律。

2.4.1　三视图的形成

1.三面投影体系的建立

三面投影体系是由三个互相垂直的平面 V、H、W 构成，如图 2-14 所示。其中，V 面称为正立投影面；H 面称为水平投影面；W 面称为侧立投影面；$OX = V \cap H$，$OY = H \cap W$，$OZ = V \cap W$，称为投影轴；$O = V \cap H \cap W$，称为三面投影体系的原点。通常将三面投影体系简称为三面体系。

2.三视图的形成

（1）投影的形成：将物体置于三面体系中，再用正投影法将物体分别向 V、H、W 投影面进行投射，即得到物体的三个投影，如图 2-15 所示。将物体在 V 面的投影称为正面投影；在 H 面的投影称为水平投影；在 W 面的投影称为侧面投影。投影中物体的可见轮廓用粗实线表示，不可见轮廓用虚线表示。

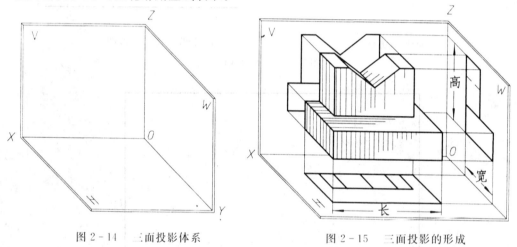

图 2-14　三面投影体系　　　　　　　图 2-15　三面投影的形成

（2）投影面的展开：将物体从三面体系中移开，令正立投影面 V 保持不动，水平投影面 H 绕 OX 轴向下旋转 $90°$，侧立投影面 W 绕 OZ 轴向右旋转 $90°$，如图 2-16(a) 所示，使 V、H、W 三个投影面展开在同一平面内，如图 2-16(b) 所示。

在国家《机械制图》标准中规定物体的正面投影、水平投影、侧面投影分别称为主视图、俯视图、左视图，它与人们正视、俯视、左视物体时所见到的形象相当。由于物体的形状只和它的视图如主视图、俯视图、左视图有关，而与投影面的大小及各视图与投影轴的距离无关，故在画物体三视图时不画投影面边框及投影轴，如图 2-17 所示。

2.4.2　三视图的特性

1.三视图之间的相等关系

一般将物体 X 方向定义为物体的"长"，Y 方向定义为物体的"宽"，Z 方向定义为物体的"高"，从图 2-16(b) 中可看出，主视图和俯视图同时反映了物体的长度，故两个视图长要对正；主视图与左视图同时反映了物体的高度，所以两个视图横向要对齐；俯视图与左视图同时反映了物体的宽度，故两个视图宽要相等。即：

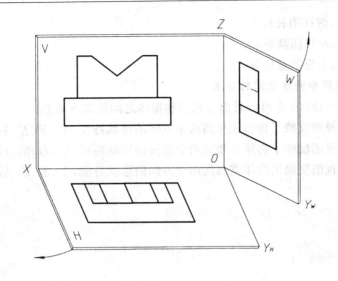

(a)

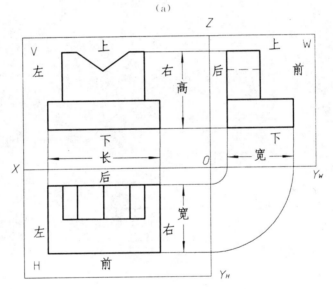

(b)

图 2-16 投影面的展开

图 2-17 物体的三视图

（1）主、俯视图长对正。

（2）主、左视图高平齐。

（3）俯、左视图宽相等。

2.三视图和物体之间的关系

从图 2-16(b) 中可以看出三视图和物体之间的以下关系：

（1）主视图反映了物体长和高两个方向的形状特征，上、下、左、右四个方位。

（2）俯视图反映了物体长和宽两个方向的形状特征，左、右、前、后四个方位。

（3）左视图反映了物体宽和高两个方向的形状特征，上、下、前、后四个方位。

第3章　点、直线和平面的投影

3.1　点 的 投 影

3.1.1　点在两投影面体系中的投影

若空间 A、B 两点位于同一条投射线上,则不能根据其单面投影来确定它们的空间位置(图 3-1(a))。要解决这个问题必须采用多面投影。

现取 V 面和 H 面构成两投影面体系(图 3-1(b))。V 面和 H 面将空间分成四个分角:第一分角、第二分角、第三分角和第四分角。本书将重点研究第一分角中几何元素的投影。

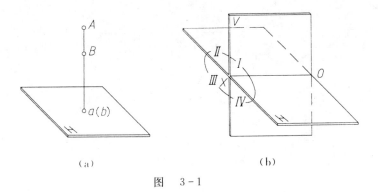

(a) (b)

图　3-1

如图 3-2(a) 所示,空间点 A 位于 V/H 二面投影体系中。过点 A 分别向 V 面和 H 面作垂线,得垂足 a' 和 a,分别称为点 A 的正面投影和水平投影。空间点用大写的英文字母,其投影用相应的小写字母表示,并用加注上角标的方法区分不同投影面上的投影。

保持 V 面不动,将 H 面绕 OX 轴向下旋转至与 V 面重合,这样就得到点 A 的投影图(图 3-2(b))。在实际画图时,不画出投影面的边框(图 3-2(c))。

如图 3-2(a) 所示:$Aa \perp H$ 面,$Aa' \perp V$ 面,故 Aaa' 所决定的平面既垂直于 V 面又垂直于 H 面,因而垂直于它们的交线 OX,垂足为 a_x。$a_x = OX \bigcap Aaa'$。由于 $OX \perp Aaa'$,所以 $OX \perp Aaa'$ 平面内的任意直线,自然也垂直于 $a a_x$ 和 $a'a_x$。在 H 面旋转至与 V 面重合的过程中,此垂直关系不变。Aaa_xa' 是个矩形,所以 $a a_x = Aa'$,$a'a_x = Aa$。由此可概括点的投影特性如下:

(1) 点的两投影连线垂直于投影轴,即 $a'a \perp OX$;

（2）点的投影到投影轴的距离等于该点到相邻投影面的距离,即 $aa_x = Aa'$,$a'a_x = Aa$。

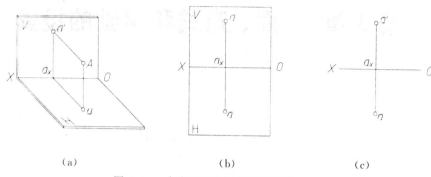

(a)　　　　　　　　(b)　　　　　　　　(c)

图 3-2　点在两投影面体系的投影

3.1.2　点在三面投影体系中的投影

三面投影体系的建立如图 2-14 所示。空间点 A 位于 V 面、H 面和 W 面构成的三面投影体系中。由点 A 分别向 V、H、W 面作正投影,依次得点 A 的正面投影 a',水平投影 a,侧面投影 a''(图 3-3(a))。

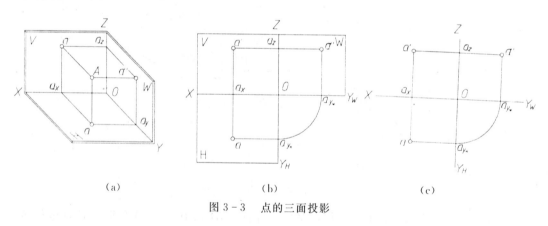

(a)　　　　　　　　(b)　　　　　　　　(c)

图 3-3　点的三面投影

为使三个投影面展到同一平面上,现保持 V 面不动,使 H 面绕 OX 轴向下旋转到与 V 面重合,使 W 面绕 OZ 轴向右旋转到与 V 面重合,这样得到点的三面投影图(图 3-3(b))。在实际画图时,不画出投影面的边框(图 3-3(c))。在这里值得注意的是:在三面体系展开的过程中,OY 轴被一分为二。OY 轴一方面随着 H 面旋转到 Y_H 的位置,另一方面又随 W 面旋转到 Y_W 的位置(图 3-3(b))。点 a_y 因此而分为 $a_{yH} \in H$ 和 $a_{yw} \in W$。正面投影与水平投影、正面投影与侧面投影之间的关系符合两面体系的投影规律:$a'a \perp OX$,$a'a'' \perp OZ$;点的水平投影与侧面投影均反映到 V 面的距离。由此概括出点在三面投影体系中的投影规律:

（1）点的水平投影与正面投影的连线垂直于 OX 轴,即 $a'a \perp OX$;

（2）点的正面投影与侧面投影的连线垂直于 OZ 轴,即 $a'a'' \perp OZ$;

（3）点的水平投影到 OX 轴的距离等于点的侧面投影到 OZ 轴的距离，即 $aa_x = a''a_z$。

3.1.3　点的投影与坐标

因为三面投影体系是直角坐标系，所以其投影面、投影轴、原点分别可看做坐标面、坐标轴及坐标原点。这样，空间点到投影面的距离可以用坐标表示，点 A 的坐标值惟一确定相应的投影。点 A 的坐标 (x,y,z) 与点 A 的投影 (a',a,a'') 之间有如下的关系：

（1）点 A 到 W 面的距离等于点 A 的 x 坐标：$a_z a' = a_{y_H} a = a''A = x$；

（2）点 A 到 V 面的距离等于点 A 的 y 坐标：$a_x a = a_z a'' = a'A = y$；

（3）点 A 到 H 面的距离等于点 A 的 z 坐标：$a_x a' = a_{y_W} a'' = aA = z$。

因为每个投影面都可看做坐标面，而每个坐标面都是由两个坐标轴决定的，所以空间点在任一个投影面上的投影，只能反映其两个坐标，即：

V 面投影反映点的 x、z 坐标；

H 面投影反映点的 x、y 坐标；

W 面投影反映点的 y、z 坐标。

如图 3 - 4 所示，点 $A \in V$ 面，它的一个坐标为零，在 V 面上的投影与该点重合，在其他投影面上的投影分别落在相应的投影轴上。

投影轴上的点有两个坐标为零，在包含这条投影轴的两个投影面上的投影均与该点重合，另一投影落在原点上。

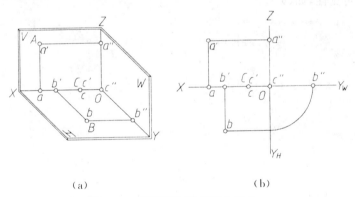

（a）　　　　　　　　　　　　　　　　（b）

图 3 - 4　投影面和投影轴上的点

3.1.4　两点的相对位置

1. 两点的相对位置

空间两点的左右、前后和上下位置关系可以用它们的坐标大小来判断。

规定 x 坐标大者为左，反之为右；

y 坐标大者为前，反之为后；

z 坐标大者为上，反之为下。

由此可知图 3 - 5 中的点 A 与点 B 相比，点 A 在点 B 的左、前、下的位置，而点 B 则在点 A 的右、后、上方。

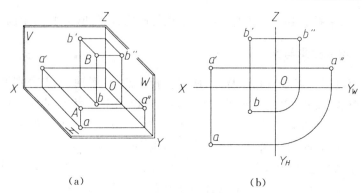

(a)   (b)

图 3-5 空间两点的位置关系

2. 重影点

如图 3-6 所示,A、B 两点位于垂直于 V 面的同一投射线上,这时 a'、b' 重合,A、B 称为对 V 面的重影点。同理可知对 H 面及对 W 面的重影点。

对 V 面的一对重影点是正前、正后方的关系;

对 H 面的一对重影点是正上、正下方的关系;

对 W 面的一对重影点是正左、正右方的关系。

其可见性的判断依据其坐标值。x 坐标值大者遮住 x 坐标值小者;y 坐标值大者遮住 y 坐标值小者;z 坐标值大者遮住 z 坐标值小者。被遮的点一般要在同面投影符号上加圆括号,以区别其可见性,如 (b')。

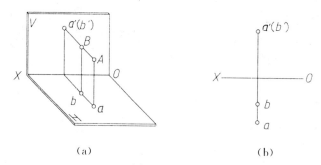

(a)   (b)

图 3-6 重影点

例 3-1 已知点 $A(15,16,12)$,求作其三面投影(图 3-7)。

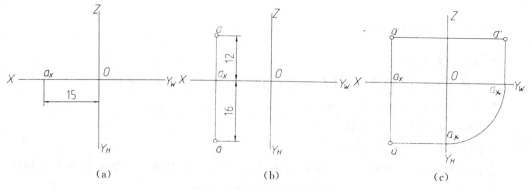

(a)   (b)   (c)

图 3-7 求作点的三面投影

分析 可按照点的投影与坐标的关系来作。

作图

(1) 画坐标轴,并由原点 O 在 OX 轴的左方取 $x = 15$ 得点 a_x(图3-7(a));

(2) 过 a_x 作 OX 轴的垂线,自 a_x 起沿 Y_H 方向量取 16 mm 得 a,沿 Z 方向量取 12 mm 得 a'(图3-7(b));

(3) 按点的投影规律作出 a'';

(4) 擦去多余线条。

点的立体图画法如图3-8所示。

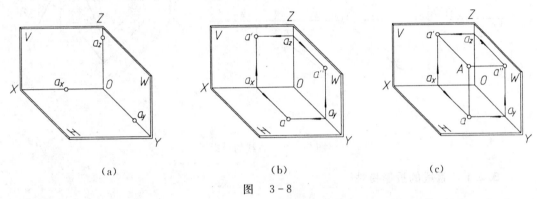

(a)   (b)   (c)

图 3-8

例3-2 如图3-9(a)所示,已知点 A 的 V 面投影 a' 和 W 面投影 a'',求其水平投影。

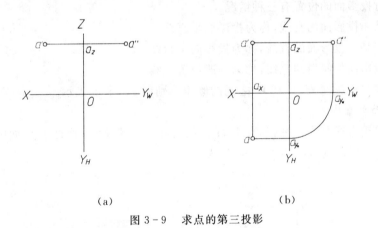

(a)   (b)

图3-9 求点的第三投影

分析 可按照点的投影规律来作(图3-9(b))。

作图

(1) 过 a' 作垂直于 OX 轴的直线;

(2) 过 a'' 作 OY_W 轴的垂线,垂足为 a_{yW},再以原点 O 为圆心、Oa_{yW} 为半径,画圆弧交 OY_H 轴于 a_{yH},然后由 a_{yH} 作 OX 轴的平行线;

(3) 过 a' 垂直于 OX 轴的直线与过 a_{yH} 平行于 OX 轴的直线的交点即为所求的水平投影 a;

(4) 擦去多余线条。

3.2 直线的投影

两点决定一直线。求直线的投影,只要确定直线上两个点的投影,然后将其同面投影连接,即得直线的投影(图 3 - 10)。

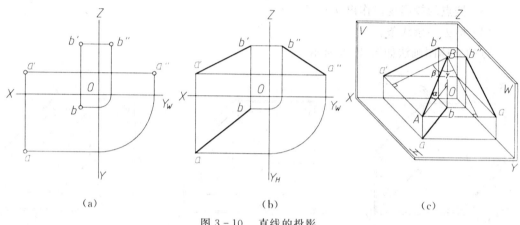

(a)   (b)   (c)

图 3 - 10 直线的投影

3.2.1 直线的投影特性

直线的投影特性是由其对投影面的相对位置决定的。

直线相对投影面的位置有三种情况:

垂直于某一投影面的直线,称为投影面垂直线;

仅平行于某一投影面的直线,称为投影面平行线;

对三个投影面均倾斜的直线,称为一般位置直线。

空间直线与投影面 H、V 和 W 之间的倾角分别用 α、β 和 γ 表示。

1. 投影面垂直线

投影面的垂直线分为三种:垂直于 H 面的直线称为铅垂线;垂直于 V 面的直线称为正垂线;垂直于 W 面的直线称为侧垂线(表 3 - 1)。

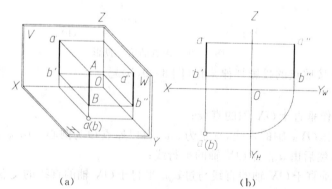

(a)   (b)

图 3 - 11 铅垂线的投影

　　图 3-11 所示的直线 AB 是铅垂线，它垂直于 H 面，而与另外两个投影面平行。因此，它的水平投影积聚于一点，而其他两个投影反映实长，并平行于 OZ 轴。

表 3-1　投影面的垂直线

种　类	轴　测　图	投　影　图	投影特性
铅垂线			一个投影积聚为点，另两投影平行于同一投影轴，并反映实长。
正垂线			
侧垂线			

2. 投影面平行线

　　投影面的平行线分为三种：仅平行于 H 面的直线称为水平线；仅平行于 W 面的直线称为侧平线；仅平行于 V 面的直线称为正平线（表 3-2）。

　　图 3-12 所示的直线 AB 是水平线。因此，它的水平投影反映实长和 β、γ 角，其他两个投影的 z 坐标相等，所以均垂直于 OZ 轴。

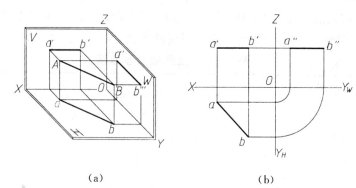

（a）　　　　　　　　　　　　（b）

图 3 - 12　　水平线的投影

表 3 - 2　投影面的平行线

种　类	轴　测　图	投　影　图	投影特性
正平线			
水平线			一个投影反映实长和两倾角，另两投影垂直于同一投影轴。
侧平线			

3.一般位置直线

图 3 - 13 所示的是一般位置直线,它与投影面既不平行也不垂直。它的三个投影均与轴倾斜。显然它的投影均小于其真实长度,其中,$ab = AB\cos\alpha$,$a'b' = AB\cos\beta$,$a''b'' = AB\cos\gamma$。

一般位置直线的投影既不反映其实长,也不反映与投影面倾角的真实大小。其实长和倾角可用直角三角形法来求出。

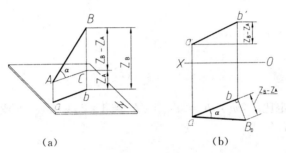

（a）　　　　　　　　　　　（b）

图 3 - 13　直角三角形法

用直角三角形法求一般位置直线 AB 的实长及 α 角的过程如图 3 - 13 所示。

如图 3 - 13(a) 所示,过点 A 作 AC 平行于 ab,则得一直角 $\triangle ABC$。在该三角形中,$AC = ab$,$BC = Bb - Cb = \Delta z$(A、B 两点的 z 坐标差),斜边 AB 为实长,$\angle BAC$ 为直线 AB 与 H 面的倾角 α。由此可见,若利用直线 AB 的水平投影 ab 和 AB 两点的 z 坐标差作为两直角边,就可作出直角三角形,从而求出 AB 的实长和 α 角。

同理,利用直线的正面投影和其 y 坐标差作直角三角形,可求出它的实长和 β 角;利用直线的侧面投影和其 x 坐标差作直角三角形,可求出它的实长和 γ 角。

3.2.2　直线上的点

如图 3 - 14 所示,点 $C \in AB$,则有 $c' \in a'b'$,$c \in ab$,且 $AC : CB = a'c' : c'b' = ac : cb$,这就是正投影性质中的从属性和定比性。

利用上述性质,可以分割线段成定比。

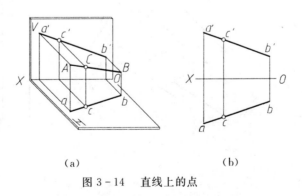

（a）　　　　　　　　　　　（b）

图 3 - 14　直线上的点

例 3 - 3　求作 $C \in AB$,使 $AC : CB = 1 : 2$(图 3 - 15)。

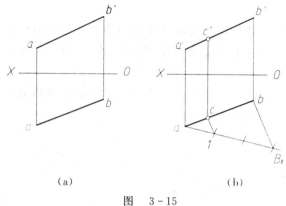

（a）　　　　　　　　　　（b）

图　3-15

分析　根据定比性，$ac : cb = a'c' : c'b' = 1 : 2$，只要将 ab 或 $a'b'$ 分成 $3(=1+2)$ 等分即可求出 c 和 c'。

作图

（1）自 a 引辅助线 aB_0；

（2）在 aB_0 上截取 3 等分；

（3）连接 B_0b，过 1 作 B_0b 的平行线得 $c = 1c \bigcap ab$；

（4）由 c 求出 c'。

3.2.3　两直线的相对位置

空间两直线的相对位置可以分为三种：平行、相交与交叉。

1. 平行两直线

空间两直线平行，则它们的同面投影必然相互平行（图 3-16（a））；反之，如果两直线的各个同面投影相互平行，则两直线在空间也一定相互平行。

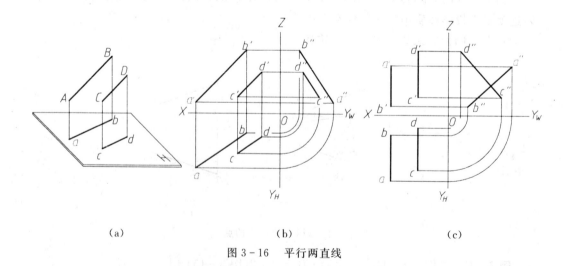

（a）　　　　　　　　　　（b）　　　　　　　　　　（c）

图 3-16　平行两直线

若要在投影图上判断两条一般位置直线是否平行,只要看它们的两个同面投影是否平行即可(图 3 - 16(b))。但对于投影面的平行线,则必须根据其三面投影(或其他的方法)来判别(图 3 - 16(c))。

2. 相交两直线

当两直线相交时,它们在各个投影面上的同面投影也必然相交,并且交点符合点的投影规律。

如图 3 - 17 所示,$K = AB \cap CD$,则在投影图上有 $k' = a'b' \cap c'd'$,$k = ab \cap cd$,且 $k k' \perp OX$。

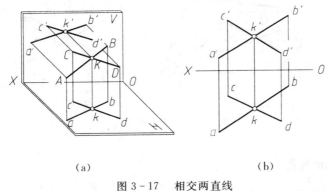

（a）　　　　　　　　　　　　　　　　（b）

图 3 - 17　相交两直线

例 3 - 4　已知 $K = AB \cap CD$,按题给条件求 AB 的正面投影 $a'b'$(图 3 - 18)。

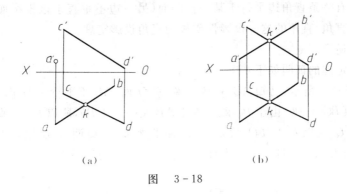

（a）　　　　　　　　　　　　　　　（b）

图　3 - 18

分析　交点为两直线所共有,且符合点的投影规律,据此可求得 k';B、K、A 同属一条直线,据此可求出 b'。

作图

(1) 过 k 作 OX 轴的垂线,求得 $k' \in c'd'$;

(2) 连接 $a'k'$ 并延长;

(3) 过 b 作 OX 轴的垂线求得 $b' \in a'k'$;

(4) 擦去多余作图线。

3. 交叉两直线

当空间两直线既不平行也不相交时,称为交叉直线。交叉直线在空间不相交,然而其同面投影可能相交，这是由于两直线上点的同面投影重影所致，如图 3-19 所示。

　　由图 3-19 可以看出，Ⅰ、Ⅱ 为对 V 面的重影点，水平投影 1 在 2 前，所以属于 AB 直线的 Ⅰ 点是可见的，属于 CD 直线的 Ⅱ 点是不可见的；Ⅲ、Ⅳ 为对 H 面的重影点，因其正面投影 $3'$ 比 $4'$ 高，所以 Ⅲ 点可见，Ⅳ 点不可见。

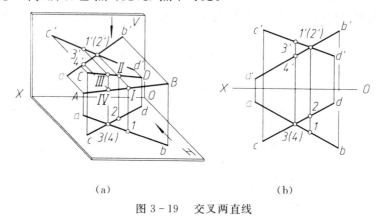

（a）　　　　　　　　　　　　　　　　　（b）

图 3-19　交叉两直线

3.2.4　直角的投影

　　空间两直线垂直相交，如果两直线均平行于某一投影面，则在该投影面上的投影反映直角；如果正交的两直线与投影面均不平行，则在该投影面上的投影不反映直角；如果正交的两直线中有一条直角边平行于某一投影面（另一边不垂直于该投影面），则在该投影面上的投影为直角。直角的这一投影性质称为直角投影定理。

　　此定理的逆定理成立。

　　直角投影定理的证明如下：

　　如图 3-20(a) 所示，已知 $AB \perp BC$，$BC \parallel H$ 面，AB 不平行于 H 面。$Bb \perp H$ 面，而 $BC \parallel H$ 面，故 $BC \perp Bb$。由于 BC 既垂直于 AB 又垂直于 Bb，所以 BC 必垂直于 AB 和 Bb 所决定的平面 Q。又因 $bc \parallel BC$，故 $bc \perp Q$ 面。既然 $bc \perp Q$ 面，则必然垂直于 Q 面内的任一直线。所以有 $bc \perp ab$，即 $\angle abc$ 为直角。图 3-20(b) 为其投影图。

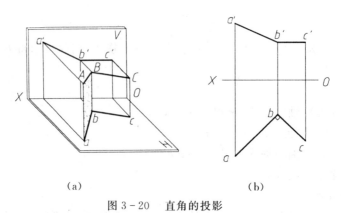

（a）　　　　　　　　　　　　　　　　　（b）

图 3-20　直角的投影

例 3 - 5　求点 A 到正平线 BC 的距离 AD 及其投影（图 3 - 21）。

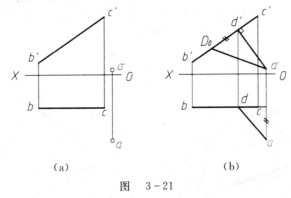

图　3 - 21

分析　点 A 到 BC 的距离 $AD \perp BC$，因为 BC 为正平线，所以在正面投影上能反映直角关系。

作图

(1) 由 a' 作 $a'd' \perp b'c'$ 得 $d' = a'd' \cap b'c'$；

(2) 依据点的投影规律求得 d；

(3) 作出 AD 的两面投影；

(4) 用直角三角形法求出 AD 的实长。

3.3　平面的投影

3.3.1　平面的表示法

1. 几何元素表示法

通常用一组几何元素的投影来表示空间一平面。几何元素的形式，如图 3 - 22 所示，可以是不在同一直线上的三点、直线及其线外一点、两相交直线、两平行直线及平面图形。

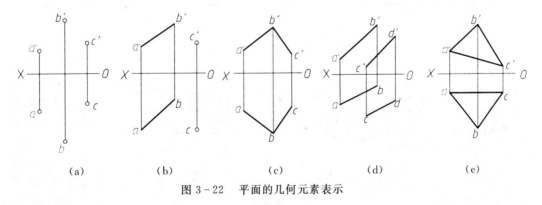

(a)　　　　　(b)　　　　　(c)　　　　　(d)　　　　　(e)

图 3 - 22　平面的几何元素表示

2. 迹线表示法

平面与投影面的交线，称为平面的迹线。平面 P 与 V、H、W 面的交线依次称为 P 平面的正面迹线、水平迹线和侧面迹线，分别用 P_V、P_H 和 P_W 标注。

由于迹线是投影面上的直线，它的一个投影与其自身重合，它的另外两个投影分别落在相应的投影轴上，不需画出，如图 3 - 23 所示。

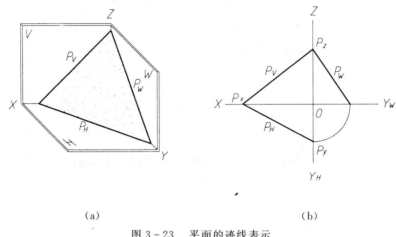

(a)   (b)

图 3 - 23   平面的迹线表示

3.3.2   平面的投影特性

平面的投影特性是由其对投影面的相对位置决定的。

平面对投影面的相对位置可以分为三种：投影面垂直面、投影面平行面和一般位置平面。

平面对投影面 H、V、W 的倾角依次用 α、β 和 γ 表示。

1. 投影面垂直面

投影面的垂直面是指垂直于一个投影面，而与其他投影面倾斜的平面，它分为正垂面（垂直于 V 面）、铅垂面（垂直于 H 面）、侧垂面（垂直于 W 面），如表 3 - 3 所示。

表 3 - 3   投影面垂直面

种　类	轴　测　图	投　影　图	投　影　特　性
铅垂面			一个投影积聚成与投影轴倾斜的直线且反映该面的两倾角，另外两投影与空间平面图形相仿。

续 表

种　类	轴　测　图	投　影　图	投 影 特 性
正垂面			一个投影积聚成与投影轴倾斜的直线且反映该面的两倾角，另外两投影与空间平面图形相仿。
侧垂面			

图 3-24 所示的平面为铅垂面，它垂直于 H 面，而对 V、W 面倾斜。所以它的水平投影积聚为一条直线，其他两个投影与空间平面相仿。

这一性质可以用来判断平面的空间位置。若三投影中有一个投影是与轴倾斜的直线，另外两投影相仿，则它一定是投影面的垂直面。

如果将该垂面扩大，使之与投影面相交，所得交线就是该面的迹线，如图 3-25 所示。

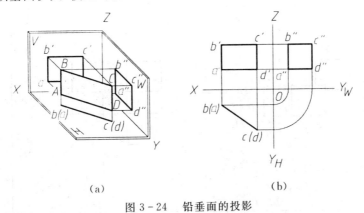

（a）　　　　　　　　　　　　　　　（b）

图 3-24　铅垂面的投影

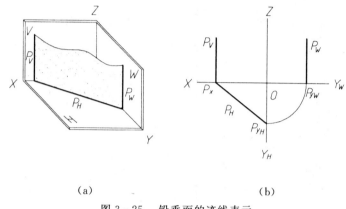

（a）　　　　　　　　　　　　　　（b）

图 3－25　铅垂面的迹线表示

2.投影面平行面

投影面平行面是指平行于某一投影面且同时垂直于另两投影面的平面，它分为正平面（平行于 V 面）、水平面（平行于 H 面）和侧平面（平行于 W 面），如表 3－4 所示。

表 3－4　投影面平行面

种　类	轴　测　图	投　影　图	投 影 特 性
水平面			一个投影反映实形，另两投影积聚成垂直于同一投影轴的直线。
正平面			

续　表

种　类	轴　测　图	投　影　图	投影特性
侧平面			一个投影反映实形,另两投影积聚成垂直于同一投影轴的直线。

图 3 - 26 所示的平面为正平面,它平行于 V 面而同时垂直于 H 面和 W 面。

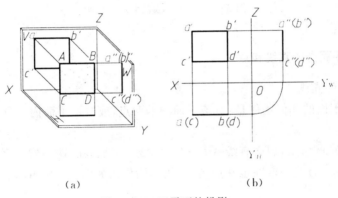

（a）　　　　　　　　　　　　　　（b）

图 3 - 26　正平面的投影

根据正投影的性质,可知投影面平行面的一个投影反映实形,而另两个投影积聚成一条垂直于同一投影轴的直线。

依据以上性质,可由投影图判断出空间平面是否为投影面的平行面。

如果将正平面扩大,使之与投影面相交,所得交线就是该面的迹线,如图 3 - 27 所示。

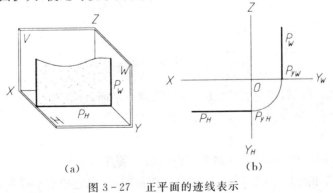

（a）　　　　　　　　　　　　　　（b）

图 3 - 27　正平面的迹线表示

3. 一般位置平面

对三个投影面均处于倾斜位置的平面称为一般位置平面,它的三个投影形状与空间实形相仿,但均小于实形,如图 3-28 所示。

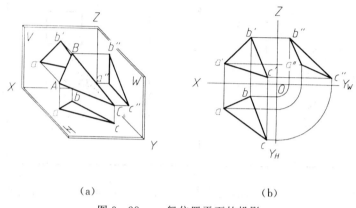

（a）   （b）

图 3-28 一般位置平面的投影

3.3.3 平面内的直线和点

1. 平面内的直线

直线属于平面的几何条件是:过该平面内的两点,或过该平面内一点且平行于该面内的一条直线。

如图 3-29(a) 所示,相交直线 AB 与 BC 构成一平面,在 AB、BC 上各取一点 M 和 N,则过 M、N 两点的直线一定在该平面内。其投影图作法如图 3-29(b) 所示。

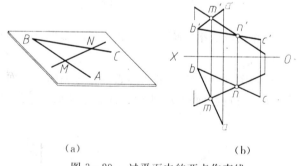

（a）   （b）

图 3-29 过平面内的两点作直线

如图 3-30(a) 所示,相交直线 AB 和 BC 构成一平面,过点 $L \in AB$ 作直线 $LK \parallel BC$,则直线 LK 一定在该平面内。其投影图作法如图 3-30(b) 所示。

2. 平面内的点

点属于平面的几何条件是:点属于该面内的一条直线。

例 3-6 已知点 $K \in \triangle ABC$,且知其正面投影 k',求它的水平投影 k(图 3-31(a))。

分析 因为 $K \in \triangle ABC$,所以 $K \in \triangle ABC$ 内过 K 点的任一直线。

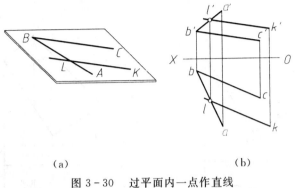

（a）　　　　　　　　　　　　　　　　（b）

图 3 - 30　过平面内一点作直线

作图　（图 3 - 31(b)）

(1) 连接 $a'k'$ 得 $m' = a'k' \cap b'c'$；

(2) 根据 m' 求得 m；

(3) 连接 am 并延长，依投影关系求出 k。

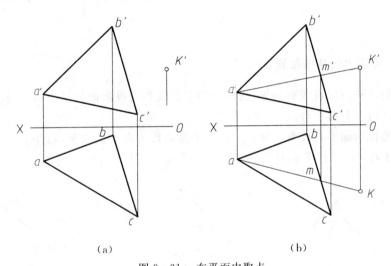

（a）　　　　　　　　　　　　　　　　（b）

图 3 - 31　在平面内取点

例 3 - 7　如图 3 - 32(a)所示，已知四边形 $ABCD$ 为平面图形，按题给条件，补全其正面投影。

分析　四边形 $ABCD$ 与 $\triangle ABC$ 属同一平面，点 D 可看做是该面内一点，用上例所示方法，即可求得 d'，进而作出四边形 $ABCD$ 的正面投影。

作图　（图 3 - 32(b)）

(1) 连接 AC 的同面投影 $a'c'$、ac；

(2) 连接 bd 得 $k = ac \cap bd$；

(3) 依投影关系作出 k'；

(4) 连接 $b'k'$ 并延长，依投影关系求出 $d' \in b'k'$；

(5) 连接 a'、d'，d'、c'，完成其正面投影。

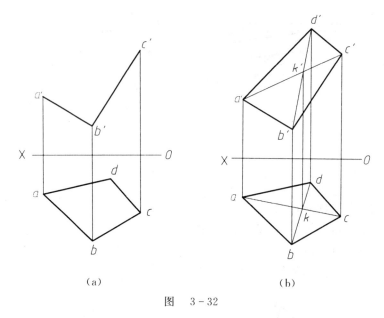

(a)　　　　　　　　　　　　　　　(b)

图　　3－32

3.3.4　平面内的特殊位置直线

平面内的特殊位置直线有两种:投影面的平行线和对投影面的最大斜度线。

1. 平面内的投影面平行线

平面内的投影面平行线有三种:平行于 H 面的称为面内的水平线;平行于 V 面的称为面内的正平线;平行于 W 面的称为面内的侧平线,如图 3－33(a) 所示。

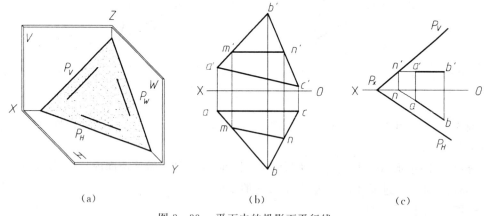

(a)　　　　　　　　　　　(b)　　　　　　　　　　(c)

图 3－33　平面内的投影面平行线

平面内的投影面平行线既符合投影面平行线的投影特性,又满足直线在平面内的条件。

如图 3－33(b) 所示,在 $\triangle ABC$ 内作一水平线 MN。因其是水平线,所以 $m'n' /\!/ OX$,由于 $MN \subset \triangle ABC$,即 $M \in \triangle ABC$ 、$N \in \triangle ABC$,所以先由正面投影求得 $m'n'$,再依从属

关系求得 mn。

又如图 3 - 33(c) 所示,在迹线表示的一般位置平面 P 内作一条水平线 AB。由图 3 - 33(a) 可知,水平线 AB 的正面迹点 N 必位于 P_v 上;AB 是 P 面内的水平线,P_H 也是 P 面内的水平线,同一平面内的水平线相互平行。作图时,先在正面投影上作出 $a'b'$ 并延长至 $n' = a'b' \bigcap P_v$,由 n' 求出 n,再过 n 作 $ab \parallel P_H$。

2. 平面内的最大斜度线

平面内对投影面倾角最大的直线称为最大斜度线。

平面内垂直于该面内水平线的直线称为对 H 面的最大斜度线;平面内垂直于该面内正平线的直线称为对 V 面的最大斜度线;平面内垂直于该面内侧平线的直线称为对 W 面的最大斜度线(图 3 - 34(a))。

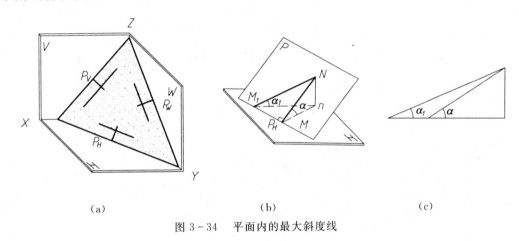

（a）　　　　　　　　　（b）　　　　　　　　　（c）

图 3 - 34　平面内的最大斜度线

现以平面 P 内对 H 面的最大斜度线为例,来分析最大斜度线的投影特性(图 3 - 34(b))。

$P_H = P \bigcap H$,M_1 为 P_H 上任一点。连 NM_1、nM_1 得 $\angle NM_1 n = \alpha_1$;求 $M = NM \bigcap P_H$,且 $NM \perp P_H$,得 $\angle NMn = \alpha$。将两直角三角形 NnM 和 NnM_1 重叠在一起(图 3 - 34(c))可看出,由于 $NM_1 > NM$,所以 $\alpha_1 < \alpha$。在直角边 Nn 一定的情况下,显然斜边越短,其 α 角越大。由图可知,只有当该直角三角形的斜边与 P_H(面内的水平线)垂直时长度最短。亦即 NM 是 P 面内与 H 面所成夹角最大的直线,直线 NM 的 α 角即为平面 P 的 α 角。如果注意到 $\triangle NMn$ 垂直于 P 面与 H 面的交线 P_H,就不难理解这一点。

例 3 - 8　求作平面 $\triangle ABC$ 对 H、V 面的倾角 α、β(图 3 - 35)。

分析　先求出平面 ABC 内的对 H 面及对 V 面的最大斜度线,再利用直角三角形法求出其 α、β 角,即该平面的 α、β 角。

作图

(1) 过 A 作水平线 AD,$AD \subset \triangle ABC$(作 $a'd' \parallel OX$,$d' \in b'c'$,由 d' 求得 $d \in BC$);

(2) 过 B 作 $BE \perp AD$(作 $be \perp ad$,$e \in ac$);

(3) 用直角三角形法求 α 角(图 3 - 35(a))。

用同样方法可求出该平面的 β 角,如图 3 - 35(b) 所示。

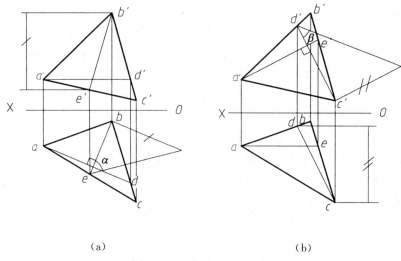

（a）　　　　　　　　　　　　（b）

图 3 - 35　求平面的 α、β 角

第4章 几何元素间的相对位置

几何元素间的相对位置关系可以分为从属、平行、相交(包括正交)几种情形。在前一章中已研究了点、线、面之间的从属关系,两直线间的平行、相交、交叉关系。本章仅研究直线与平面、平面与平面间的平行、相交关系。

4.1 平 行 关 系

4.1.1 直线与平面平行

几何条件:如果一直线与平面上的某一直线平行,则此直线与该平面互相平行。根据几何条件及两直线平行的投影性质,就能解决其作图问题。

例 4 – 1 已知 △CEF 和直线 AB(图 4 – 1(a)),判断 AB 和 △CEF 是否平行。

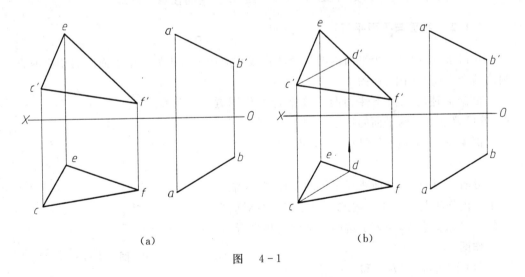

(a)　　　　　　　　　(b)

图　4 – 1

分析　这就要看在 △CEF 上是否可作出与 AB 平行的直线。

作图

(1) 在 △CEF 上作一辅助线 CD。先作出 cd // ab,再作出正面投影 c'd';

(2) 观察 c'd' 与 a'b' 是否平行。因为 c'd' 与 a'b' 不平行,则 CD 与 AB 不平行,所以直线 AB 与 △CEF 不平行。

例 4 - 2 已知直线 AB 及点 C,过点 C 作平面平行于 AB(图 4 - 2(a))。

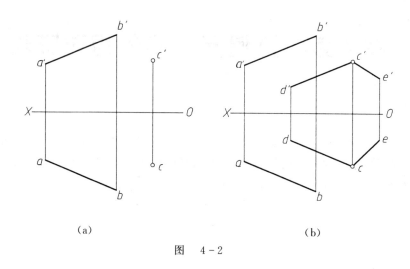

(a)   (b)

图 4 - 2

分析 过 C 作直线 $CD /\!/ AB$,则包含 CD 所作的平面均与 AB 平行,本题为多解题,求出一解即可。

作图

(1) 过 C 作 $CD /\!/ AB$(作 $cd /\!/ ab$,$c'd' /\!/ a'b'$);

(2) 过 C 作直线 CE,则 DCE 为所求平面(E 为空间任意一点)。

4.1.2 平面与平面平行

几何条件:如果一个平面内的相交两直线对应地平行于另一个平面内的相交两直线,则这两个平面互相平行(图 4 - 3)。

根据上述的几何条件和两直线平行的作图方法,就可解决平行两平面的作图问题。

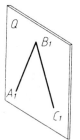

例 4 - 3 判别由 $\triangle ABC$ 和 $\triangle DEF$ 所表示的两平面是否相互平行(图 4 - 4(a))。

分析 根据两平面相互平行的条件,如果能在一平面内作出与另一平面内的一对相交直线对应平行的一对相交直线,则表示这两个平面互相平行。

作图

图 4 - 3

(1) 作 $f'm' /\!/ b'c'$ 和 $f'n' /\!/ a'c'$;

(2) 求 fm 和 fn。因为 $fm /\!/ bc$,$fn /\!/ ac$,所以 $FM /\!/ BC$,$FN /\!/ AC$,这说明两平面内有一对相交直线对应平行,故 $\triangle ABC /\!/ \triangle DEF$。

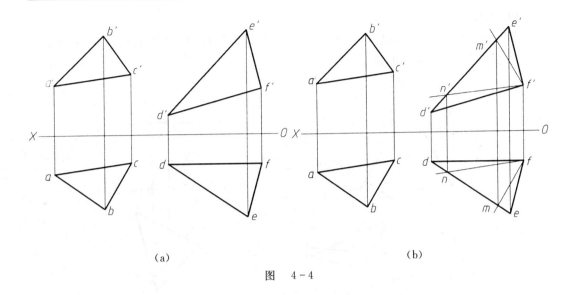

(a)　　　　　　　　　　　　　　　　　　　　(b)

图　4-4

4.2　相　交　关　系

直线与平面若不平行,则一定相交,且直线与平面只能交于一点。该点是直线和平面的共有点,既在直线上,又在平面内。因此,在求交点的作图过程中,将涉及平面内的直线与点。

平面与平面若不平行,则一定相交。两平面的交线一定是一条直线,这条直线为两平面所共有。因此,如果能设法求出两平面的两个共有点,或是一个共有点和交线的方向,就可求出两平面的交线。

4.2.1　直线或平面有积聚性

特殊位置直线或平面的投影有积聚性,因此可利用其性质从图上直接求出其交点或交线。

1. 平面有积聚性

如图 4-5 所示,直线 EF 与水平面 $\triangle ABC$ 相交。$e'f'$ 与 $a'b'c'$ 的交点 k' 便是交点 K 的正面投影。根据 k',可在 ef 上找出其水平投影 k。点 $K(k,k')$ 即为直线 EF 与水平面 $\triangle ABC$ 的交点。

为了加强图形的明晰性,图中常用粗实线和虚线来区别可见和不可见部分的投影,并利用重影点来判别其可见性。

现在来看图 4-5(a) 中的水平投影。显然,ef 与 $\triangle abc$ 相重合的部分才产生可见性的问题。并且点 k 是可见与不可见部分的分界点。这里只有两种可能:FK 在 $\triangle ABC$ 上方,而 KE 在下方;或者相反。图中 EF 和 BC 是交叉两直线,而 ef 与 bc 交于点 1(2),在 $e'f'$ 及 $b'c'$ 上分别求出 $1'$ 和 $2'$,Ⅰ、Ⅱ 即是位于同一条投射线上的一对重影点。可以看出:位于 EF 上的点 Ⅰ 比 BC 上的点 Ⅱ 的 z 坐标值大。因此,对水平投影而言,FK 可见,而 KE 上被

△ABC 遮住的部分不可见。

因为正面投影与水平投影的可见性不一定相同,所以在判别了直线的水平投影的可见性之后,还得另行判别正面投影的可见性。

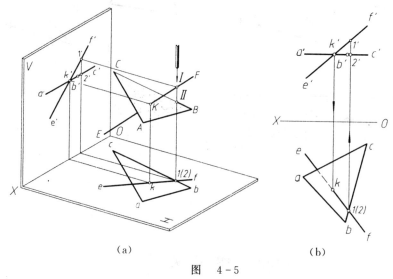

（a）　　　　　　　　　　　　　　　　（b）

图　4-5

图 4-6 表示一个正垂面 DEFG 与一个水平面 △ABC 相交。因为这两个平面均与 V 面垂直,可以确定其交线为正垂线,且正面投影积聚为一点,水平投影为 mn。图中的虚线表示了不可见部分。

图 4-7 表示一般位置平面 DEFG 与一个水平面 △ABC 相交。因为 △ABC 的正面投影有积聚性,所以可直接求出 DEFG 的两个边 DG 和 EF 与 △ABC 的交点 $M(m,m')$ 和 $N(n,n')$,直线 MN 即为两平面的交线。

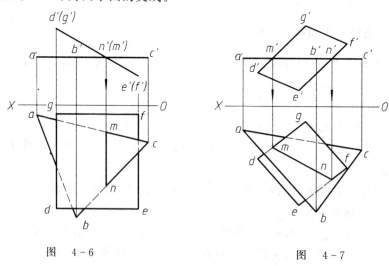

图　4-6　　　　　　　　　　　　　　图　4-7

2. 直线有积聚性

当直线为投影面垂直线时,由于它的一个投影有积聚性,因此可利用面内取点的方法

求出交点的另一投影。图 4-8 表示铅垂线 AB 与 $\triangle CDE$
相交，由于 AB 的水平投影积聚，所以交点的水平投影 k
与 $a(b)$ 重影，借助面内的辅助线 CF，可求出 k'，可见性
如图所示。

4.2.2　直线或平面与一般位置平面相交

1. 直线与一般位置平面相交

当直线与平面均处于一般位置时，就不能利用积聚
性来求交点，这就需要利用辅助平面。

图 4-9(b) 表示直线 AB 与一般位置平面 $\triangle DEF$ 相
交。如图 4-9(a) 所示，为了求出其交点，可以包含 AB 直
线作一垂直面（如铅垂面 R），直线 MN 就是平面 $\triangle DEF$
与辅助平面 R 的交线。交线 MN 与已知直线 AB 的交点
K，即为直线 AB 与平面 $\triangle DEF$ 的交点。

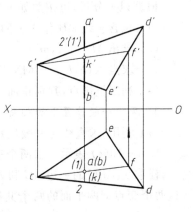

图　4-8

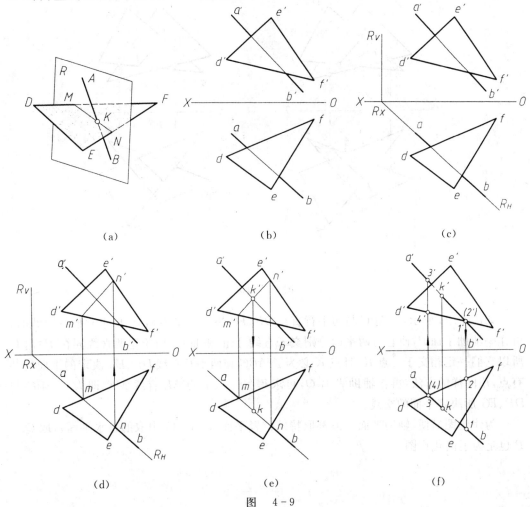

(a)　　　　　　　　(b)　　　　　　　　(c)

(d)　　　　　　　　(e)　　　　　　　　(f)

图　4-9

根据以上分析,可按照如下步骤求出线面交点:

(1) 包含直线 AB 作一辅助平面(铅垂面 R)(图 4 - 9(c));

(2) 求出 $MN(mn, m'n') = R \cap \triangle DEF$(图 4 - 9(d));

(3) 求点 $K(k, k') = MN \cap AB$(图 4 - 9(e));

(4) 利用重影点,判别正面及水平投影的可见性(图 4 - 9(f))。

2. 两个一般位置平面相交

(1) 利用"求直线与一般位置平面交点"的方法求两平面的交线。

图 4 - 10(a) 表示了求两个三角形 ABC 与 DEF 交线的方法。

任取 $\triangle ABC$ 的一边 AC 和 $\triangle DEF$ 的一边 DE,分别求出它们与另一个三角形的交点(这两个交点即两平面的两个共有点),然后连接两点的同面投影就得两平面的交线(图 4 - 9(b))。

(2) 利用"三面共点原理"求两平面的交线。

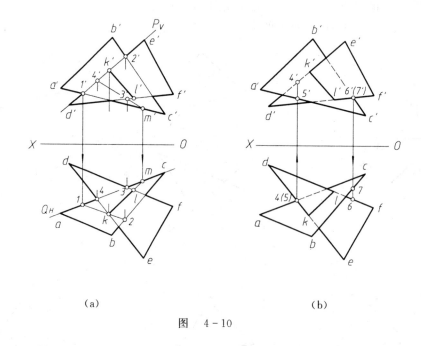

(a)   (b)

图   4 - 10

如图 4-11 所示,$\triangle ABC$ 与两平行直线 DF、EG 决定的平面相交。要求它们的交线时,可作一辅助平面 P,使它与两平面分别交于直线 Ⅰ Ⅱ 和 Ⅲ Ⅳ。由于这两直线同在 P 面内,所以它们一定相交于一点 K,且点 K 必为 $\triangle ABC$ 和两平行直线 DF、EG 决定的平面的共有点。用同样的方法,再作辅助平面 Q,可求得另一共有点 M。直线 MK 即为 $\triangle ABC$ 与 DF、EG 所决定平面的交线。

为使作图简便,辅助平面一般都取特殊位置平面(图 4-11 中取的是水平面),取 $Q \parallel P$ 也是为了简化作图。

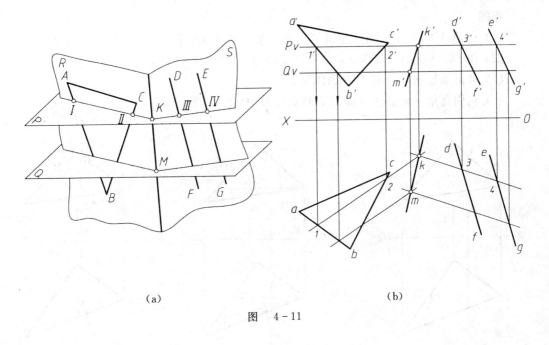

(a)   (b)

图 4-11

4.3 垂直关系

4.3.1 直线与平面垂直

根据初等几何学可知,如果一直线垂直于一平面,则此直线一定垂直于该平面内的一切直线。

图 4-12 中的直线 AK 垂直于平面 P,那么它一定也垂直于该平面内过垂足的水平线 CD。因此,依据直角投影定理可知 $ak \perp cd$。由于同一平面内的一切水平线(包括水平迹线)都互相平行,例如 $CD \parallel EF \parallel P_H$,故得 $ak \perp ef$、$ak \perp P_H$。因此可得下列结论:如果一直线垂直于一平面,即该直线的水平投影一定垂直于该平面内水平线的水平投影。同理,可得结论:如果一直线垂直于一平面,则该直线的正面投影一定垂直于该平面内正平线的正面投影。

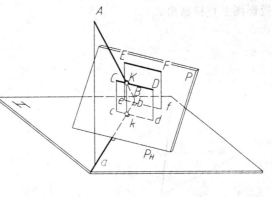

图 4-12

根据上述结论,可以在投影图上解决有关直线与平面垂直的作图问题。

例 4-4 求点 D 到 $\triangle ABC$ 的距离(图 4-13(a))。

分析 距离问题是垂直问题。先过 D 作 $\triangle ABC$ 的垂线,再求出垂足 K,然后利用直角三角形法求出 DK 的实长。

作图

(1) 在 △ABC 内引一条正平线 AF 和一条水平线 AL(作 af // OX，a'l' // OX)；

(2) 作 DE ⊥ △ABC(作 d'e' ⊥ a'f'，de ⊥ al)(图 4 - 13(b))；

(3) 求出垂足 K = DE ∩ △ABC；

(4) 利用直角三角形法求得 DK 的实长 D_0k'(图 4 - 13(c))。

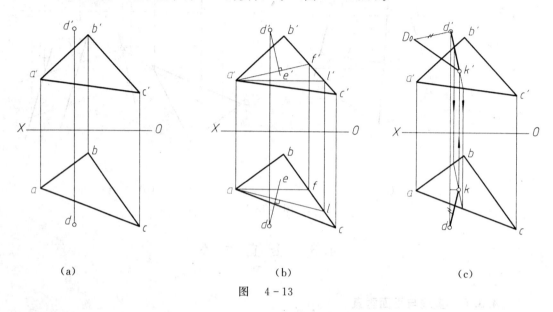

(a)　　　　　　　　　　(b)　　　　　　　　　　(c)

图　　4 - 13

例 4 - 5　　通过已知点 A 作一直线，垂直于一般位置直线 BC(图 4 - 14)。

分析　　空间两互相垂直的一般位置直线，其投影并不反映垂直关系。因此，不可能在投影图上直接画出。

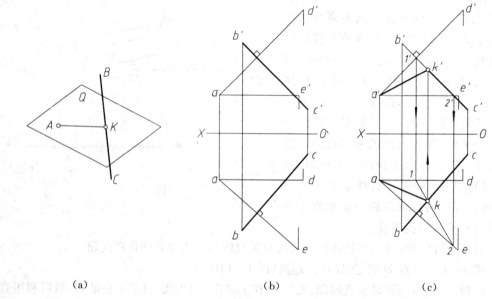

(a)　　　　　　　　　　(b)　　　　　　　　　　(c)

图　　4 - 14

如图 4-14(a) 所示,为解决这一问题,我们先把过 A 点且与直线 BC 垂直的所有直线都作出来。即过 A 作平面 Q 与 BC 垂直,再求出交点 K。因为 $AK \in Q$,所以 $AK \perp BC$,故 AK 为所求。

作图

(1) 作正平线 $AD \perp BC$,水平线 $AE \perp BC$(作 $a'd' \perp b'c'$,$ad \parallel OX$;$ae \perp bc$,$a'e' \parallel OX$)(图 4-14(b));

(2) 求交点 $K = BC \cap \triangle ADE$,$AK$ 即为所求(图 4-14(c))。

4.3.2　平面与平面垂直

两平面垂直相交是两平面相交的一种特殊情形。如果一直线垂直于一平面,则包含此直线的所有平面都垂直于该平面,如图 4-15 所示。

例 4-6　包含点 M 作平面与 $\triangle ABC$ 垂直(图 4-16(a))。

分析　过点 M 作 $MF \perp \triangle ABC$,包含 MF 的平面即为所求。

作图

(1) 在 $\triangle ABC$ 内引一条正平线 CD(先作 cd,再作 $c'd'$) 和一条水平线 CE(先作 $c'e'$,再作 ce);

(2) 作 $MF \perp \triangle ABC$($m'f' \perp c'd'$,$mf \perp ce$);

(3) 作 MG,则 GMF 为所求。

图　4-15

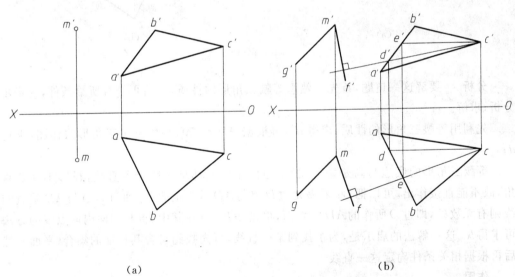

(a)　　　　　　　　　　(b)

图　4-16

4.4　综合举例

如果一道题中涉及点、线、面的多个概念,解题中又要用到多种基本作图方法,则此类题就是综合题。所用到的概念、方法越多，题目的综合性就越强。这类题常涉及距离、角度及相对位置等类型，其解题方法常用的有"逆推法"和"轨迹法"。所谓逆推法是先假设已经得出符合题设条件的答案，然后依据有关几何定理，找到答案与初设条件间的几何联系，由此得到解题的方法和步骤。而轨迹法则是依据已知条件和题目要求，分别作出满足各个要求的轨迹，则各个轨迹间的交点或交线即为所求。

例 4 - 7　BC 为等腰 $\triangle ABC$ 的底边，高 $AD = 50$，求 $\triangle ABC$ 的水平投影。

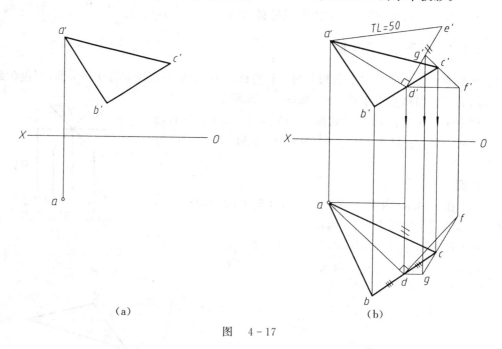

（a）　　　　　　　　　　　　（b）

图　4 - 17

分析　要解这一道题，首先要熟悉等腰三角形的性质，然后再结合所给条件，一步步分析、求解。

先利用等腰三角形的性质，求得 d'，再根据 $AD = 50$，利用直角三角形法作图，求得 d；

等腰三角形的底边与高是垂直关系，但由于它们都是一般位置直线，投影不反映直角，故不能直接作出。可以把 BC 看做是过 D 点与 AD 垂直的直线。而过 D 点与 AD 垂直的线则有无数条，即过 D 所作的 AD 的垂面，很显然 BC 就在其中。再利用面内取点线的方法可求得 bc。这一解法的启示是，为了找到某一直线，可先找到符合其特征的集合（平面），然后再根据相关条件确定这一直线。

作图

（1）找 $b'c'$ 的中点 d'；

（2）作直角 $\triangle a'd'e'$，求得 AD 的 Y 坐标差 $d'e'$；

（3）根据 AD 的 Y 坐标差及投影关系求得 d；

（4）过 D 作平面 $FDE \perp AD$；

（5）过 c' 作 $f'c'$ 得 g'；

（6）根据 fc 及投影关系得到 c、b，连 abc，即为所求。

例 4-8　作一直线 MN，使其与交叉二直线 AB、CD 分别相交于 M、N 点，与 $\triangle EFG$ 垂直。

分析　因为 $MN \perp \triangle EFG$，所以 MN 平行于 $\triangle EFG$ 的垂线 GH，MN 与 AB 是一对相交直线，代表一个平面 P。过 B 作 $\triangle EFG$ 垂线的平行线 BL，则 $\triangle ABL$ 就是平面 P，它必然包含直线 MN；由于 $N \in CD$，所以 N 点是 CD 与 $\triangle ABL$ 的交点。

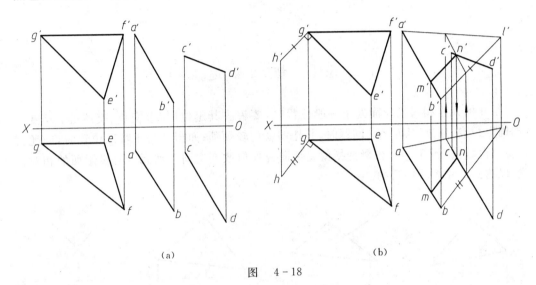

(a)　　　　　　　　　　　　　(b)

图　4-18

作图

（1）作 $\triangle EFG$ 的垂线 GH；

（2）过 B 作 $BL \parallel GH$，得 $\triangle ABL$；

（3）求 $N(n, n') = CD \cap \triangle ABL$；

（4）过 $N(n, n')$ 作直线 $MN \parallel BL$，MN 即为所求。

本题也可用轨迹法来求解：先求 $\triangle EFG$ 的垂线 GH；过 B 作 $BL \parallel GH$ 得 $\triangle ABL$；过 D 作 $DJ \parallel GH$ 得 $\triangle CDJ$，则 $MN = \triangle ABL \cap \triangle CDJ$。

第5章 投影变换

5.1 概　述

当几何元素相对投影面处于一般位置时，要解决其定位（如求交点、交线等）及度量（如确定距离、角度、实形等）问题时，其作图就比较烦琐；而当其处于特殊位置时，问题就容易获得解决（图5-1）。投影变换就是要研究如何改变空间几何元素对投影面的相对位置，以达到简化解题的目的。

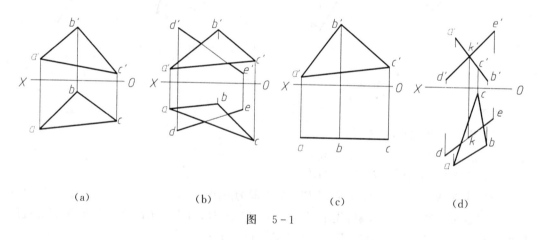

|(a)|(b)|(c)|(d)|

图　5-1

投影变换的方法有更换投影面法及旋转法两种。本章仅介绍更换投影面法，简称换面法。

5.2　更换投影面法

5.2.1　基本概念

更换投影面法是保持空间几何元素的位置不动，而用新的投影面代替原来的投影面，使空间几何元素对新投影面处于有利于解题的位置。

图5-2表示一铅垂面$\triangle ABC$，该三角形在V、H两投影面体系（以后简称V/H体系）中的两个投影都不反映实形。假如取一平行于三角形的V_1面来代替V面，则V_1面和H面

构成一个新的两投影面体系 V_1/H。三角形在 V_1/H 体系中的投影 $a_1'b_1'c_1'$ 就反映三角形的实形。再以 V_1 面和 H 面的交线 X_1（投影轴）为轴,使 V_1 面旋转至与 H 面重合,就得出 V_1/H 体系的投影图。原来的 V 面称为旧投影面,H 面称为不变投影面,V_1 面称为新投影面;原来的投影轴 X 称为旧轴,X_1 称为新轴;$a'b'c'$ 称为旧投影,abc 称为不变投影,$a_1'b_1'c_1'$ 称为新投影。

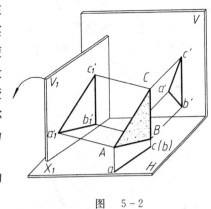

图　5-2

必须指出,新投影面是不能任意选择的,它的选择一定要符合以下两个基本条件:

(1) 新投影面必须垂直于不变投影面,以构成一个新的两投影面体系;

(2) 新投影面必须对空间几何元素处于有利于解题的位置。

以下分别研究点、直线、平面在更换投影面时,新旧投影的关系和作图问题。

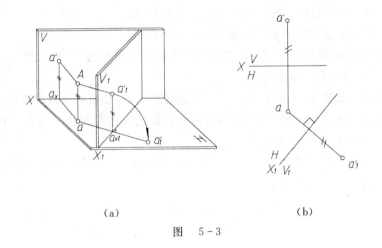

（a）　　　　　　　　　（b）

图　5-3

5.2.2　点的变换

点是基本的几何元素,应首先了解点在更换投影面时,新旧投影的关系。

图 5-3(a) 表示点 A 在 V/H 体系中的两个投影 a 和 a'。现在取一个铅垂面 V_1 来代替 V 面作为新的正投影面,以形成新的两投影面体系 V_1/H。

由点 A 向 V_1 面作垂线,其垂足 a_1' 即为点 A 的新的正面投影。再使 V_1 面绕新轴 X_1 旋转至与 H 面重合,则 a 和 a_1' 两点一定在 X_1 轴的同一垂线上。

由于 V/H 体系和 V_1/H 体系具有公共的 H 面,因此点 A 到 H 面的距离(即 Z 坐标)在这两个两投影面体系中都是相同的,即 $a'a_x = Aa = a_1'a_{x1}$。

因此,在投影图(图 5-3(b))上,先画出新投影轴 X_1,然后由点 a 向 X_1 轴作垂线,使与 X_1 轴相交点 a_{x1}。再在此垂线上取一点 a_1',使 $a_1'a_{x1} = a'a_x$,点 a_1' 即为点 A 的新正面投影。

　　以上为更换V面的情形。当有必要时,也可更换H面,即用H_1代替H,从而建立起新的V/H_1体系(图$5-4$)。其分析、作图方法同上。

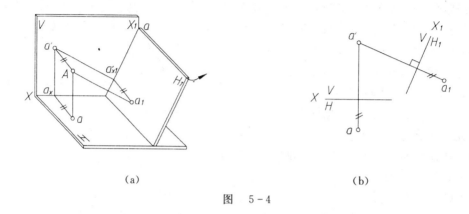

(a)　　　　　　　　　　　　　　　　(b)

图　$5-4$

　　由以上可知,在更换投影面时,点在新、旧两投影面体系中的投影具有如下规律:

　　(1)新投影与不变投影之间的连线垂直于新投影轴;

　　(2)新投影到新轴的距离等于旧投影到旧轴的距离。

　　以上在更换V面或更换H面时,都是将原来的两个投影面H、V中更换一个而保留另外一个,所以称为更换一次投影面。

　　但在更换投影面法中,有时更换一次还不能解决问题,必须更换两次或更多次。

　　在更换两次或两次以上的投影面时,点的新投影的求法与更换一次投影面时完全相同。但必须指出,V面和H面要交替更换。

　　图$5-5$所示为把V/H体系经过V_1/H体系而更换为V_1/H_2体系(有时更换的方式为$V/H \rightarrow V/H_1 \rightarrow V_2/H_1$)的情况。

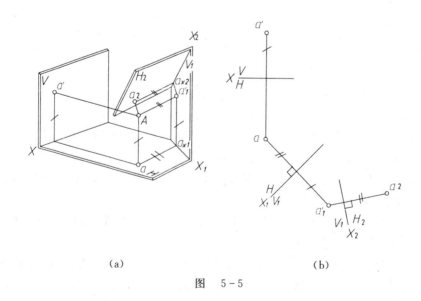

(a)　　　　　　　　　　　　　　　　(b)

图　$5-5$

5.2.3　直线的变换

直线是由两个点所决定的,因此,在更换直线的投影时,只要把直线上的任意两个点的投影加以变换,即可求得直线的新投影。

1. 将一般位置直线变换为新投影面的平行线

如图 5-6(a) 所示,取 V_1 平行于 AB 且垂直于 H 面,则在新体系 V_1/H 中,AB 就成为了正平线。只要注意到 V_1 面距 AB 的距离是任意的,X_1 平行于 ab,则可按变换规律求出直线的新投影,从而得到直线的实长和 α 角。

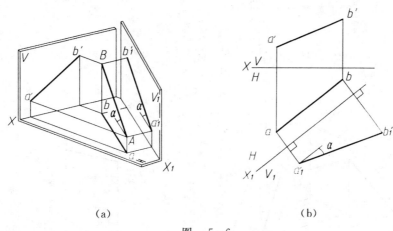

　　　　（a）　　　　　　　　　　　　　　　　　　　　（b）

图　5-6

图 5-7 为求直线 AB 的实长和其 β 角的作图过程。

2. 将投影面平行线变为新投影面的垂直线

要将投影面平行线 AB 变为新投影面的垂直线,则新投影面 H_1 必须与 AB 垂直,在 V/H_1 体系中,AB 就成了垂直线。

如图 5-8(a) 所示,要将正平线 AB 变为垂直线,则新投影面 H_1 必须与 AB 垂直。这样,在 V/H_1 体系中,AB 就成了铅垂线。

在投影图(图 5-8(b))上,作 X_1 垂直于 $a'b'$,然后求出 AB 在 H_1 面上的新投影 a_1b_1。

3. 将一般位置直线变换为新投影面的垂直线

如果要将一般位置直线变换为新投影面的垂直线,想

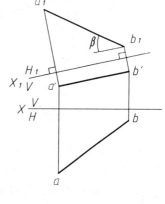

图　5-7

用更换一次投影面来解决是不可能的。因为,如果直接作一投影面使之垂直于直线 AB,则此投影面一定也为一般位置平面,而与任一原有投影面不能构成直角投影体系。为了解决这个问题,必须更换两次投影面:首先使直线 AB 变换为一个新投影面的平行线,然后再变换为另一新投影面的垂直线。作图过程如图 5-9 所示。

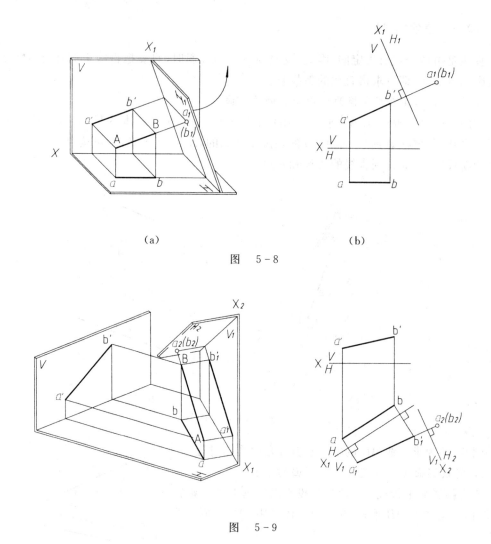

　　　　　　(a)　　　　　　　　　　　　　　　　　　(b)

图　　5 - 8

图　　5 - 9

5.2.4　平面的变换

　　平面是由不在同一直线上的三点(或其他几何元素组合)决定的,因此在更换投影面时,只需把决定平面的几何元素的投影加以变换,即可求得平面的新投影。

　　1. 将一般位置平面变换为新投影面的垂直面

　　如图 5 - 10 所示,要将一般位置平面变换为新投影面的垂直面,则所选的新投影面既要垂直于该一般位置平面,又要与旧体系中某一投影面垂直。为此,可将该一般位置平面内的一条投影面平行线变换成新体系中的垂直线,则该一般位置平面必然随之变为投影面的垂直面。

　　2. 将投影面的垂直面变换为新投影面的平行面

　　若要将投影面垂直面变为新投影面平行面,则需选新投影面与该垂直面平行即可(在投影图上表现为新轴与该垂直面的积聚性投影平行)。作图过程如图 5 - 11 所示。

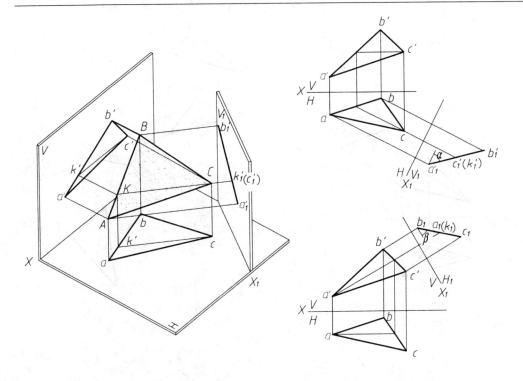

图 5-10

3. 将一般位置平面变换为新投影的平行面

要将一般位置平面变为新投影面平行面,必须更换两次投影面。即先把它变成一个新投影面的垂直面,再变为另一个新投影面的平行面。其作图方法如图 5-12 和图 5-13 所示。

5.2.5 应用举例

例 5-1 求 $\triangle ABC$ 与 $\triangle BCD$ 的真实夹角(如图 5-14(a))。

分析 观察图 5-14(b),当两相交平面同时垂直于一个投影面时,在该投影面上的投影就反映出两平面的真实夹角。要使两平面同时变换为新投影面的垂直面,必须把它们的交线变换为新投影面的垂直线。因其交线 BC 为正平线,故只需要更换一次投影面,在 V/H_1 体系中将 BC 变换为垂直线,$\angle a_1c_1d_1$ 即反映 $\triangle ABC$ 与 $\triangle BCD$ 的真实夹角。

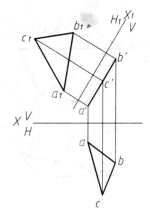

图 5-11

作图 (图 15-14(c))

(1) 取 $X_1 \perp b_1'c_1'$;

(2) 一次变换求得 θ 角。

例 5-2 图 5-15(a) 给出了两输油管轴线 AB 与 CD 的位置,今要在两管距离最近处将它们连接起来,求连接点的位置及连接管的长度。

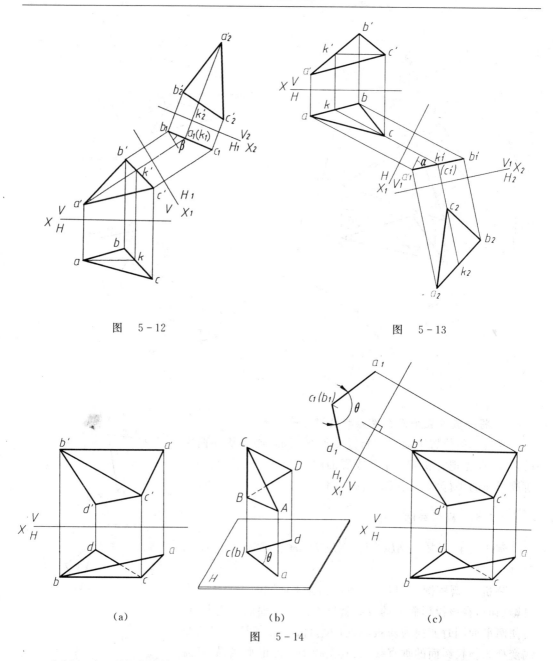

图　5-12　　　　　　　　　　　图　5-13

（a）　　　　　　　　（b）　　　　　　　　（c）

图　5-14

分析　把两输油管线 AB，CD 看做空间交叉两直线，两线间的最短距离为其公垂线。

观察图 5-15(b)，若将两交叉直线之一（如 CD），变为新投影面的垂直线，则公垂线 KL 必平行新投影面，其新投影反映真长，且与另一直线 AB 在新投影面上的投影反映直角。

作图　（图 5-15(c)）

(1) 更换两次投影面，即先将直线 CD 在 V_1/H 体系中变为 V_1 面的平行线，再在 V_1/H_1 体系中变为 H_1 面的垂直线，直线 AB 也随之作相应的变换；

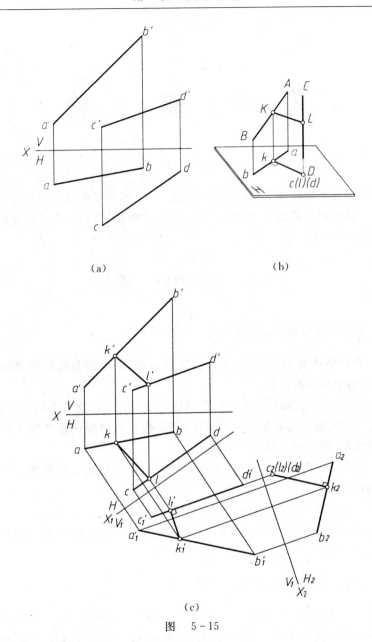

（a）　　　　　　　　　　　　　（b）

（c）

图　5 - 15

　　（2）过 c_2（亦即 d_2）作 $k_2 l_2 \perp a_2 b_2$，$k_1 l_1$ 即为公垂线 KL 在 H_2 面上的投影。根据 $k_2 l_2$ 再返回作图，求出 KL 在 H、V 面上的投影（$k l，k' l'$）。$K(k，k')$ 及 $L(l，l')$ 为两油管距离最近的连接点，$k_1 l_1$ 表示连接管的长度。

　　在返回作图中，l_1' 不能直接求得。但要注意到 KL 是 V_1 / H_2 体系中的水平线（$k_2 l_2$ 反映实长），所以它的 V_1 面投影 $k_1' l_1'$ 应与 X_2 平行（水平线投影特性），据此可求得 l_1'。

第6章 曲　　线

在工程中,经常要用曲线来描述物体的几何形状。本章在介绍工程设计中常用的几类曲线的基础上,讲述圆柱螺旋线、Bézier 曲线、B 样条曲线的概念、几何特性和它们的尺规作图及计算机绘制方法。

6.1　曲线的基本概念

6.1.1　工程设计中常用的几类曲线

工程设计和科学研究中,经常需要绘制各种曲线,但绘制曲线的根据和要求各不相同,通常遇到的有下述几种情况:

(1) 已知曲线方程绘制曲线。常见的有圆锥曲线、渐开线、摆线及圆柱螺旋线等。

(2) 给定一组由精确的数据组成的有序点列,作一条曲线使之严格地依次通过全部数据点且满足光顺,即几何连续性的要求。

(3) 由试验或观测得到一批数据,要求用一个函数近似地表明数据点坐标之间的关系,并画出函数图像。

(4) 给定一个折线轮廓,要求用曲线逼近这个折线轮廓。

通常将上述第 1 种情况称为规则曲线绘制,将第 2 种情况称为曲线插值,将第 3 种情况称为曲线拟合,将第 4 种情况称为曲线逼近。

6.1.2　物体的形状描述对曲线的基本要求

经典数学建立了直线、圆、平面等这些简单的几何形状描述和设计原则及方法。但通常一个物体的形状描述不仅会遇到圆、直线、平面等几何形状,而且也会遇到很复杂、很特别的几何形状。为了得到更逼真更易处理的物体的描述,对曲线提出以下基本要求。

1. 平滑性

给定一个点列 $P_i(x_i, y_i)$, $i = 0, 1, 2, \cdots, n$, 即给定 $n+1$ 个点,它们称为控制点。工程中通常要求由这一系列控制点插值或拟合的曲线能缩小控制点的变化使曲线平滑(图 6 - 1(a)),曲线围绕控制点产生振荡(图 6 - 1(b)) 通常不是工程中所需要的。

2. 连续性

复杂的曲线通常不能由单条曲线来模拟,而要用首尾衔接的多条曲线模拟。为了满足工程设计的需求,设计者常常又要控制衔接处连续性的阶。

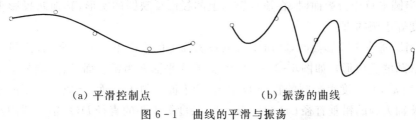

(a) 平滑控制点　　　　　　　　　(b) 振荡的曲线

图 6 - 1　曲线的平滑与振荡

(1) 当两曲线在接头处仅函数值相等时称为零阶连续性(C^0)(图 6 - 2(a))。

(2) 当两曲线在交点处一阶导数相等时,称为一阶连续性(C^1)(图 6 - 2(b))。

(3) 当两曲线在交点处一阶、二阶导数均相等时,称为二阶连续性(C^2)(图 6 - 2(c))。

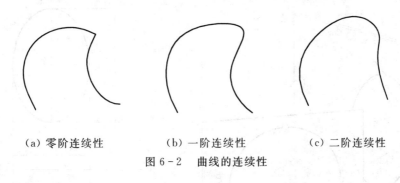

(a) 零阶连续性　　　　　　　(b) 一阶连续性　　　　　　(c) 二阶连续性

图 6 - 2　曲线的连续性

3. 几何不变性

几何不变性是指曲线的表示不依赖于坐标系的选择,或者在旋转和平移下不变的性质。在不同的坐标系中给出相对位置相同的控制点时,由这些控制点利用同一方法设计出来的曲线其形状必须保持一致。如控制点旋转 θ 角后,曲线也应旋转 θ 角且形状不变。

6.2　平面曲线的投影

平面曲线的投影应具有平面投影的特性,即:

(1) 当平面曲线所在的平面平行于某一投影面时,曲线在该投影面上的投影反映实形。

(2) 当平面曲线所在的平面垂直于某一投影面时,曲线在投影面上的投影为一直线。

(3) 一般情况下平面曲线及其投影的次数和类型不变。即二次曲线的投影仍为二次曲线。圆(或椭圆)的投影为椭圆(特殊情况可为圆)。抛物线的投影仍为抛物线,双曲线的投影仍为双曲线。

圆是平面曲线中最重要的一种曲线。下面以圆为例说明平面曲线的三种投影情况。

圆的投影在一般情况下为一椭圆。圆的每一对相互垂直的直径,投影为椭圆的一对共轭直径,在椭圆的各对共轭直径中有一对是互相垂直,成为椭圆的对称轴即椭圆的长、短轴。长轴是平行于投影面的直径的投影,而短轴则是与上述直径相垂直的直径的投影。求出椭圆的长、短轴,椭圆便可以用几何作图的方法作出。

（1）当圆平行于投影面时，在该投影面上的投影反映圆的实形，其他两投影重影为直线，其长度等于圆的直径。

（2）当圆垂直于投影面时，在所垂直的投影面上的投影重影为一直线，而另外两个投影为椭圆（圆的类似形）。如图6-3（a）所示，圆所在平面 P 为铅垂面，因此圆的水平投影重影为一直线 ab，其长度等于圆的直径 D；由于 P 平面倾斜于 V 面，所以圆的正面投影为一椭圆，其长轴为圆的铅垂直径 CD 的投影 $c'd'$，长度等于圆的直径 D，短轴为圆的水平直径 AB 的投影 $a'b'$，$a'b' = D\cos\beta$，作图时短轴长度可根据投影关系作出。求出椭圆的长、短轴后，即可作出椭圆（图6-3（b））。

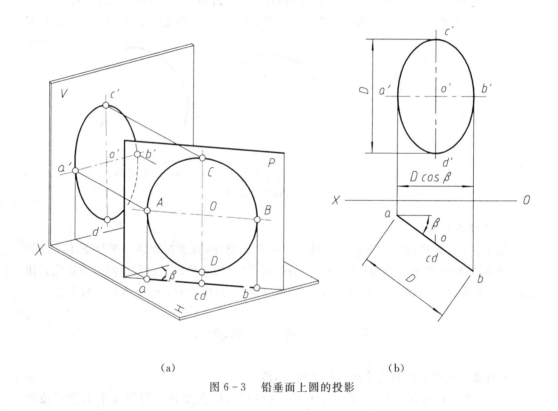

（a）　　　　　　　　　　　　　　　　　　　　（b）

图6-3　铅垂面上圆的投影

（3）当圆处于一般位置时，它的各个投影均为椭圆。此时应将这一种情况变换成第二种情况。作图时首先将圆所在的平面变换成投影面垂直面，可以利用换面法作出其长、短轴，即可作出椭圆。

6.3　圆柱螺旋线

圆柱螺旋线是工程上用途最广泛的一种规则空间曲线。

1. 形成

圆柱螺旋线是在圆柱表面上形成的曲线。圆柱表面上一动点绕圆柱的轴线作等速回转运动，同时沿圆柱的轴线方向作等速直线运动，此动点的运动轨迹为圆柱螺旋线。如图

6-4(a) 所示，点 A 的轨迹即为圆柱螺旋线。点 A 旋转一周沿轴向移动的距离（如 AB）称为导程，用 S 表示。由于动点的旋转方向不同，圆柱螺旋线有右圆柱螺旋线和左圆柱螺旋线之分。当圆柱的轴线为铅垂线时，若螺旋线的可见部分自左向右上升，则称为右圆柱螺旋线（图 6-4(a)）；若自右向左上升，则称为左圆柱螺旋线（图 6-4(b)）。

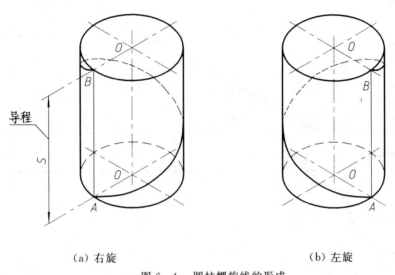

（a）右旋　　　　　　　　　　　　　　　（b）左旋

图 6-4　圆柱螺旋线的形成

圆柱的直径、导程和旋向是形成圆柱螺旋线的三个基本要素。改变圆柱螺旋线的基本要素，就可以得到不同的圆柱螺旋线。

2. 投影作图

如图 6-5(a) 所示，圆柱的轴线为铅垂线，直径为 d，导程为 S，点 A 是起点的右圆柱螺旋线，其投影作图步骤如下。

（1）作出直径为 d，高为 S 的圆柱面的两面投影，然后将水平投影（圆）和正面投影上的导程分成相同的等分，图中为 12 等分。

（2）由圆周上各等分点引竖直线，与导程上相应各等分点所作的水平线相交，交点 $a', 1', 2', \cdots, 12'$ 即为螺旋线上各点的正面投影。

（3）依次将 $a', 1', 2', \cdots, 12'$ 各点连成光滑曲线，即得到螺旋线的正面投影。在可见圆柱面上的螺旋线是可见的，其投影画成实线，在不可见圆柱面上的螺旋线是不可见的，其投影画成虚线。

圆柱螺旋线的正面投影是正弦曲线，水平投影是圆。

图 6-5(b) 所示是圆柱面的展开图，根据圆柱螺旋线的形成规律，螺旋线在展开图上是一直线，该直线为直角三角形的斜边，底边为圆柱面圆周的周长 πd，高为螺旋线的导程 S。直角三角形斜边与底边的夹角 α 称为螺旋线的升角，它的余角 β 称为螺旋角。同一条螺旋线 α、β 角是常数。

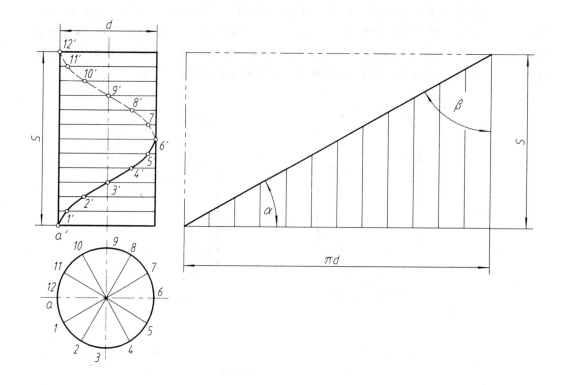

图 6-5　圆柱螺旋线的投影作图

6.4　Bézier 曲线

Bézier 曲线是一种用光滑的参数曲线段逼近折线多边形的曲线。这种曲线构造直观，使用方便。

6.4.1　Bézier 曲线的定义

给定空间 $n+1$ 个向量（或 $n+1$ 个点）$P_i(i=0,1,2,\cdots,n)$，称 n 次参数曲线段

$$P(t)=\sum_{i=0}^{n}P_iB_{i,n}(t)\qquad t\in[0,1]$$

为 n 次 Bézier 曲线。

其中 $B_{i,n}(t)$ 叫做 Bernstein 基函数，其表达式为

$$B_{i,n}=\frac{n!}{i!(n-i)!}t^i(1-t)^{n-i}$$

P_i 称为控制点，其连线称为控制多边形。

若给定空间 3 个点 P_0、P_1、P_2，则 n 为 2，可构成如图 6-6(a)所示的二次 Bézier 曲线。

若给定空间 4 个点 P_0、P_1、P_2、P_3，则 n 为 3，可构成如图 6-6(b)所示的三次 Bézier 曲线。

工程中最常用的 Bézier 曲线是二次和三次 Bézier 曲线。

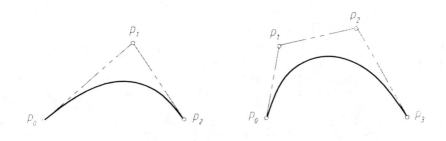

（a）二次 Bézier 曲线　　　　　（b）三次 Bézier 曲线

图 6-6　二次、三次 Bézier 曲线

6.4.2　Bézier 曲线的尺规作图

如图 6-6 所示 Bézier 曲线总是通过第一个和最后一个控制点，即

$$P(0) = P_0$$

$$P(1) = P_n$$

曲线始点处的切线落在前两个控制点的连线上，曲线终点处的切线落在最后两个控制点的连线上。

参数 $t \in [0,1]$ 对于 Bézier 曲线上对应于某一参数 t 的点 $P(t)$，可以用递归的方法作出。即求 n 次 Bézier 曲线上参数为 t 的点 $P(t)$，必须求相应的 $(n-1)$ 次 Bézier 曲线上，参数为 t 的点，往下进行递归：求 $(n-1)$ 次 Bézier 曲线上参数为 t 的点，必须求 $(n-2)$ 次曲线上的点；直到求二次曲线上的点必须求一次曲线上的点。而一次 Bézier 曲线就是控制多边形的某一条边，求一次 Bézier 曲线上参数为 t 的点就是求 $t:(1-t)$ 的定比分割点。

图 6-7 所示给出了二次 Bézier 曲线的几何作图方法。图 6-8 所示给出了三次 Bézier 曲线的几何作图方法。它们之中的（a）图 $t=\dfrac{1}{4}$、（b）图 $t=\dfrac{2}{4}$、（c）图 $t=\dfrac{3}{4}$、（d）图是将 $P(0)$、$P\left(\dfrac{1}{4}\right)$、$P\left(\dfrac{2}{4}\right)$、$P\left(\dfrac{3}{4}\right)$、$P(1)$ 光滑连接构成的二次、三次 Bézier 曲线。在连接时注意起点、终点的切线。

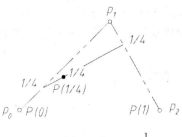

(a) $n = 2$，$t = \dfrac{1}{4}$

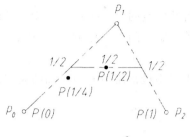

(b) $n = 2$，$t = \dfrac{2}{4}$

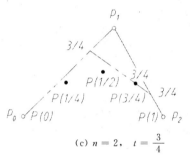

(c) $n = 2$，$t = \dfrac{3}{4}$

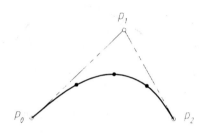

(d) 光滑连接各点

图 6 - 7　二次 Bézier 曲线的作用方法

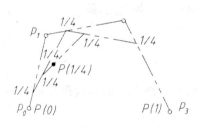

(a) $n = 3$，$t = \dfrac{1}{4}$

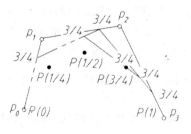

(b) $n = 3$，$t = \dfrac{2}{4}$

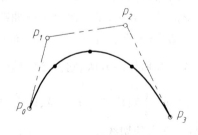

(c) $n = 3$，$t = \dfrac{3}{4}$

(d) 光滑连接各点

图 6 - 8　三次 Bézier 曲线的作图方法

6.5　B 样条曲线

B 样条曲线是在 Bézier 曲线基础上发展起来的样条曲线。样条曲线是指由多项式曲线段连接而成的曲线，在每段的边界处满足特定连续条件。该类曲线在汽车车身设计、飞机表面设计以及船壳设计中有着广泛的应用。

6.5.1　B 样条曲线的定义

给定 $m+n+1$ 个空间向量（或 $m+n+1$ 个点）$B_k(k=0,1,2,\cdots,m+n+1)$，称 n 次参数曲线

$$B_{i,n}(t) = \sum_{l=0}^{n} B_{i+l} \cdot F_{l,n}(t) \qquad t \in [0,1]$$

为 n 次 B 样条第 i 段曲线（$i=0,1,2,\cdots,m$），它的全体称为 n 次 B 样条曲线。

如图 6-9 所示当 $m=3$、$n=2$ 时共有 6 个空间向量即 6 个控制点，有 4 段（$m+1$）二次 B 样条曲线段，它们的全体叫做二次 B 样条曲线，控制点的连线构成的折线段是 B 样条的控制多边形。

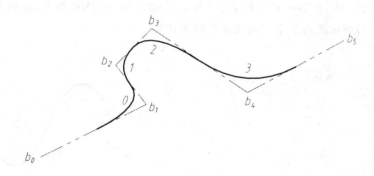

图 6-9　由 4 段二次 B 样条曲线段构成的二次 B 样条曲线

工程中常用的是二次、三次 B 样条曲线，图 6-10(a) 所示的是由 b_0、b_1、b_2 所确定的一条二次 B 样条曲线段，该线段的起点 $B(0)$ 在控制多边形 b_0b_1 边的中点，$B(1)$ 在 b_1b_2 边的中点，曲线分别和端点所在的边相切。图 6-10(b) 所示的是由 b_0、b_1、b_2、b_3 所确定的一条三次 B 样条曲线段，其起点 $B(0)$ 在 $\triangle b_0b_1b_2$ 的中线 b_1M_1 上，并且距 b_1 点 $b_1M_1/3$ 处。终点 $B(1)$ 在 $\triangle b_1b_2b_3$ 的中线 b_2M_2 上，并且距 b_2 点 $b_2M_2/3$ 处。$B'(0) \parallel b_0b_2$，$B'(1) \parallel b_1b_3$。

6.5.2　用计算机绘制 B 样条曲线

由于 B 样条曲线广泛地应用于工程设计中，所以大多数绘图软件都提供了画 B 样条曲线的命令或函数，如 AutoCAD 的 PEDIT 命令及 SPLINE 命令。PEDIT 命令可以PLINE 命令画的折线为控制多边形构造二次、三次 B 样条曲线。SPLINE 命令可直接给出 B 样条曲线上的点来绘制 B 样条曲线。

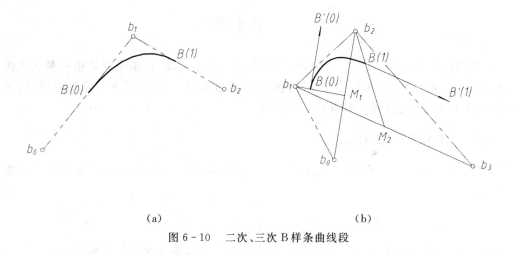

(a) (b)

图 6-10 二次、三次 B 样条曲线段

1. 用 PLINE 命令及 PEDIT 命令画 B 样条曲线

(1) 用 PLINE 命令画出控制多边形。

在命令行 Commad：提示符下输入 PLINE ↙，命令行出现 From point：提示后，可用鼠标左键点取 $P_1, P_2, P_3, \cdots, P_7$，然后按下鼠标右键结束 PLINE 命令，此时在屏幕上画出如图 6-11(a)所示的由 7 个点构成的控制多边形。

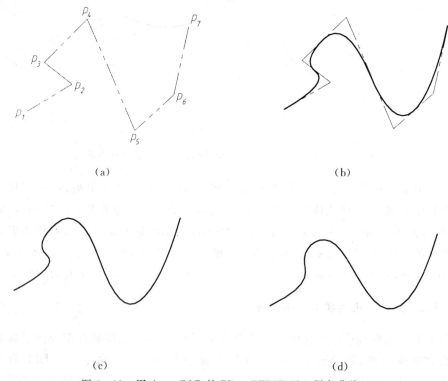

(a) (b)

(c) (d)

图 6-11 用 Auto CAD 的 Pline、PEDIT 画 B 样条曲线

(2) 用 PEDIT 构造 B 样条曲线。

AutoCAD 的系统变量 SPLINETYPE 的值控制产生 B 样条曲线的类型,当其值为 6 时产生三次 B 样条曲线;为 5 时产生二次 B 样条曲线。变量 SPLFRAME 的值决定是否显示控制多边形,其值为 1 时 B 样条曲线与由 PLINE 构成的控制多边形一同显示,为 0 时只显示 B 样条曲线。SPLINETYPE 的缺省值为 6,SPLFRAME 的缺省值为 0。在 Command:提示符下键入 SPLINETYPE 或 SPLFRAME 可改变它们的当前值,如要画以图 6-11(a) 所示的折线段为控制多边形的二次 B 样条曲线,且显示控制多边形,其操作如下:

> Command:SPLFRAME √
>
> Enter new value for SPLFRAME <0>: 1 √
>
> Command:SPLINETYPE √
>
> Enter new value for SPLFRAME<6>: 5 √
>
> Command:PEDIT √
>
> Select polyline √ (用鼠标点取图 6-11(a))
>
> Close/…/Spline/…/Exit<x>: s √

此时在屏幕上出现如图 6-11(b) 所示的图形。如果在重复上述操作中将 SPL-FRAME 的值改为 0,则不显示控制多边形,得到如图 6-11(c) 所示的图形;如果同时再将 SPLINETYPE 的值改为 6,则得到如图 6-11(d) 所示的三次 B 样条。图 6-11(c) 是 C^1 连续曲线,(d) 是 C^2 连续曲线。二次、三次 B 样条曲线的起点和终点均不通过控制多边形的起点和终点,但为了用户使用方便,一般的绘图软件均对控制多边形的两个端点作特殊的处理,使二次、三次 B 样条曲线通过用户所给的控制多边形的起点和终点。

如图 6-12(a) 所示,若将用户给定的控制多边形的起始边及终止边延长,使得 $P_0 P_1 = P_1 P_2$,$P_6 P_7 = P_7 P_8$,则二次 B 样条曲线通过用户给出的起点 P_1 及终点 P_7,对于三次 B 样条曲线可在控制多边形的二个端点设置三重点,使得曲线通过用户给出的起点和终点,如图 6-12(b) 所示。

2. 用 SPLINE 命令画 B 样条曲线

AutoCAD 的 SPLINE 命令可根据用户给出的位于 B 样条曲线上的点画出 B 样条曲线。如用户可依次给出图 6-13(a) 中的 P_1,P_2,P_3,…,P_{10} 点,即可画出图 6-13(b) 所示的由 B 样条曲线构成的断裂线。其操作如下:

Command:SPLINE √

Object/<Enter frist point>:依次用鼠标左健给出 P_1,P_2,…,P_{10} 后按鼠标右键。

Enter start tangtnt:给出起点的切线后按下右健。

Enter end tangent:给出终点的切线后按下右健。

到此 SPLINE 命令执行完毕画出了通过 P_1,P_2,…,P_{10} 点的 B 样条曲线。

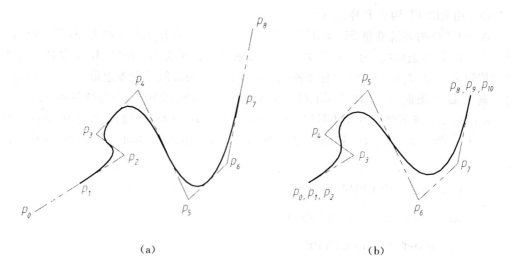

（a）　　　　　　　　　　　　　　（b）

图 6-12　使二次、三次 B 样条曲线通过控制多边形端点

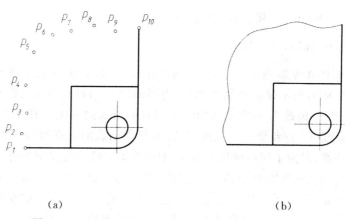

（a）　　　　　　　　　　　　　　（b）

图 6-13　用 AutoCAD 的 SPLINE 命令画 B 样条曲线

第7章　二维图形的构成及绘制

　　二维图形是工程中应用最广泛的图样,如机件的视图、部件的装配图及建筑物的平面图、立面图、剖面图等。本章在介绍二维图形的构成方法基础上,着重讲述二维图形的绘制。

7.1　二维图形的构成方法

7.1.1　子图形的组合

　　将基本几何图形及结构要素作为子图形,如正多边形、圆、椭圆、齿轮的轮齿等。这些子图形的大小及形状可通过其尺寸来控制,如矩形的两条边的尺寸决定了其形状和大小。将子图形按照实际需求以不同的方式组合即可构成一个二维图形。常用的方法有:

　　1. 拼合

　　如图7-1所示,轴的视图可看做由10个不同的矩形和两个等腰梯形拼合而成。

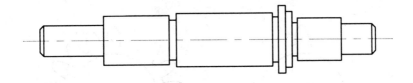

图7-1　由矩形及等腰梯形拼合成轴的视图

　　2. 重复

　　不改变子图形的大小及形状,按矩形或环形阵列构成所需的二维图形。图7-2是以三个矩形作为子图形(图7-2(a))在图7-2(b)所示的矩形内作矩形阵列,即排列成4行2列构成如图7-(c)所示的实木门的立面图。图7-3(a)所示的是以结构要素轮齿为子图形以图中所画圆的圆心为环形阵列中心,作360°的环形阵列而构造的如图7-3(b)所示的齿轮图样。

　　3. 反射

　　不改变子图形的形状及大小,作出其以指定的线或点为对称的图形,构成所需的二维图形。图7-4(a)左下角的图形为一建筑的平面图。若将其以圆的水平中心线为镜像线即对称线,作与其对称的图形得到图7-4(b)所示的图形。再将原图形及反射后得到的图形以圆的垂直中心线为镜像线,再作一次反射即得到图 7 - 4(c)所示的十字路口房屋及道路的平面图。

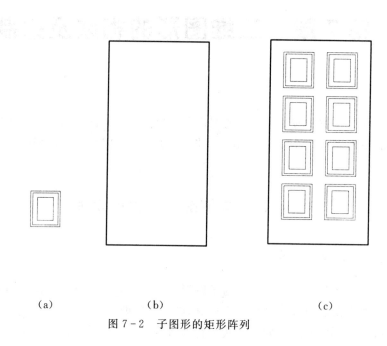

　　　　(a)　　　　　　　　　(b)　　　　　　　　　　　(c)

图 7 - 2　子图形的矩形阵列

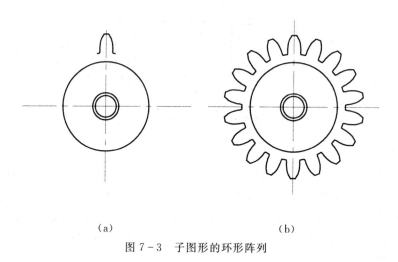

　　　　　(a)　　　　　　　　　　　　(b)

图 7 - 3　子图形的环形阵列

7.1.2　布尔运算构形

　　布尔运算构形是利用有限个基本图形或结构要素的交集、并集、差集运算构成所需要的二维图形。如图 7 - 5 所示。

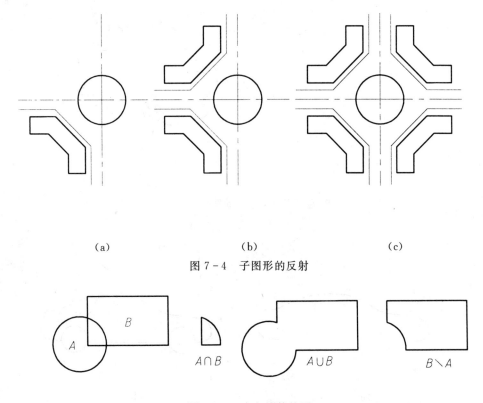

(a)　　　　　　　　　　　(b)　　　　　　　　　　　(c)

图 7 - 4　子图形的反射

图 7 - 5　布尔运算构形

7.1.3　几何交切构形

对于由直线、圆弧连接构成的无规则的二维图形很难用子图形组合或基本图形的布尔运算构成,可采用用圆弧连接两线段(直线或曲线)的方法构成,该方法称为几何交切构形(图 7 - 6)。

7.1.4　自由曲线构形

在工程设计中常常把离散点列中的点作为控制点来构造曲线,如插值曲线、Bézier 曲线、B 样条曲线等,一般将它们称为自由曲线。用自由曲线可以构造不规则

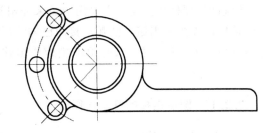

图 7 - 6　几何交切构形

形体的图形。如图 7 - 7(a)所示是由一个点列构成的控制多边形,它相当于画出一个树的轮廓,图 7 - 7(b)是由图 7 - 7(a)所示控制多边形生成的由三次 B 样条曲线组成的树的图形。图 7 - 8(a)所示的上方是其下方三次 B 样条曲线的控制多边形。该控制多边形生成的三次 B 样条曲线构成了如图 7 - 8(b)所示的汽车车身外形。

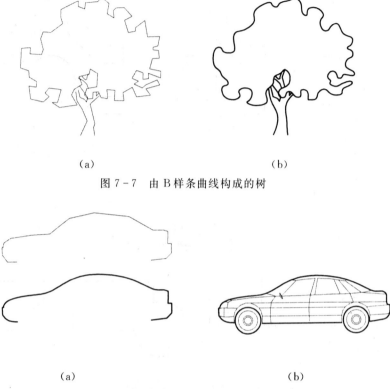

（a）　　　　　　　　　　　　　　（b）

图 7-7　由 B 样条曲线构成的树

（a）　　　　　　　　　　　　　　（b）

图 7-8　用 B 样条曲线构造汽车车身外形

7.2　圆弧连接的尺规作图

绘制平面图形时，经常需要用圆弧来光滑连接已知直线或圆弧（图 7-9），光滑连接也就是相切连接。当用一圆弧连接两已知线段时，该圆弧称为连接弧，连接弧的半径称为连接半径。为了保证相切，必须准确地作出连接弧的圆心和切点。

7.2.1　圆弧连接的基本作图法

1. 确定连接弧的圆心

根据平面几何可知：

（1）与已知直线 L_1（图 7-10）相切，半径为 R 的圆弧，其圆心的轨迹是与直线 L_1 所平行的直线 L_2，且相距为 R。

（2）与半径为 R_1、圆心为 O_1 的已知弧相切，半径为 R 的圆弧，其圆心 O 的轨迹为已知弧的同心圆（图 7-11）。轨迹圆的半径分两种情况：外切时为两

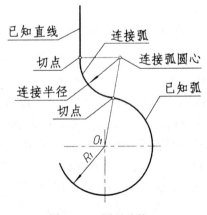

图 7-9　圆弧连接

半径之和 $R_1 + R$；内切时为两半径之差 $R_1 - R$。

2.确定连接弧的切点

根据平面几何还可知：

(1)与直线相切时，切点就是由连接圆弧的圆心向被连接直线所作垂线的垂足 T(图 7 - 10)。

(2)与圆弧外切或内切时，切点是连接圆弧和被连接圆弧的圆心连线(或其延长线)与被连接圆弧的交点 T(图 7 - 11)。

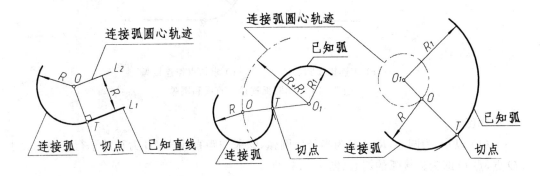

图 7 - 10　圆弧与已知直线相切　　　　图 7 - 11　圆弧与已知弧相切

3.画连接弧

确定了圆心和切点之后，就可画出这段连接圆弧，与已知的相邻线段光滑连接。

例 7 - 1　用已知半径为 R 的圆弧连接两相交直线段 AB 和 BC(图 7 - 12(a))。

作图

(1)分别作出到两已知直线距离为连接弧半径 R 的平行线，两平行线交于点 O，即为连接弧的圆心；

(2)自点 O 分别向两已知直线作垂线，其垂足 T_1、T_2 即为切点；

(3)以 O 为圆心，R 为半径作出连接弧 $\overset{\frown}{T_1 T_2}$。

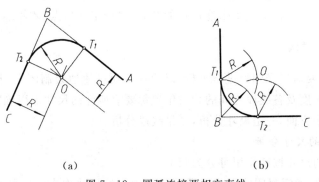

(a)　　　　　　　　　　　(b)

图 7 - 12　圆弧连接两相交直线

图 7 - 12(b)所示为两已知直线互相垂直时的连接弧的简便作图方法。

例 7 - 2　　用已知半径为 R 的圆弧连接直线 AB 和圆心为 O_1、半径为 R_1 的圆弧（图 7 - 13(a)）。

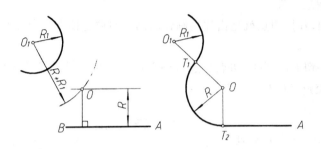

(a) 求连接弧圆心　　　　　　(b) 求切点作连接弧

图 7 - 13　　用圆弧连接一直线和圆弧

作图

(1) 以 O_1 为圆心，$R_1 + R$ 为半径作圆弧，该弧与距直线段 AB 为 R 的平行直线相交于 O 点，点 O 即为连接弧的圆心（图 7 - 13(a)）。

(2) 连接 OO_1 交已知弧于 T_1 点，自 O 向 AB 作垂线得垂足 T_2，点 T_1、T_2 即为切点（图 7 - 13(b)）。

(3) 以 O 为圆心，R 为半径作出连接弧 $\overarc{T_1T_2}$。

例 7 - 3　　用已知半径为 R 的圆弧连接两已知圆弧。

分析　　本例可出现三种情况，即外切（图 7 - 14(a)）、内切（图 7 - 14(b)）和内外切（图 7 - 14(c)）。现以内外切为例，说明其作图步骤。

作图

(1) 以 O_1 为圆心，$R_1 + R$ 为半径作圆弧，再以 O_2 为圆心，$R - R_2$ 为半径作圆弧，所作两弧的交点 O 即为连接弧的圆心；

(2) 连接 OO_1、OO_2 并延长 OO_2，分别与两已知圆弧相交，其交点 T_1、T_2 即为切点；

(3) 以 O 为圆心，R 为半径作出连接弧 $\overarc{T_1T_2}$。

总之，作圆弧连接时，应先求出连接弧的圆心，再确定其切点，才能准确作出连接弧。

7.2.2　综合举例

绘图前，首先要对二维图形进行分析，以便正确而迅速地绘制图形。构成二维图形的各线段，其形状、长度及各线段之间的相对位置都要靠所注的尺寸加以确定。因此，对二维图形的分析分两个方面，一是尺寸分析，二是线段分析。

1. 二维图形的尺寸分析

二维图形中的尺寸按其作用可分为两类：

(1) 定形尺寸：确定封闭线框或线段形状和大小的尺寸称为定形尺寸。一般，圆和圆弧的直径或半径，多边形的边长和顶角大小等都是定形尺寸。如图 7 - 15 所示的 $\Phi30$、$\Phi56$、$\Phi6$、$R10$ 以及直线段的长度等。

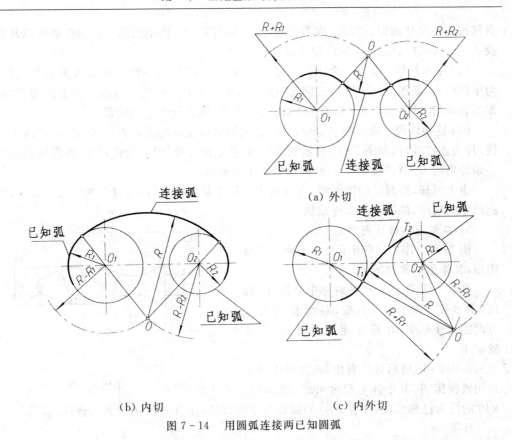

（a）外切

（b）内切　　　　　　　　　　　（c）内外切

图 7 - 14　用圆弧连接两已知圆弧

（2）定位尺寸：确定图形各基本图素（点、直线、圆、圆弧等）相对位置的尺寸称为定位尺寸。通常，在二维图形中每一线框或线段需要两个方向的定位尺寸。在每个方向上，标注尺寸的起始点或线段称为尺寸基准。在二维图形中，一般多选用图形的对称中心线、圆的中心线、重要的轮廓线或圆的圆心等作为尺寸基准。如图 7 - 15 所示的同心圆 $\Phi30$、$\Phi56$ 的中心线和轮廓线段 L_1、L_2 等。分析二维图形时，应首先找出其尺寸基准，然后再看有哪些封闭的线框或线段是以此基准进行定位的，这些尺寸即为定位尺寸，如图 7 - 15 所示的 50 和 55 为圆 $\Phi30$ 和 $\Phi56$ 的定位尺寸，$\Phi42$ 是 4 个小圆 $\Phi6$ 的定位尺寸等。

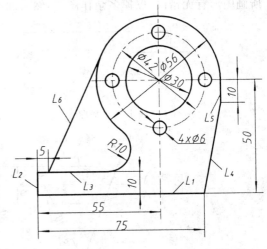

图 7 - 15　二维图形的尺寸和线段分析

2. 二维图形的线段分析

根据所注尺寸的多少，二维图形的线段可分为三类：

（1）已知线段：有足够的定形尺寸和定位尺寸，不依靠与其他线段相切的作图，就能直接按所注尺寸画出的线段,称为已知线段。如图 7-15 所示的圆 $\Phi30$、$\Phi6$、$\Phi56$ 以及直线段 L_1、L_2、L_3、L_4、L_5 等均为已知线段。

(2) 中间线段:缺少一个定位尺寸,必须依靠一端与另一线段相切而画出的线段,称为中间线段。如图 7-15 所示左侧的斜线 L_6,从图示中只知道该线段左下方的端点,还要根据直线与 $\Phi56$ 的圆相切的关系才能画出,因此,该直线为中间线段。

(3) 连接线段:缺少两个定位尺寸,必须依靠两端点与另两线段相切,才能画出的线段,称为连接线段。如图 7-15 所示的 $R10$,只有定形尺寸,没有定位尺寸,此段圆弧的两端必须分别与 L_3 直线段和 $\Phi56$ 的圆弧相切才能画出。

由上可知,绘制二维图形时,在作出主要尺寸基准线之后,应首先画出已知线段,其次画出中间线段,最后再画出连接线段。

3. 二维图形的作图举例

例 7-4　图 7-16 所示为一手柄的二维图形,其作图步骤如下:

分析　该图形的水平对称中心线 Ⅰ(轴线)是高度方向的尺寸基准,端面 Ⅲ 是长度方向的尺寸基准,由 Ⅲ 确定端面 Ⅱ,再由 Ⅱ 确定 Ⅳ。

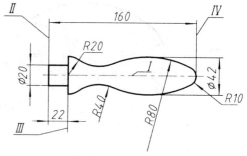

图 7-16　手柄的二维图形

由图 7-16 所示可以看出,该图形由两个封闭线框组成。其中注有尺寸 $\Phi20$、22、$R20$、$R10$ 的均为已知线段;注有 $R80$ 的圆弧为中间线段;注有 $R40$ 的圆弧为连接线段。

作图

在确定了基准线和主要的定位线后,依照先画已知线段,再画中间线段,最后画连接线段的顺序完成该二维图形的绘制,如图 7-17 所示。当所有线段都画完后,还需认真检查所画图形有无错误,擦掉多余作图线,然后加粗,标注尺寸,完成图 7-16 所示的图形。

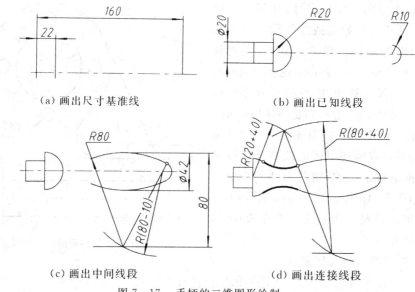

(a) 画出尺寸基准线　　　　　(b) 画出已知线段

(c) 画出中间线段　　　　　(d) 画出连接线段

图 7-17　手柄的二维图形绘制

例 7 - 5 绘制一楼梯扶手断面(图 7 - 18(d) 的二维图形。

分析 该图形为左右对称,其对称轴线为长度方向的尺寸基准,底面是高度方向的尺寸基准。

由图 7 - 18(d) 所示可看出,该图形的外轮廓和各直线段均是已知线段,应先画出,半径为 R120 的圆弧的圆心在中心线上,也属已知线段,可先画出一部分。半径为 R20 的圆弧为中间线段,R10 的圆弧为连接线段,需求出其圆心和切点才可画出此段圆弧。

作图 (图 7 - 18)

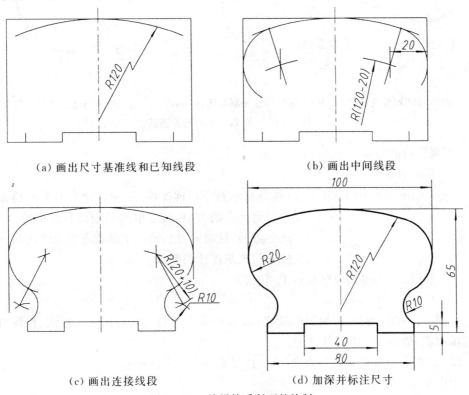

(a) 画出尺寸基准线和已知线段 (b) 画出中间线段

(c) 画出连接线段 (d) 加深并标注尺寸

图 7 - 18 楼梯扶手断面的绘制

7.3 用计算机作圆弧连接

用计算机作圆弧连接,就是以某一绘图软件为操作平台,以该软件所提供的某些操作命令作圆弧连接。由于对求连接弧的圆心、切点等一般都在软件内部由计算机来完成(如倒圆角命令等),这样就使得圆弧连接变得非常简捷。本节以 AutoCAD 绘图软件所提供的有关圆弧连接的某些命令,讲述用计算机作圆弧连接的方法和步骤。

7.3.1 基本作图命令

1. 圆弧与单一图素(直线或弧)连接命令

(1) 圆弧与已知直线连接命令(Arc)。

操作步骤：

1）用绘制直线命令 Line 绘出已知直线 $P_1 P_2$（图 7－19(a)）；

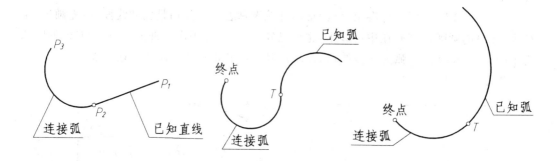

（a）圆弧与已知直线连接　　（b）圆弧与已知圆弧连接、外切　　（c）圆弧与已知圆弧连接、内切

图 7－19　圆弧与单一图素连接

2）调用绘制圆弧命令 Arc：

Command：ARC ↙

Center/〈Start point〉：↙（在该提示符下以回车响应，则该命令所要画的弧的起
始点和起始点的方向，就是前面绘制的直线的终点 P_2 和
直线的方向，这时只要再给一个终止点即可绘出与已知直
线按相切关系连接的圆弧）

End point：（给出终止点 P_3 位置）

Command：

如图 7－19(a) 所示。在绘制多段线 PLine 的命令里也包含着圆弧与直线、直线与圆弧
的连接功能，请读者上机实践体会。

（2）圆弧与已知圆弧连接命令（Arc 的子命令——Continue）。

操作步骤：

1）用绘制圆弧命令 Arc 绘制出已知圆弧（图
7－19(b)、(c)）；

2）打开 Draw 下拉菜单下的 Arc 的子菜单，单击
Continue 选项；

3）拖动鼠标至所需位置点，单击左键，即选取连
接弧的终点，则可绘出首尾光滑相切的两段圆弧。

根据连接弧的终点与已知弧终点的相对位置，可
绘出两圆弧外切（图 7－19(b)）或是内切（图
7－19(c)）。

由以上操作可知，在连接弧终止点位置确定的前
提下，用圆弧与圆弧连接命令就可使得用尺规作图比
较难绘制的二维图形变得非常简捷。如图 7－20 所示图

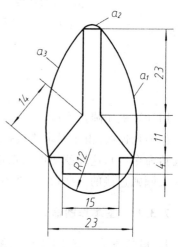

图 7－20　圆弧与圆弧连接

形,先绘出已知线段(各直线段用 Line 命令绘出,R12 弧用 Arc 命令中的子项 SER(起始点、终止点及半径绘出),紧接着连续使用 Arc/ Continue 命令依次画出 a_1、a_2、a_3 弧。

2. 圆弧与多个图素连接命令

(1) 倒圆角命令(Fillet):该命令用指定的圆角半径对相交的两条直线、圆弧或圆以及用多段线命令绘制的图形进行倒圆角。

例 7 - 6　用已知半径为 R 的圆弧连接两相交直线段 L_1 和 L_2(图 7 - 21(a))。

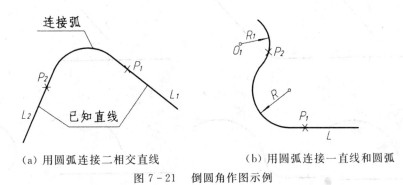

(a) 用圆弧连接二相交直线　　　　(b) 用圆弧连接一直线和圆弧

图 7 - 21　倒圆角作图示例

操作步骤:

1) 确定圆角半径:

　　Command:FILLET ↙

　　Polylime /Radius/Trim/〈Select first object〉:(R) ↙

　　Enter fillet radius〈default〉:(输入圆角半径值) ↙

　　Commend:

2) 对两个实体倒圆角:

　　Commend:FILLET ↙

　　Polyline/Radius/Trim/〈Select first object〉:P_1(选择 L_1 直线)

　　Select second object:P_2(选择 L_2 直线)

　　Commend:

例 7 - 7　用已知半径为 R 的圆弧连接直线段 L 和圆心为 O_1、半径为 R_1 的圆弧(图 7 - 21(b))。

分析　用已知半径为 R 的圆弧:无论是连接两直线或两圆弧还是连接一直线一圆弧,用尺规作图所必求的连接弧的圆心、切点均在软件内部由计算机计算完成,用户只是对软件所提供的有关命令进行正确操作即可实现以上的圆弧连接。因此,用已知半径为 R 的圆弧连接直线段 L 和圆心为 O_1、半径为 R_1 的圆弧,以及连接两已知圆弧的命令和操作步骤与例 7 - 6 用圆弧连接两相交直线完全相同。

需要指出的是,连接弧的位置及方向完全取决于用户在操作选择对象时的拾取点(P_1 或 P_2)的位置,如图 7 - 22 所示。

(2) 综合多个命令实现圆弧连接:将 AutoCAD 绘制命令与编辑命令综合,灵活使用,可方便实现多种情况下的圆弧连接和二维图形的几何构形。

　　如图7-23所示，用同样大小半径的连接弧外切、内切、内外切连接已知两个圆弧，就是将绘制圆命令(Circle/Ttr)和编辑命令中的修剪命令(Trim)综合使用来完成的。

　　在使用Circle命令中的子命令Ttr时，同样应注意拾取点的位置决定所画的与两已知圆相切的圆弧是外切、内切，还是内、外切。如果要实现图7-23(c)所示的内、外切，其操作步骤如下(图7-24)：

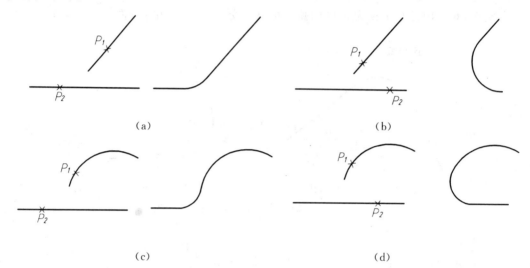

(a)　　　　　　　　　　　　　　　　　(b)

(c)　　　　　　　　　　　　　　　　　(d)

图7-22　拾取点的位置对连接弧的影响

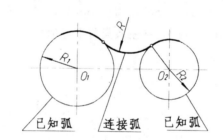

(a) 外切

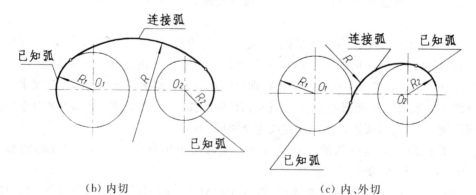

(b) 内切　　　　　　　　　　　　　　(c) 内、外切

图7-23　综合多个命令实现圆弧连接

1）绘制以连接弧半径 R 大小的圆（图 7 - 24(a)）：

　　Command：CRICLE ↙

　　3P/2P/TTR/〈Center point〉：TTR ↙

　　Enter Tangent Spec：P_1

　　　（拾取第一个相切的圆）

　　Enter Second Tangent Spec：P_2

　　　（拾取第二个相切的圆）

　　Radius〈default〉：（输入连接弧半径）

2）用修剪命令（Trim）完成圆弧连接（图
7 - 24(b)）：

　　Command：TRIM

　　Select objects：（Crossing 方式选择剪切边）

　　Select objects：↙（结束剪切边的选择）

　　〈Select objects to trim〉/

　　Project/Edge/Undo：pt（选择被切边）

　　〈Select objects to trim〉/

　　Project/Edge/Undo：↙（结束被切边的选择）

其结果如图 7 - 24(c) 所示。

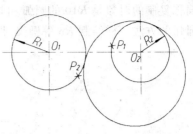

（a）用 Ttr 命令作相切圆

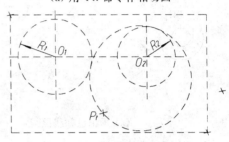

（b）用 Trim 命令作修剪

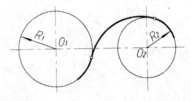

（c）结果图

图 7 - 24　作圆弧与已知两圆弧内外切

7.3.2　综合举例

　　用计算机绘制具有圆弧连接的二维图形时，与
尺规作图相同的是，在绘图前，首先仍需对二维图形进行分析，即图形具有何种特点，是否
对称？等等。若要是对称图形，则可只画其一半，然后用镜像命令（Mirror）方便地完成另
一半，以达到事半功倍的效果。其次，还要分析构成该图形的各线段之间的相互关系，明确
哪些是已知线段，哪些是中间线段和连接线段。作图时，仍然是先画出已知线段，其次画出
中间线段，最后画出连接线段。与尺规作图不同的是，计算机绘图对于连接圆弧的圆心、切
点的确定不是首先要考虑的因素，而是主要关心用什么样的命令，在何处设置拾取点可实
现图形的圆弧连接，如连接圆弧也可用画弧的方式画出，也可用先画出圆，再通过其他的
编辑命令来完成。一般情况下，后一种比前一种情况操作要更简捷、方便，如图 7 - 24 所示。

　　例 7 - 8　绘制一挂轮板的二维图形（图 7 - 25(d)）。

　　作图

　　(1) 绘出已知线段：用画直线命令（Line）绘尺寸基准线和各圆、圆弧的定位轴线；用
画圆命令（Circle）绘出各已知圆 $\Phi26$、$\Phi20$、$\Phi10$、$\Phi32$、$\Phi20$、$\Phi24$、$\Phi10$；用画圆弧命令（Arc）
绘出左右两端 $R10$ 的圆弧（图 7 - 25(a)）。

　　(2) 绘出中间线段：用画直线命令（Line）绘出与 $\Phi32$ 的圆水平相切的直线；用画圆弧
命令（Arc）绘出与 $R10$ 的圆弧相切的上、下两段圆弧（$R_{上} = 56 - 10$，$R_{下} = 56 + 10$），用偏
移复制命令（Offset）绘出 $R6$ 的圆弧和与之相切的共 4 段圆弧（此处的偏移量为 $10 - 6 =$

4，偏移复制的对象是 $R10$ 的圆弧和与之相切的弧）。当然，也可以用 Arc 命令像绘制 $R10$ 等圆弧的方法一样绘制 $R6$ 等圆弧（图 7 - 25（b））。

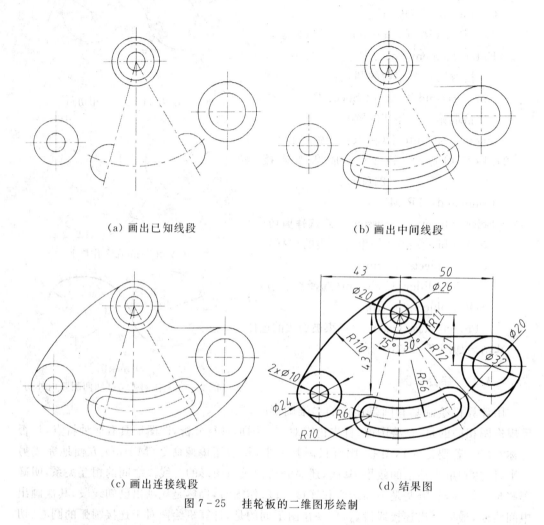

（a）画出已知线段   （b）画出中间线段

（c）画出连接线段   （d）结果图

图 7 - 25   挂轮板的二维图形绘制

（3）绘出连接线段：用倒圆角命令（Fillet）绘出 $R11$ 的连接圆弧；像图 7 - 23 所示的那样，综合使用画圆命令（Circle/Ttr）和修剪命令（Trim）分别绘出 $R110$ 和 $R72$ 的连接圆弧（图 7 - 25（c））。

（4）将不同线型赋于不同的层和颜色并标注尺寸，如图 7 - 25（d）所示。

对于图 7 - 18 所示的楼梯扶手断面的二维图形，因其是对称图形，用计算机绘制此类图形时，只需绘出其一半图形，然后利用镜像命令（Mirror）以对称轴线为镜像线，进行镜像，即可完成该二维图形的绘制。其过程见图 7 - 26 所示。

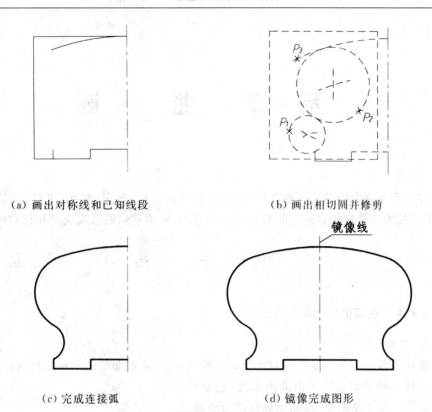

（a）画出对称线和已知线段　　　　　　　（b）画出相切圆并修剪

（c）完成连接弧　　　　　　　　　　（d）镜像完成图形

图 7-26　楼梯扶手断面的绘制

第8章 曲 面

在工程上常常会遇到各种各样的曲面。如各种零件、汽车、船舶、飞机、建筑物的表面等。工程技术人员应该对这些曲面有明确的概念,知道它们的形成规律和投影画法。

8.1 概 述

8.1.1 曲面的形成和分类

1. 形成

曲面可看做一条动线在空间连续运动的轨迹。形成曲面的动线称为母线,当母线处于曲面上任一位置时称为该曲面的素线。控制母线运动的一些不动的点、线和面分别称为导点、导线和导面(图8-1)。

曲面可根据其母线是直线还是曲线分为直线面与曲线面。如果曲面既可以由直线也可由曲线来形成,仍称为直线面。如图8-1所示的圆柱面,可看做是一直线 AB 绕轴线 OO(直导线)回转而成的,也可以看做是一个圆母线沿着垂直于该圆所在平面的直导线 OO 平移而成的。可见,同一曲面的形成方法不止一种。

如图8-2所示的圆锥面,既可看做是由直母线绕和它相交的轴线回转而成(图8-2(a))

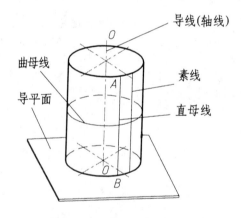

图8-1 圆柱面的形成

的,也可看做是直径不断改变的圆沿轴线平移而成的(图8-2(b)),这时圆的直径 D 与圆平面到定点 S(导点)的距离 L 之比为定值。因此,应该从形成曲面的各种方法中,选取对于绘制曲面和解题最简便的一种。

2. 分类

曲面可按母线性质分类,也可按形成方式分类。

(1)直线面:由直母线运动形成的曲面称为直线面。直线面又可分为单曲面和扭曲面两类。单曲面的任意相邻两素线彼此平行或相交,即它们位于同一平面上,这是一种能无变形地展开成一平面的曲面,属于可展曲面,如柱面、锥面(图8-3(a)、(b))。扭曲面的任意相邻两素线彼此交叉,即它们不位于同一平面,该曲面属于不可展曲面,如单叶双曲回转面、柱状面、锥状面、双曲抛物面(图 8 - 3(c) ～ (f))。

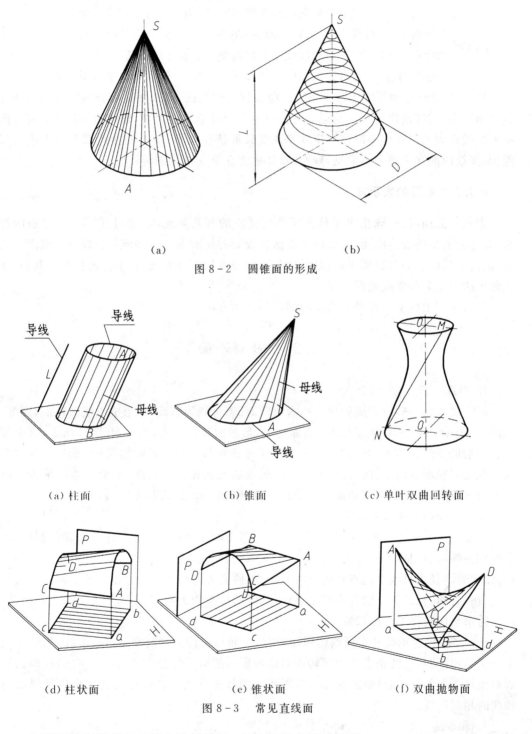

(a)   (b)

图 8 - 2   圆锥面的形成

(a)柱面   (b)锥面   (c)单叶双曲回转面

(d)柱状面   (e)锥状面   (f)双曲抛物面

图 8 - 3   常见直线面

上述两种直线面在工程上比较常见,它们的形成规则如下:

$$单曲面\begin{cases}柱面——母线沿着曲导线移动且始终平行于一直导线。\\锥面——母线沿着曲导线移动且始终通过一定点。\end{cases}$$

$$扭曲面\begin{cases}柱状面——母线沿着两曲导线连续运动时,始终平行于一导平面。\\锥状面——母线沿着一直导线和一曲导线连续运动,且始终平行于一导平面。\\单叶双曲回转面——母线绕一条与其交叉的直导线回转。\\双曲抛物面——母线沿着两交叉直导线连续运动,且始终平行于导平面。\end{cases}$$

（2）曲线面：由曲母线运动而形成的曲面称为曲线面。曲线面又可分为定线曲面和变线曲面两类。定线曲面的母线在运动过程中不改变其形状或大小，如球面、圆环面。变线曲面的母线在运动过程中不断按一定规律改变其形状和大小。所有的曲线面都属于不可展曲面。变线曲面在工程上不常见，球面、圆环面将在第9章详细阐述。

8.1.2　曲面的表示方法

表示一曲面时，应画出决定该曲面几何性质的各几何元素，如母线、导线、导面的投影。此外为清楚的表达曲面，还要画出曲面各投影的轮廓线——外形线，以决定曲面的范围。曲面对某投影面的轮廓线，也是对该投影面的可见性分界线。对于比较复杂的曲面，还应画出曲面上某些素线或截交线。

下面介绍工程上几种常见曲面的形成和表示方法。

8.2　回　转　面

1. 形成

母线绕轴线回转所形成的曲面称为回转面。当母线为直线时，形成直线回转面（图8-1，图8-2(a)，图8-3(c)）；当母线为曲线时，形成曲线回转面，如球面、圆环面等。这里仅讨论一般的曲线回转面。如图8-4(a)所示的平面曲线 $ABCDE$ 绕轴线 OO 回转一周时形成一曲线回转面。回转时曲线两端点 A、E 形成曲面的顶圆和底圆，曲面上距离轴线最近的点 B 和最远的点 D 形成的圆分别为最小圆（喉圆）和最大圆（赤道圆）。

2. 回转面的两个基本性质

（1）回转面母线上任一点 C（图8-4(a)）运动的轨迹是一个垂直于回转轴的圆周，这个圆称为纬圆。可见，当用垂直于轴线的平面截切回转面时，平面与回转面的交线是一个圆。纬圆的半径为母线上的点 C 到轴线的距离，圆心为过该点 C 所作轴线的垂面与轴线的交点。在与回转轴线垂直的投影面上，所有纬圆的投影均为圆。利用回转面上这一特点，可以容易求出回转面上点的投影。

（2）当用包含轴线的平面截切回转面时，平面与回转面的交线是两条素线。当该平面平行于某投影时，这两条素线为回转面对该投影面的可见性分界线（图8-4(b)），即回转面对该投影面的外形轮廓线。它在该投影面上的投影反映回转面母线的实形以及母线与轴线的相对位置。

3. 表示法

如图8-4(b)所示，在投影图上表示曲线回转面通常要画出其轴线（点画线）、顶圆、底圆、最小圆和最大圆等的投影及其外形轮廓线，但在平行于轴线的投影图上一般不必画出最小圆和最大圆的投影，如图 8-4(b) 所示的正面投影。

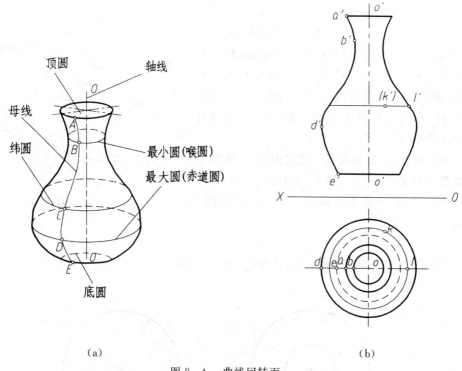

（a）　　　　　　　　　　　　　　　　　　（b）

图 8-4　曲线回转面

为了画图方便，对单个回转面一般应使轴线为投影面垂直线，如图 8-4(b) 所示为铅垂线。这样在平行于轴线的投影面的投影，即为曲面上最左最右（图 8-4(b) 中的正面投影），最前最后或最上最下素线的投影；在垂直于轴线的投影面上的投影为一个或多个同心圆（图 8-4(b) 中的水平投影）。

在曲线回转面上取点，只能用纬圆作辅助线。如图 8-4(b) 所示，已知曲面上点 K 的正面投影 k' 求其水平投影 k。根据 k' 的位置，可知点 K 位于曲面右上部分，又因 k' 为不可见，所以点 K 在后半个曲面上。若过点 K 在曲面上作一个水平纬圆，那么这个纬圆的正面投影应是过 k' 且平行于 OX 轴的水平线段，它与曲面正面投影的外形轮廓线交于 l'，由此在水平投影中作出 l，然后以 o 为圆心，ol 为半径作圆，这个圆就是过点 K 纬圆的水平投影。再由 k' 在这个纬圆的水平投影上对应确定 k，k 可见。

8.3　螺　旋　面

螺旋面在工程上应用相当广泛，如螺钉、蜗轮蜗杆、螺旋输送器，以及建筑物中的螺旋楼梯等，都是以螺旋面作为主要工作面的。

1. 形成和种类

螺旋面是以圆柱螺旋线及其轴线为导线,当母线沿着这两条导线移动而同时又与该轴线相交成一定角度,这样形成的曲面称为螺旋面(图8-5)。螺旋面的母线可以是直线,也可以是曲线。若母线为直线,则形成直线螺旋面;若母线为曲线,则形成曲线螺旋面。在直线螺旋面中,若直母线与轴线相交成 90°角,所得曲面称为正螺旋面(图8-5);若直母线始终与轴线所成的角度不等于90°,且夹角不变,则形成斜螺旋面。这里只讨论正螺旋面。

不难看出,正螺旋面属于锥状面。因为它的母线始终平行于某一平面(图8-5中是水平面 H);而其两条导线,一条为螺旋线,另一条为圆柱的轴线。

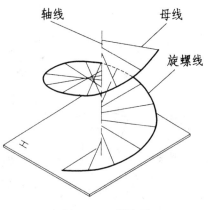

图 8-5　螺旋面

2. 表示法

投影图上一般要画出螺旋线(曲导线)、轴线(直导线)以及若干条直素线。

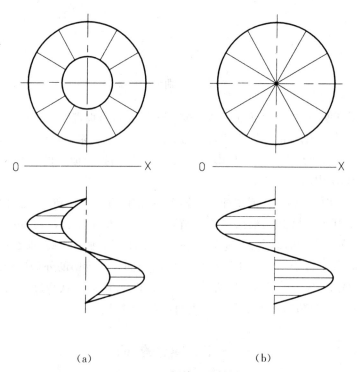

（a）　　　　　　　　　　　　　　（b）

图 8-6　正螺旋面的投影

图 8-6(a) 所示为轴线垂直于 H 面时正螺旋面的投影。画图时应先画出圆柱螺旋线及其轴线的两面投影,并将导程内的轴线和螺旋线分成相同的若干等分,对应点的连线即

为正螺旋面的若干素线的投影。素线的正面投影是过螺旋线 V 面投影上各等分点引到轴线 V 面投影的水平线,素线的水平投影交于圆心。

如果正螺旋面被一个同轴的小圆柱所截,它的投影图如图 8 - 6(b) 所示。小圆柱与正螺旋面的交线是一条与螺旋曲导线有相等导程的圆柱螺旋线。

第9章 三维形体的构造及表达

　　工程构件或机件,都是以三维实体的形式存在于空间,虽然它们千姿百态,但都可以看做是由简单的三维形体组合而成,故将它们称为组合体。组成组合体的体素称为基本立体。基本立体是由若干表面围成的空间实体,基本体的表面若均为平面,该立体就称为平面立体,如棱锥体、棱柱体;若其表面为曲面或曲面和平面,则称为曲面立体,如球体、圆柱体、圆锥体。本章在介绍三维实体的构造方法的同时,着重讲述基本立体表示方法、基本立体表面与平面的交线、基本立体与基本立体表面的交线及组合体的表达方法、尺寸标注及其视图的读图方法。

9.1　三维形体的构造方法

　　通常以长方体、圆柱体、球体、环状体等基本体素为单元体,通过集合运算即体素之间的交、并、差拼合构成所需要的三维实体。构造三维实体的方法称为实体造型法,目前,常用的实体造型方法有:

(1) 边界表示法 B－rep(Boundary representation);

(2) 几何体素构造法 CSG(Constructive Solid Geometry);

(3) 扫描法(Sweep);

(4) 分割表示法 D－rep (Decomposition representation);

(5) 形素造型 (Feature Modeling)。

本节将对上述前三种实体造型方法作简单的介绍。

9.1.1　边界表示法

　　边界表示法是以物体边界为基础定义和描述三维形体的方法。物体的边界通常是指物体的外表面,是有限个单元面的并集,如图 9－1 所示。每个单元面是由有限条边围成的有限个封闭域定义的平面或曲面,它们必须是有界、封闭、有向、不自交、有限和相连接的,并能区分实体边界内、边界外和边界上的点。

9.1.2　几何体素构造法

　　几何体素构造法是一种用简单几何形体构造复杂实体的造型方法。这里简单几何形体称为体素(Volume Primitive)。常用的造型体素有长方体、圆柱体、球体、圆锥、圆环、楔、棱锥体等。实体的构造是体素间进行交、并、差集合运算的过程。这个过程可用二叉树

表示,图 9-2 所示的穿孔立体为两立体的差集,图 9-3 所示的相贯体为两立体的并集,图
9-4 所示的组合体为两立体的并集和一个立体的差集。这种树又称 CSG 树。树的叶节点
表示体素,非终止节点表示施加于其子节点的布尔运算。树的根节点表示布尔运算的最终
结果,也是希望得到的实体。

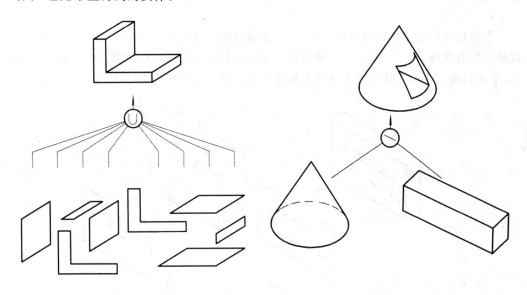

图 9-1　实体的边界表示　　　　　　　图 9-2　穿孔立体的 CSG 树

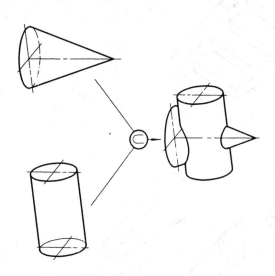
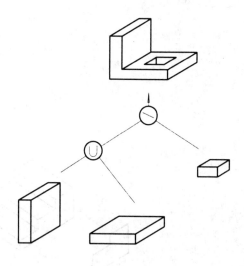

图 9-3　相贯立体的 CSG 树　　　　　　图 9-4　组合体的 CSG 树

9.1.3　扫描法

一个简单物体或一个平面图形沿一条轨迹运动所扫描出的空间是一个三维实体。这种构造实体的方法称为扫描法。常用的扫描方法有平移扫描和旋转扫描。

1. 平移扫描法

平移扫描的运动轨迹通常是一条直线。如果扫描用的是一个平面图形，则该平面图形就是待构造实体的一个剖面，故平移扫描只能构造具有相同剖面形状的实体，如图9-5所示。平移扫描构造的实体也可再通过布尔运算构造更为复杂的实体，如图9-6所示。

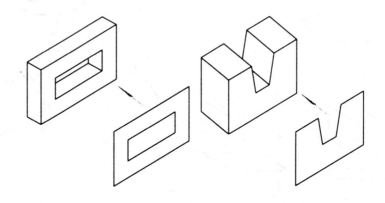

图9-5　平移扫描造型

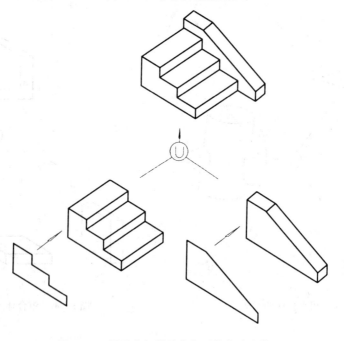

图9-6　用平移扫描及布尔运算构造实体

2. 旋转扫描法

当一个平面图形绕着与其共面的轴旋转一角度时,即扫描出一个实体。旋转扫描只能构造具有轴对称的实体。图 9 - 7 给出了用旋转扫描法构造实体的例子。

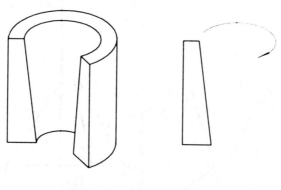

图 9 - 7　旋转扫描造型

9.2　平面立体及其表面交线

9.2.1　平面立体的投影及表面的可见性

由于平面立体是由顶点、棱线及棱面组成的,因此,平面立体的投影是点、直线和平面投影的集合。投影时,将立体看做是不透明的。投影图中,可见的线段用粗实线表示,不可见的线段用虚线表示,以区分其可见性。

常见的平面体有棱锥和棱柱两种。棱锥的棱线相交于一点,棱柱的棱线彼此平行,利用这些性质可使作图简便准确。

例 9 - 1　图 9 - 8(a) 所示是一个在三面投影体系中给定的三棱锥,底面 $\triangle ABC \parallel H$ 面,绘出其投影图。

分析与作图

绘出三棱锥底面 $\triangle ABC$,顶点 S 以及棱线 SA、SB、SC 的投影,区分可见性,即可得出三棱锥的投影。投影图如图 9 - 8(b) 所示。从本章开始,在投影图中都不画投影轴。

由图 9 - 8(b) 可以看出,投影的外形轮廓线总是可见的。而判别投影中外形轮廓线以内直线的可见性,可根据线面相对位置确定。如水平投影轮廓线内的三条线 sa、sb、sc,可从图 9 - 8(b) 的正面投影看,棱锥的三个棱面都高于底面,均是可见的。所以水平投影都画成粗实线。又如 SB 棱线在棱锥正面投影外形轮廓线 SA、SC 的前方是可见的,故 $s'b'$ 画成粗实线。

例 9 - 2　图 9 - 9 所示为斜三棱柱的三面投影图,分析投影图中线段的可见性。

分析与作图

因投影的外形轮廓线总是可见的,故正面投影中主要判别 $c'c_1{}'$ 是否可见;侧面投影中主要判别 $a''a_1{}''$ 是否可见。在水平投影中,主要判别点 $a_1(aa_1$、b_1a_1、c_1a_1 三线的交点) 是否可见,如点 a_1 不可见,则 aa_1、b_1a_1、c_1a_1 均不可见。从正面投影可以看出,点 A_1 为底面上的点,被其他棱面遮挡,故 a_1 不可见。因此,aa_1、b_1a_1、c_1a_1 均画成虚线。也可利用两交叉直线的重影点来判断每一投影轮廓线以内的直线的可见性。如 aa_1 的可见性,可利用 BC 和 AA_1 两条棱线上对 H 面的重影点 Ⅰ、Ⅱ 来判断,因 Ⅰ$_z$ ＞ Ⅱ$_z$,故 aa_1 不可见。包含 AA_1 的两个棱面 $\square AA_1BB_1$、$\square AA_1CC_1$ 的 H 面投影也为不可见。

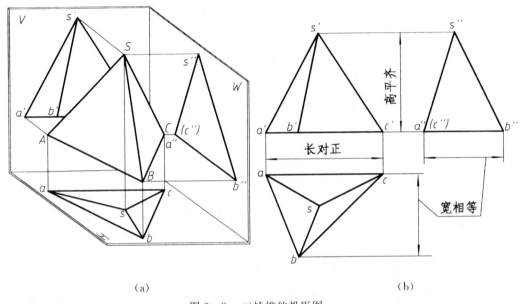

（a）　　　　　　　　　　　　　　　　　（b）

图 9 - 8　三棱锥的投影图

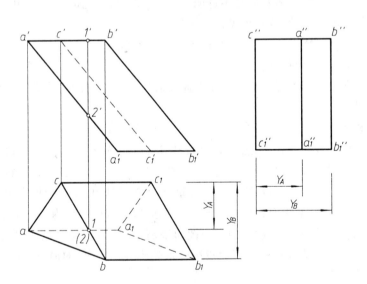

图 9 - 9　斜三棱柱的投影图

　　综上两例可以看出,由于平面立体的投影实际上是由棱线的投影表示的,故平面立体表面在投影时的可见性是由其棱线投影的可见性来确定的。棱线投影可见性的判别原则归纳如下：

（1）所有投影的外形轮廓线总是可见的，并且是可见棱面与不可见棱面的分界线。

（2）在投影的外形轮廓线范围内若有两交叉直线的投影时，可按交叉直线重影点的可见性进行判别（图 9-9 和图 9-10(a)）。

（3）每一投影的轮廓线内，如有交于一点的多条直线，其可见性与该点之可见性相同（图 9-10(b)、(c)）。

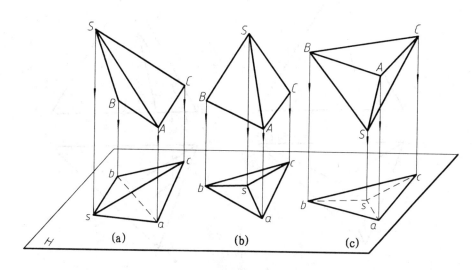

图 9-10 平面立体投影的可见性

确定了棱线投影的可见性，即可判别与棱线有关棱面的可见性（图 9-10）。其判别原则是：

若某一棱线的投影不可见，则以此棱线为交线的两棱面的投影也不可见。

9.2.2 平面立体表面上的点和直线

平面立体表面上取点、线问题的实质就是平面内取点、线。关键是先根据已知条件分清所给的点或线属于平面立体表面的哪个平面？它们的投影必在该平面的同面投影内，且它们的可见性与此平面的可见性相同。

例 9-3 如图 9-11(a) 所示，已知三棱锥表面上 K 点的正面投影和 Ⅰ Ⅱ Ⅲ 线段的水平投影，求作它们的其余投影。

分析与作图

（1）因为 k' 不可见，所以点 K 位于 SAC 棱面内。过点 K 在 SAC 棱面内作一辅助线 $SD(s'd', sd)$，点 K 的水平投影必在 SD 的水平投影上，如图 9-11(b) 所示。也可过点 K 在 SAC 棱面内作一平行于底边 AC 的辅助线，求点 K 的水平投影。

因棱面 SAC 水平投影可见，故 k 也可见。

（2）由水平投影 1-2-3 可知，线段 Ⅰ Ⅱ 在 SBC 棱面内，点 Ⅰ 在 BC 边上，点 Ⅱ 在 SB 棱上，故 $1'$ 在 $b'c'$ 上，$2'$ 在 $s'b'$ 上。连接 $1'2'$ 即得 Ⅰ Ⅱ 的正面投影。线段 Ⅱ Ⅲ 在 SAB

棱面内,为求其正面投影,可将该线段延长至与 AB 边相交于 E,求得 $2'e'$,其上的 $2'3'$ 段即为 Ⅱ Ⅲ 的正面投影。

因棱面 SAB、SBC 的正面投影均可见,故 $1'2'$、$2'3'$ 画成粗实线。

注意:Ⅰ、Ⅲ 两点不在同一平面内,故 $1'3'$ 不能连线。

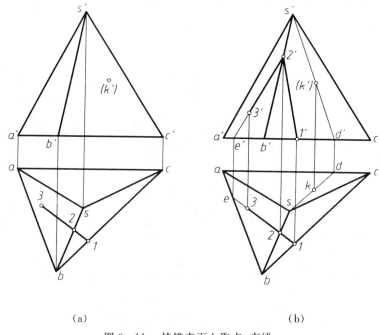

（a）   （b）

图 9 - 11　棱锥表面上取点、直线

例 9 - 4　已知斜三棱柱表面上 K 点的水平投影,求作 K 点的其余投影(图 9 - 12)。

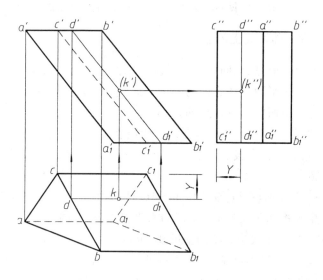

图 9 - 12　斜三棱柱表面取点

作图

由于点 K 的水平投影 k 可见,故点 K 必位于水平投影可见的棱面 BB_1C_1C 棱面内。过点 K 在 BB_1C_1C 棱面内引一平行于棱线 CC_1 的辅助线 $DD_1(dd_1$、$d'd_1'$、$d''d_1'')$。根据点线的从属关系,即可得到点 K 的正面和侧面投影。

因棱面 BB_1C_1C 在正面和侧面投影均不可见,故点 K 的正面投影 k' 以及侧面投影 k'' 也不可见。

9.2.3　平面与平面立体表面相交

平面与立体表面相交,即用平面截切立体,如图 9-13 所示,截切立体的平面 P,称为截平面。截平面与立体表面的交线 Ⅰ－Ⅱ－Ⅲ－Ⅰ 称为截交线。截交线所围成的平面图形,称为断面或截面。

截交线具有以下基本性质:

(1) 由于立体是一个封闭的空间实体,所以截交线一定是封闭的平面图形。

(2) 截交线是截平面与立体表面的共有线。它既是截平面上的又是立体表面上的点的集合,故求作截交线,可归结为求截平面和立体表面共有点的作图问题。

从图 9-13 可以看出,平面截平面立体,截交线是一个封闭的平面多边形。为了确定这个多边形,就需要

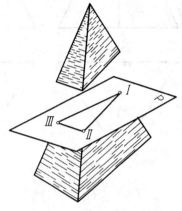

图 9-13　平面截切三棱锥

求出平面立体上参与相交的各棱面与截平面的交线,或者求出平面立体上参与相交的各棱线与截平面的交点,然后依次相连。具体作图时,可根据已知条件,以作图简便为原则任选其中一种方法或两种方法结合使用。

例 9-5　已知三棱锥被正垂面 P 所截,求截交线的投影和断面的实形(图 9-14(a))。

分析　由图 9-14(a) 可知,截平面 P 与三棱锥的三个棱面都相交,截交线为三角形。由于截平面 P 是正垂面,V 面投影有积聚性,故三条棱线与正垂面 P 的交点 Ⅰ、Ⅱ、Ⅲ 的 V 面投影可直接得出,即截交线的 V 面投影应在 P_V 上,由此可求出截交线的水平投影。

作图

(1) 求交点:利用 P_V 的积聚性和点线从属关系可直接求出 Ⅰ 和 Ⅱ 点的水平投影 1 和 2。而侧平线 SB 上的交点 Ⅲ 的水平投影 3,可通过 SAB 棱面上的一条水平线 ⅢD 求出(图 9-14(b))。

(2) 连点:把位于同一棱面上的两交点依次连接,可得截交线的水平投影 △123。

(3) 可见性:截交线的可见性根据它所在立体表面的可见性来判断。由于三棱锥三个棱面的水平投影皆为可见,故 △123 各边均可见(图 9-14(c))。

(4) 整理完成投影图:即加深 $a1$、$b3$、$c2$ 各线段。

(5) 求断面实形:为了作出断面的实形,可建立新投影面 H_1,令其平行于截平面 P,再作出截交线在 H_1 面上的投影 △$1_1 2_1 3_1$,即断面的实形。

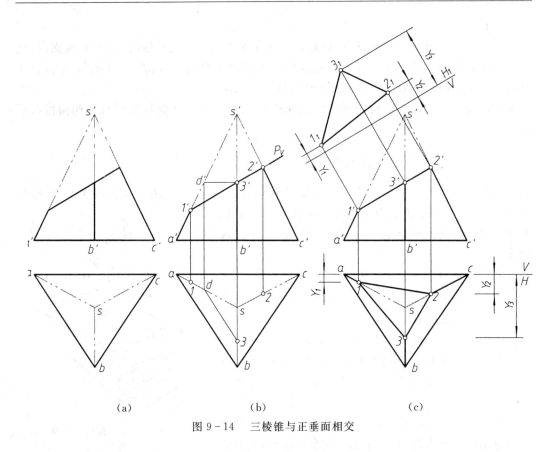

图 9 - 14　三棱锥与正垂面相交

例 9 - 6　已知四棱柱 $ABCD$① 被正垂面 P 所截,求作截断四棱柱的三面投影图 及断面的实形(图 9 - 15(a))。

分析　由图 9 - 15(a) 的 V 面投影可知,由于 P 平面是正垂面,所以截交线的 V 面投影与 P_V 重合,并与棱柱的上底面和四个侧棱面相交,所以截交线是一个五边形。五个顶点是截平面与四棱柱的 A、B、D 三条棱线以及上底面的 BC、CD 两条边的交点。

作图

(1) 根据已知四棱柱的正面投影和水平投影,作出其侧面投影。

(2) 求交点:Ⅰ－Ⅱ 是 P 平面与顶面 $ABCD$ 交出的一条正垂线,它的正面投影 $1'$、$2'$ 由 P_V 与 $a'b'c'd'$ 相交得出,积聚为一个点。由此作出其水平投影 12 及侧面投影 $1''2''$。Ⅳ、Ⅴ、Ⅲ 三点是 P 平面与四棱柱的 A、B、D 三条棱线的交点,它们的正面投影为 P_V 与 a'、b'、d' 之交点,水平投影与 a、b、d 重合。由此,即可确定它们的侧面投影(图 9 - 15(b))。

(3) 连点:根据水平投影,把位于立体同一表面上的两交点的同面投影依次连接,即得截交线的各投影。

(4) 可见性:因侧面投影 AB、AD 棱面可见,$1''2''$、$2''3''$、$1''5''$ 为四棱柱侧面投影的轮廓线,故截交线的侧面投影均可见(图 9 - 15(b))。

―――――――――

① 为了简明起见,这里每条棱线用一个字母标记。

（5）整理完成投影图：将参与相交的各棱线的投影画至交点，画全不参与相交的棱线、底面的投影，并区分可见性（图 9 - 15(b)）。

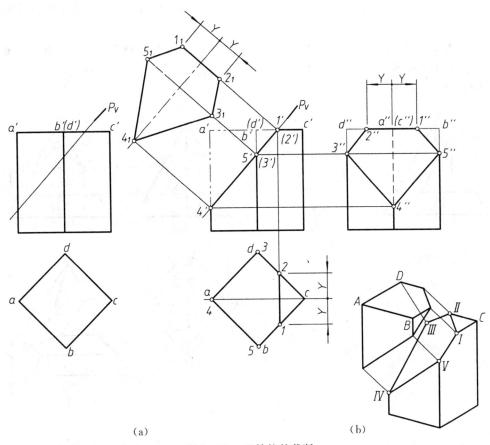

（a）　　　　　　　　　　　　　　　　　（b）

图 9 - 15　四棱柱的截断

（6）求断面实形：建立 H_1 投影面使其平行于 P 面，作出截交线在 H_1 面上的投影 $1_1 - 2_1 - 3_1 - 4_1 - 5_1$，即得所求实形，如图 9 - 15(b) 所示。图中没有画出新旧投影轴，而是以断面的前后对称轴线作为基准进行作图的。例如，新投影 1_1 和 2_1 应位于过点 $1'$ 或 $2'$ 且垂直于 P_v 的直线上，离对称线的距离 Y 则取自 H 面投影。

例 9 - 7　完成带缺口正四棱锥的水平及侧面投影（图 9 - 16(a)）。

分析　从给出的正面投影可知，缺口正四棱锥是由水平面 R 和正垂面 P 共同切割四棱锥而成。四棱锥与平面 R 的截交线为各边与底边平行的正方形；与平面 P 的截交线为五边形，其中 ⅢⅦ、ⅣⅧ 两边与棱线 SC 平行。SC 棱不参与相交。

作图

（1）求平面 R 的截交线：由 $1'$ 求得 1；过 1 作 12 // ab，23 // bc，54 // dc，15 // ad；由 $1'2'$，$2'3'$，$1'5'$，$5'4'$ 及 12，23，15，54 求得 $1''2''$，$2''3''$，$1''5''$，$5''4''$（图 9 - 16(b)）。

（2）求平面 P 的截交线：由 Ⅵ、Ⅶ、Ⅷ 三点的正面投影 $6'$、$7'$、$8'$ 可知，它们分别属于 SA、SB、SD 棱线上的点，根据点、线的从属关系，求得它们的其余两投影，并根据连点原则,将 Ⅲ Ⅶ、Ⅶ Ⅵ、Ⅵ Ⅷ、Ⅷ Ⅳ 的同面投影依次相连。

(3) 求两截平面的交线:连接 Ⅲ Ⅳ 两点即得两截平面的交线。

(4) 可见性:因该例四棱锥正放,且缺口向左,故截交线的水平投影和侧面投影皆可见。

(5) 整理完成投影图:将参与相交的 SA、SB、SD 棱线分别画至各交点,画全不参与相交的 SC 棱线,SC 棱线的侧面投影不可见应画成虚线,与可见线段 $s''6''$、$1''a''$ 重合部分仍以粗实线表示(图 9 - 16(b))。

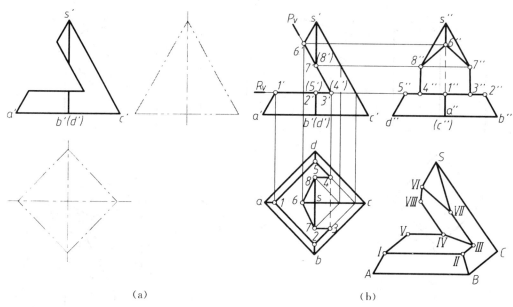

(a)   (b)

图 9 - 16   缺口正四棱锥

例 9 - 8   已知带缺口四棱锥台的正面投影,完成其水平及侧面投影(图 9 - 17(a))。

分析   图 9 - 17(a)所示的缺口,可看做是由一个水平面和两个侧平面截切后形成,如图 9 - 17(c)所示。水平面截切后的截交线为矩形,它的水平投影反映实形,侧面投影积聚成一直线。两个侧平面截切后的截交线为梯形 ABCD,侧面投影反映实形,它的水平投影积聚成一直线。侧平面和水平面的交线 AB 为正垂线,且侧面投影不可见。

作图

作图的详细步骤见图 9 - 17(b)。

9.2.4   直线与平面立体表面相交

直线与立体表面的交点称为贯穿点。一般情况下,贯穿点是成对存在的,一个为穿入点,一个为穿出点。如图 9 - 18 所示。

贯穿点的基本性质:贯穿点既在立体表面上,又在直线上,是立体表面与直线的共有点。根据贯穿点的性质,它的求法有下述两种基本方法:

1. 利用积聚性求贯穿点

若立体表面的投影具有积聚性,可利用这一特性直接求出直线与立体表面的交点;若直线的投影具有积聚性,则贯穿点的一个投影已知,其余投影可利用立体表面上定点的方法求出。

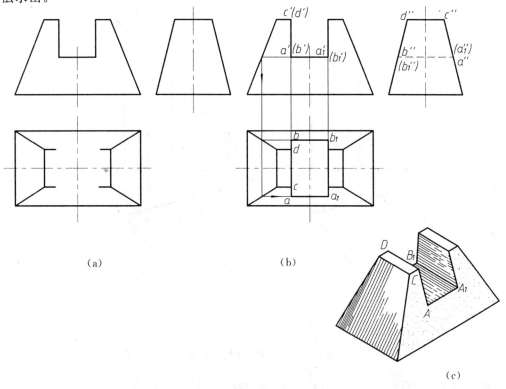

(a)　　　　　　　　　　　(b)

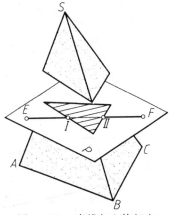

(c)

图 9 - 17　带缺口的四棱锥台

例 9 - 9　求直线 EF 与四棱柱 $ABCD$ 的贯穿点(图 9 - 19(a))。

分析　四棱柱棱面的水平投影有积聚性,上下底面的正面投影有积聚性。利用积聚性投影可直接求出贯穿点。

作图

(1) 求贯穿点:从水平投影可知直线 EF 与四棱柱的 AB 棱面和 CD 棱面的积聚投影分别相交于 k 和 g,k' 在 AB 棱面的正面投影内,点 K 是一个贯穿点。但 g' 不在 CD 棱面的正面投影范围内,说明点 G 不为线面所共有,所以不是贯穿点。再从正面投影看,$e'f'$ 与四棱柱上底面的积聚投影相交于 m',求得 m 在上底面水平投影范围内,所以点 M 是另一个贯穿点。

图 9 - 18　直线与立体相交

(2) 判别可见性:贯穿点是否可见,要看该点所在的表面是否可见。因为点 K 所在的 AB 棱面的正面投影可见,故 k' 可见;同样,M 点的水平投影 m 为可见。

(3) 整理完成投影图:将直线的投影分别画至贯穿点的投影(图 9 - 19(b))。(注意:两贯穿点之间不连线。)

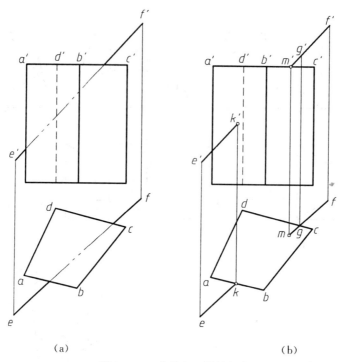

（a）   （b）

图 9-19   直线与四棱柱相交

例 9-10   求直线 EF 与三棱柱 ABC 的贯穿点（图 9-20(a)）。

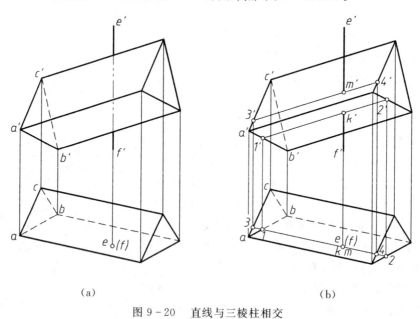

（a）   （b）

图 9-20   直线与三棱柱相交

分析   从已知条件可知直线 EF 为铅垂线,其水平投影有积聚性,故一对贯穿点 K、

M 的水平投影也重合在直线 EF 的水平投影上。可利用立体表面取点的方法求出贯穿点的正面投影。

作图

(1) 求贯穿点：在 AB 棱面内作一辅助线 Ⅰ Ⅱ，使其水平投影 12 过 k 且平行于三棱柱之棱线的水平投影，正面投影 $1'2'$ 平行于三棱柱棱线的正面投影，$1'2'$ 与 $e'f'$ 之交点即为一贯穿点 K 的正面投影 k'；同理，在 AC 棱面内作辅助线 Ⅲ Ⅳ，求出另一贯点 M 的正面投影 m'。

(2) 判别可见性：因为贯穿点 K，M 所在的 AB，AC 棱面正面投影均可见，故 k' 和 m' 也都可见。

(3) 整理完成投影图：将直线的正面投影分别画至 k'、m' （图 9-20(b)）。

采用该方法也可理解为包含直线 EF 作一铅垂辅助面，求出该辅助面与三棱柱的截交线再确定贯穿点。

2. 用求线面交点的方法求贯穿点

如果直线或立体表面的投影无积聚性可利用时，求贯穿点的方法类似于求直线与一般位置平面交点的方法。即经过以下三个步骤：

(1) 包含直线作一辅助平面；

(2) 求辅助平面与该立体表面的截交线；

(3) 截交线与该直线的交点，即为所求贯穿点。

例 9-11 已知直线 EF 与三棱锥 $S-ABC$ 相交，求其贯穿点（图 9-21(a)）。

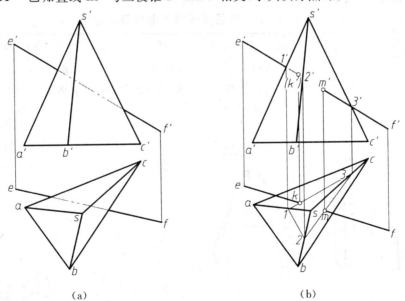

(a)　　　　　　　　　(b)

图 9-21　直线与三棱锥相交

分析 直线 EF 与三棱锥三个棱面 SAB、SAC、SBC 均为一般位置，故 EF 与三棱锥某些棱面交点之求法，与一般位置直线与一般位置平面求交点之方法相同。

作图

（1）求贯穿点：包含直线 EF 作一辅助正垂面 P，其正面迹线 P_V 与 $e'f'$ 重合；在 P_V 上得出截交线的正面投影 $1'-2'-3'$，由此确定其水平投影 $1-2-3$。ef 与 $\triangle123$ 的交点 k 和 m 即为贯穿点的水平投影；由 k 和 m 在 $e'f'$ 上得出贯穿点的正面投影 k' 和 m'。

（2）判别可见性：由于三棱锥的三个棱面的水平投影都可见，故 k、m 也均可见；在正面投影中，SBC 棱面可见，则 m' 可见，SAC 棱面不可见，则 k' 也不可见。

（3）整理完成投影图：将水平投影与正面投影中可见线段 ek、mf、$m'f'$ 画成实线，将不可见线段 $1'k'$ 画成虚线，如图 9-21(b) 所示。

9.3　曲面立体及其表面交线

常见的曲面立体是回转体。工程上用得最多的回转体是圆柱、圆锥和圆球，有时也用到环和具有环面的回转体。

9.3.1　回转体的形成

回转体是由回转面或回转面与平面所围成的曲面立体，例如，球面围成球体；环面围成环体；圆柱面和两个底平面围成圆柱体；圆锥面和一个底平面围成圆锥体；等等。所以，在绘制回转体投影时，只要画出包围回转体的回转面或回转面和底面的投影，就可得到相应回转体的投影。因此，一定要注意回转面的形成及其投影轮廓的分析。常见的一些回转面的形成及其投影图，见表 9-1。

表 9-1　常见回转面的形成及投影图

名称	圆　柱　面	圆　锥　面	圆　球　面	圆　环　面
形成	母线：直线 轴线：与母线平行的直线 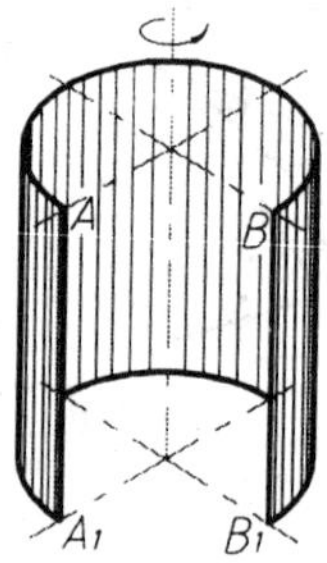	母线：直线 轴线：与母线相交的直线 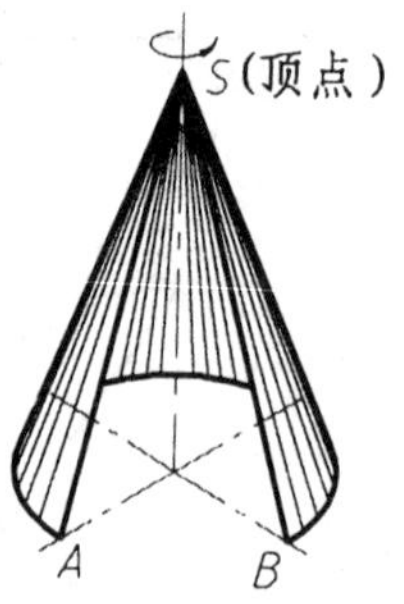	母线：圆 轴线：圆的任一直径 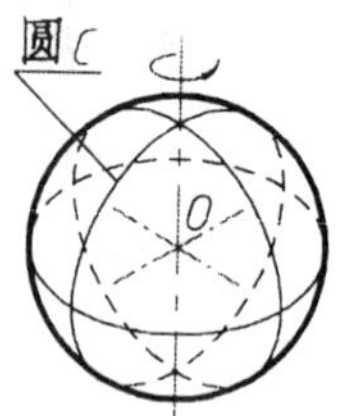	母线：圆 轴线：不过圆心而与母线共面的直线；母线靠近轴线的半圆形成内环面，另一半圆形成外环面。两个半圆的分界点的轨迹是内外环面的分界线。 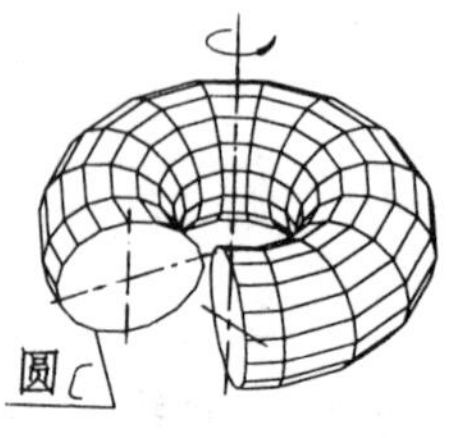

续 表

名称	圆 柱 面	圆 锥 面	圆 球 面	圆 环 面
投影面	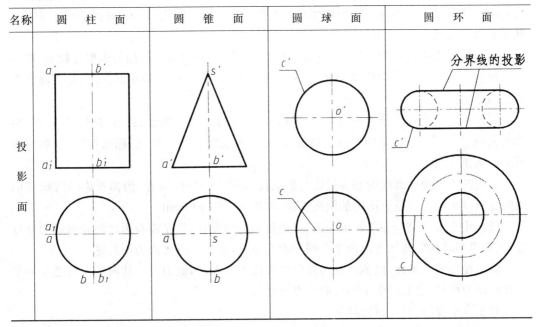			

9.3.2　回转体的投影及其表面上的点

1. 圆柱体

（1）圆柱体的投影：圆柱体由圆柱面和平面围成。图 9-22（a）所示圆柱体，其轴线垂直于 H 面。

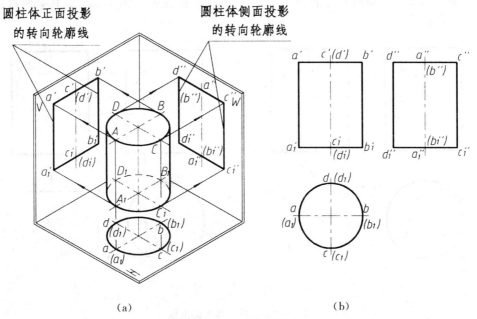

（a）　　　　　　　　　　　　　　（b）

图 9-22　圆柱体的投影

图 9 - 22(b) 所示为该圆柱体的三面投影图。由于圆柱体轴线垂直于 H 面, 圆柱面上所有的素线都是铅垂线。因此, 圆柱面的水平投影积聚为一圆周, 顶面、底面平行于 H 面, 其水平投影反映实形, 也为该圆。

圆柱体的正面投影为一矩形。矩形的上、下底边为圆柱顶面、底面的积聚性投影; 矩形的两侧边 $a'a_1'$、$b'b_1'$ 是圆柱面上最左、最右两条素线 AA_1、BB_1 的正面投影, 是正面投影的转向轮廓线。

圆柱体的侧面投影也为一矩形。矩形的上、下底边是圆柱顶面、底面的积聚性投影; 矩形的两侧边 $c''c_1''$、$d''d_1''$ 是圆柱面上最前、最后两条素线 CC_1、DD_1 的侧面投影, 是侧面投影的转向轮廓线。

正面投影转向轮廓线的侧面投影与侧面投影图中的轴线重合。侧面投影的转向轮廓线的正面投影与正面投影图中的轴线重合, 如图 9 - 22(b) 所示。

(2) 可见性: 以图 9 - 22 所示为例, 正面投影的可见性, 以正面投影转向轮廓线为分界线, 正面投影转向轮廓线之前的半个圆柱面为可见, 后半个圆柱面为不可见。

侧面投影的可见性, 以侧面投影转向轮廓线为分界线, 侧面投影转向轮廓线之左的半个圆柱面为可见, 之右的半个圆柱面为不可见。

对于水平投影, 只有顶面可见。

画圆柱体的投影时, 应先画轴线及中心线, 接着画反映底圆实形的投影, 再画其他两投影。

(3) 求作圆柱体表面上的点: 必须根据已知投影, 分析该点在圆柱体表面所处的位置, 并利用圆柱体表面的投影特性, 求得点的其余投影。

所求点的可见性, 取决于该点所在圆柱体表面的可见性。

例 9 - 12　已知圆柱体表面上的点 A 和点 B 的正面投影 a'、b', 求其余两投影(图 9 - 23(a))。

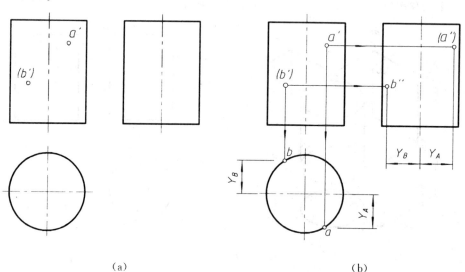

　　　　　(a)　　　　　　　　　　　　　　　　　　　(b)

图 9 - 23　圆柱体表面上取点

分析与作图

因圆柱的轴线垂直于 H 面,其水平投影有积聚性,根据点 A 的正面投影 a' 可见,则由 a' 直接在前半圆周上定出 a。根据点 B 的正面投影 b' 不可见,则由 b' 直接在后半圆周上定出 b。根据点的投影规律可求出点 A 和点 B 的侧面投影 a''、b''。因点 A 在右半圆柱面上,故 a'' 不可见;点 B 在左半圆柱面上,则 b'' 可见(图 9 - 23(b))。

2. **圆锥体**

(1) 圆锥体的投影:圆锥体由圆锥面和底面围成,图 9 - 24(a) 所示圆锥体,其轴线与 H 面垂直。

图 9 - 24(b) 所示为该圆锥体的三面投影图。由于圆锥体轴线垂直于 H 面,其水平投影为一圆,它既是底面反映实形的投影,也是圆锥面的投影(注意:圆锥面的投影没有积聚性)。

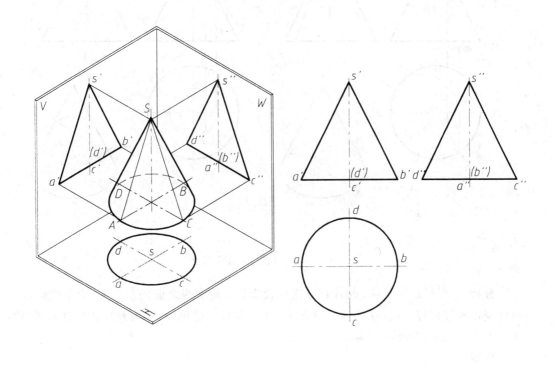

(a)　　　　　　　　　　　　　　　　(b)

图 9 - 24　圆锥体的投影

正面投影为一等腰三角形,其底边是底面的积聚性投影;两腰 $s'a'$、$s'b'$ 是最左与最右两条素线 SA、SB 的正面投影,是正面投影的转向轮廓线。

侧面投影也为等腰三角形,底边是底面的积聚性投影;两腰 $s''c''$、$s''d''$ 是最前与最后两条素线 SC、SD 的侧面投影,是侧面投影的转向轮廓线。

正面投影转向轮廓线和侧面投影转向轮廓线的其余投影均不画出。

(2) 可见性:在图 9 - 24(b) 所示的水平投影中,圆锥面的投影可见,底面的投影不可见。正面投影的可见性,以正面投影转向轮廓线分界,正面投影转向轮廓线之前的半个圆锥面为可见,后半个圆锥面为不可见。侧面投影的可见性,以侧面投影转向轮廓线分界,侧面投影转向轮廓线之左的半个圆锥面为可见,右半个圆锥面不可见。

(3) 求作圆锥体表面上的点:必须根据已知投影,分析该点在圆锥体表面上所处位置。因圆锥面的几个投影都无积聚性,所以在锥面上取点时,需要借助锥面上的辅助线,以求得点的其余投影。

例 9-13　已知圆锥体表面上点 A 的水平投影 a,求其余两投影(图 9-25)。

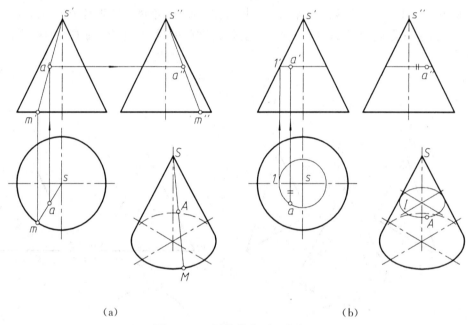

(a)　　　　　　　　　　　　　　　　　　(b)

图 9-25　圆锥体表面上取点

分析　　根据已知条件,点 A 位于正面投影转向轮廓线之前的左半部。由于此圆锥是直线绕铅垂轴旋转而成,故可以利用圆锥面上的素线作辅助线(称为素线法),也可利用圆锥面上的纬圆作辅助线(称为纬圆法)。

作图

素线法的作图方法见图 9-25(a):连 sa,于圆周交于 m,SM 即过点 A 的素线;求出 $s'm'$ 及 $s''m''$,根据从属性,即可在其上定出 a' 和 a''。

纬圆法的作图方法见图 9-25(b),以 s 为中心,sa 为半径作圆,此即过点 A 的纬圆的水平投影;此圆与圆锥面的正面投影转向轮廓线交于点 I,由点 I 的水平投影 1 定出其正面投影 $1'$,即可作出此纬圆的正面及侧面投影,并可在其上定出 a' 及 a''。

3. 圆球体

(1) 圆球体的投影:圆球体由球面围成,如图 9-26(a) 所示,圆球面上没有直线。

圆球的三个投影都是圆,其直径都等于球的直径,如图 9-26(b) 所示。需要注意是:这三个圆周分别是正面投影、水平投影、侧面投影转向轮廓线的投影,而不是同一圆周的三个投影。

　　球的正面投影转向轮廓线为平行于 V 面的球面上的最大圆 M 的正面投影 m'，其他两投影与相应圆的中心线重合。球的水平投影、侧面投影转向轮廓请读者自行分析，图 9 - 26(b)。

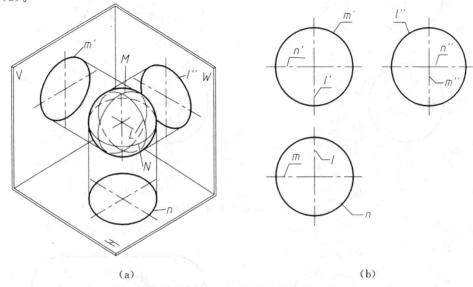

（a）　　　　　　　　　　　　　　　（b）

图 9 - 26　圆球体的投影

　　（2）可见性：正面投影的可见性，以正面投影转向轮廓线分界，正面投影转向轮廓线之前的半个圆球面为可见，后半个圆球面为不可见；水平投影的可见性，以水平投影转向轮廓线分界，水平投影转向轮廓线之上的半个圆球面为可见，之下的半个圆球面为不可见；侧面投影的可见性，以侧面投影转向轮廓线分界，侧面投影转向轮廓线之左的半个圆球面为可见，之右的半个圆球面为不可见。

　　（3）求作圆球体表面上的点：必须根据已知投影，分析该点在圆球体表面上的所处位置，再过该点在球面上作辅助纬圆（正平圆、水平圆或侧平圆），以求得点的其余投影。

　　例 9 - 14　已知圆球体表面上点 A 和点 B 的正面投影 a'、b'，求其余两投影（图 9 - 27(a)）。

　　分析与作图

　　根据已知条件，点 A 属于正面投影转向轮廓线上的点，并位于左、上半部，点 B 位于正面投影转向轮廓线之后的右下部。根据点、线的从属关系，在正面投影转向轮廓线的水平投影和侧面投影上，分别求得 a 和 a''；过 b' 作正平圆的正面投影，与水平投影转向轮廓线的正面投影交于 $1'$，由 $1'$ 求得 1，过 1 作该正平圆的水平投影，求得 b，由 b'、b 求得 b''。

　　由于点 B 位于球的下半部，故 b 不可见，又因点 B 位于球面的右半部，故 b'' 不可见（图 9 - 27(b)）。

　　4. 圆环体

　　（1）圆环体的投影：圆环体由圆环面围成，如图 9 - 28(a) 所示。

　　图 9 - 28(b) 所示为轴线垂直于 H 面的圆环体的投影图。

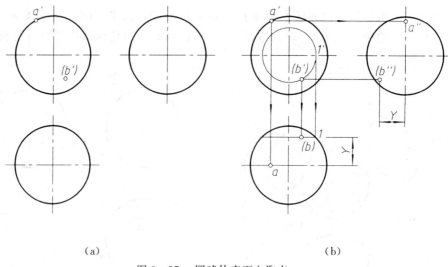

(a)　　　　　　　　　　　　　　　　(b)

图 9-27　　圆球体表面上取点

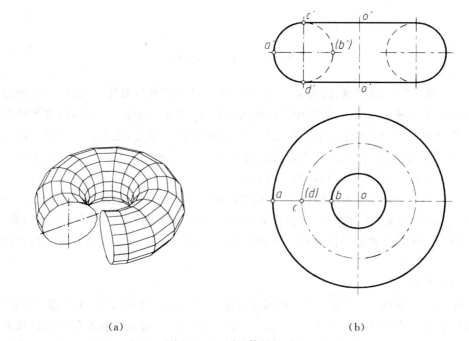

(a)　　　　　　　　　　　　　　　　(b)

图 9-28　　圆环体的投影

　　水平投影中不同大小的粗实线圆是圆环面上最大纬圆和最小纬圆的水平投影,也是圆环体水平投影转向轮廓线。用点画线表示的圆是母线圆圆心轨迹的投影。

　　正面投影中左边的小圆反映母线圆 $ABCD$ 的实形。粗实线的半圆弧 $\overset{\frown}{d'a'c'}$ 是外环面正面投影转向轮廓线;虚线的半圆弧 $\overset{\frown}{c'b'd'}$ 为内环面正面投影转向轮廓线。两个小圆的上、下两条公切线是内、外环面分界处的圆的正面投影。

（2）可见性：如图 9-28(b) 所示，水平投影的可见性，以水平投影转向轮廓线分界，水平投影转向轮廓线之上的半个环面为可见，之下的半个环面不可见；正面投影的可见性，以外环面正面投影转向轮廓线分界，之前的半个外环面为可见，之后的半个外环面与内环面不可见。

（3）求作圆环体表面上的点：必须根据已知投影，分析该点在圆环体表面上所处位置，再过该点在圆环体表面上作辅助线（与投影面平行的圆），以求得点的投影。

例 9-15　已知圆环体表面上点 A、B 的正面投影 a'、b'，求其水平投影（图 9-29(a)）。

分析与作图

根据已知条件，因 a' 可见，点 A 应在前半外环面上，a 点有惟一解；b' 不可见，点 B 可能在内环面上，也可能在后半环面上，故 b 有三解。利用过点 A 或点 B 作水平圆求得 a、b（图 9-29(b)）。因点 A 和点 B 均在水平投影转向轮廓线之上的半个环面，故其水平投影都可见。

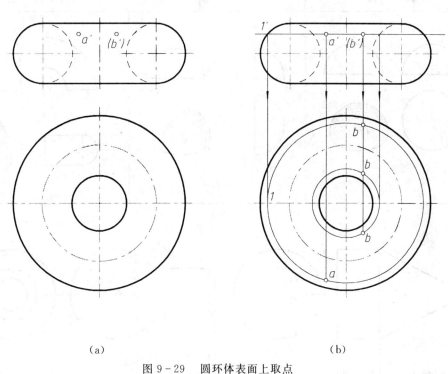

（a）　　　　　　　　　　　　　　　　　（b）

图 9-29　圆环体表面上取点

常见的各种不完整回转体的表示方法，如表 9-2 所示。

5. 组合回转体

组合回转体是由回转面和底平面所围成的。由于母线是由直线或曲线组合而成的，或者可看做是由多个基本回转体按叠加或相切的组合方式组合而成的，故称为组合回转体。图 9-30 所示为轴线垂直于侧面投影面的组合回转体的两面投影图。

表 9 - 2　常见的几种不完整回转体的表示法

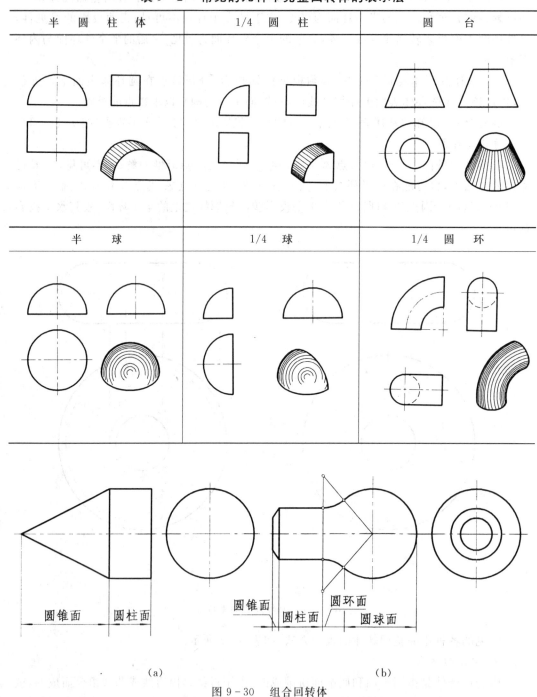

半 圆 柱 体	1/4 圆 柱	圆 台

半 球	1/4 球	1/4 圆 环

圆锥面　圆柱面　　　　　圆锥面　圆环面　圆柱面　圆球面

（a）　　　　　　　　　　　（b）

图 9 - 30　组合回转体

如图 9 - 30 所示,这些回转体表面的母线是平面组合线段。从投影关系可以看出,以母线上的折点和切点为界,可以把组合回转体表面划分成若干个单一的回转面,折点和切点的轨迹圆是它们的自然分界线。

必须指出,折点轨迹形成的分界线(或体与体叠加时的相交线)在投影图中必须画出,而切点轨迹(或体与体的相切处)只用于分析,回转体上并无此线,故投影图中不应表示(图9-30(b))。

9.3.3 平面与回转体表面相交

平面与回转体相交时,截交线通常是一条封闭的平面曲线,特殊情况也可能是由直线和曲线或完全由直线所围成的平面图形。如图9-31(a)所示的顶尖头部和图9-31(b)所示接头的槽口和凸榫。截交线形状取决于:曲面立体表面的性质;截平面与曲面立体的相对位置。

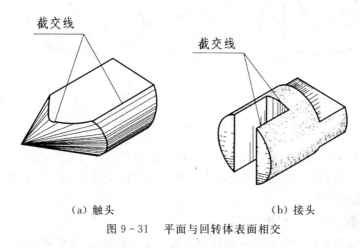

　　(a) 触头　　　　　　　　　　(b) 接头
图9-31 平面与回转体表面相交

研究平面与回转体相交问题,主要是在给定回转体和截平面的情况下,如何求作截交线的问题。因为截交线是截平面和回转体表面的共有线,截交线上的点也都是它们的共有点。所以,求作截交线又可归结为求截平面与回转体表面共有点的问题。求作截交线的方法如下:

(1)体表面取点、线法:当截平面为垂直位置时,截交线的一个投影就随截平面而积聚,可用在回转体表面取点和线的方法求作截交线。

(2)辅助平面法:根据三面共点原理,具体步骤如图9-32(a)、(b)所示。

1)作辅助面:如图9-32(a)所示,可取过圆锥顶点的平面Q或取垂直于正圆锥轴的平面R(图9-32(b))为辅助面。

2)求辅助平面与截平面P的交线MN及其与曲面立体的交线(直线或圆)。

3)因二组交线均在辅助平面内,故其相交的交点便是三面的共有点,即所求截交线上的点。

选择辅助平面的原则是:应使其与曲面立体表面交线的投影为简单而易于绘制的直线或圆。

如果曲面立体的表面是直纹面,也可求出曲面上一系列素线与截平面的交点来确定截交线。

当截平面处于特殊位置或曲面立体表面的投影具有积聚性时,截交线的一个或两个投影为已知时,还可以利用面上取点的方法根据截交线已知的投影求出其余投影。

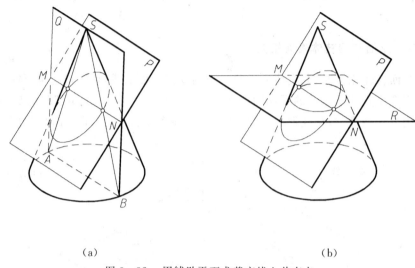

(a)   (b)

图 9 - 32 用辅助平面求截交线上共有点

在具体作图时,为了更准确地绘制截交线的投影和判别其可见性,还应求出截交线各投影中的特殊点。如曲面立体在各相应投影中转向轮廓线上的点;最高、最低点;最左、最右点以及最前、最后等点。

求曲面立体截交线的一般步骤是:

(1) 根据给出截平面和曲面立体的特点分析截交线的形状,确定解题的方法;

(2) 按特殊点、一般点的次序求出属于截交线上足够多的点;

(3) 依次连接所求各点,并判别截交线在各投影中的可见性;

(4) 完整曲面立体被截后的转向轮廓线在相应投影面中的投影。

下面分别就平面与圆柱、圆锥和球的相交问题予以说明。

1. 平面与圆柱相交

根据截平面与圆柱体相对位置的不同,平面截圆柱所得截交线可能是椭圆、圆或矩形三种情况,如表 9 - 3 所示。

下面举例说明如何在投影图中作圆柱截交线的方法。

例 9 - 16 已知圆柱被截切后的水平投影和正面投影,求作其侧面投影(图 9 - 33(a))。

分析 因圆柱轴线垂直于 H 面,其水平投影有积聚性,截平面 P 是正垂面,与圆柱轴线斜交,交线应为椭圆。其正面投影与 P 面的具有积聚性的正面投影重合,是一段直线;其水平投影与圆柱面的具有积聚性的投影重合,是一个圆。这表明截交线的两个投影已知,故用正面、水平投影可求其侧面投影。由于交线可看作是一系列点的集合,故作出其上一系列的点的投影,然后依次用曲线光滑相连即可得出截交线之投影。

表 9 - 3　平面与圆柱体的截交线

截平面位置	P 面倾斜于圆柱体轴线	P 面垂直于圆柱体轴线	P 面平行于圆柱体轴线
截交线	椭　圆	圆	矩　形
立体图	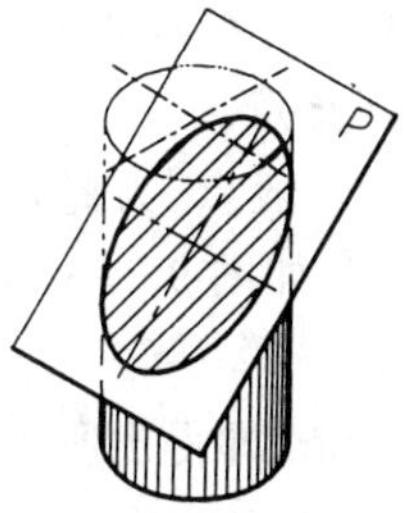	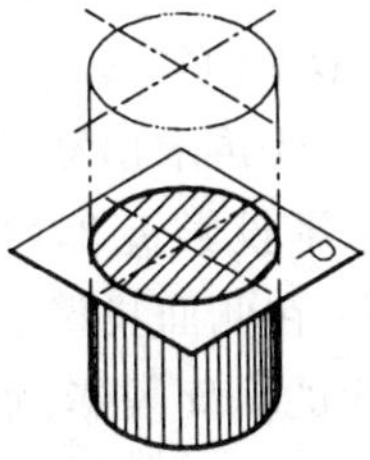	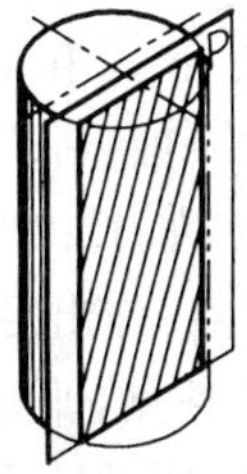
投影图	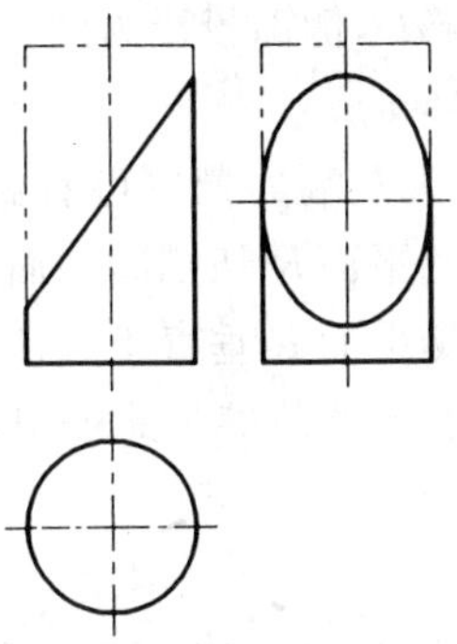	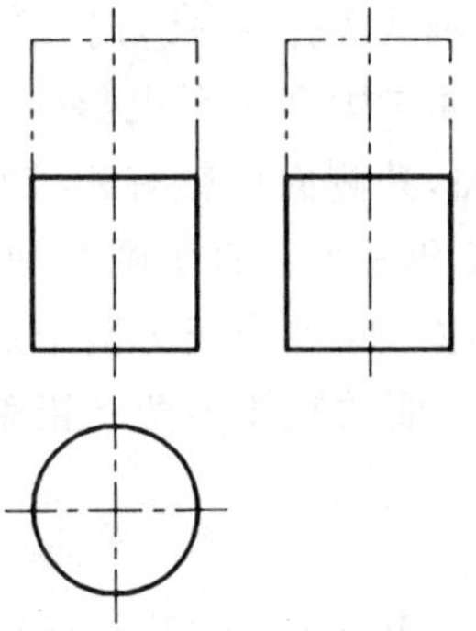	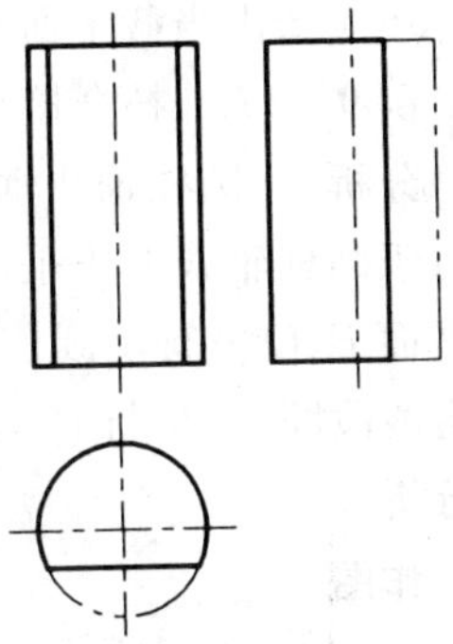

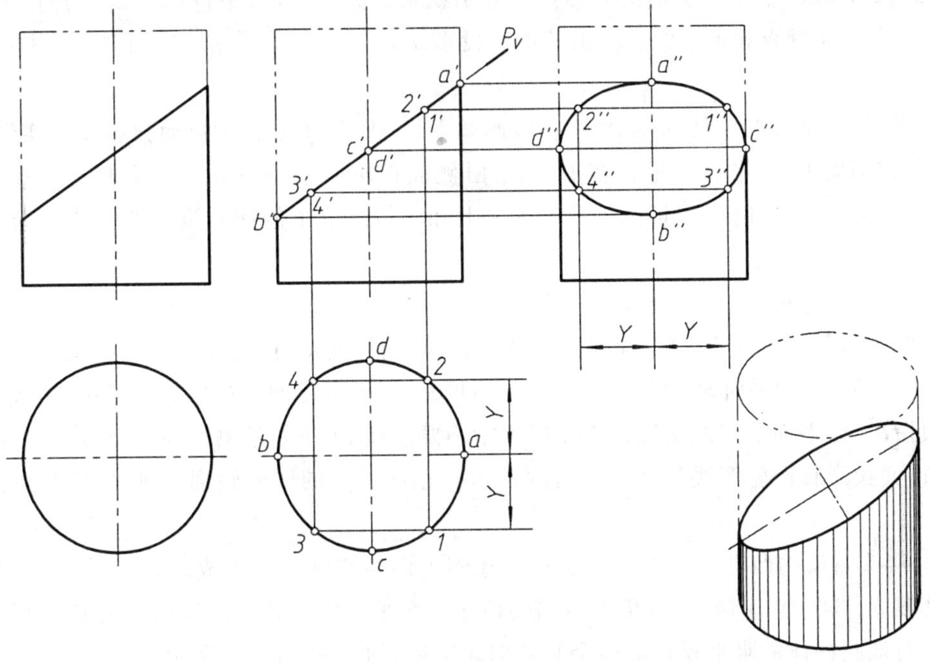

（a）　　　　　　　　　　　　　　（b）

图 9 - 33　圆柱的截断

作图

（1）作出截割前圆柱的侧面投影。

（2）求特殊点：由正面投影中 a'、b'、c'、d' 可直接在侧面投影中定出 a''、b''、c''、d''。A、B 两点是截交线上的最高、最低点。由于截平面与圆柱底面的夹角小于 $45°$，a''、b'' 成为截交线侧面投影椭圆的短轴。C、D 两点是截交线上的最前和最后点，c''、d'' 成为截交线侧面投影椭圆的长轴。c'' 和 d'' 也是侧面投影中圆柱转向轮廓素线的终止点。

（3）求一般点：为使作图准确，需要再求出截交线上若干个一般点。为此，可先在正面投影中取点，如 $1'$、$2'$，找出它们的水平投影 1、2，然后确定 $1''$、$2''$，如图 $9-33$（b）所示。

（4）连点：作出足够数量的点后，在侧面投影上依次连接 $a''-1''-c''-3''-b''-4''-d''-2''-a''$ 各点，即为椭圆形截交线的侧面投影。加深所需的线条，即得出所求的投影，如图 $9-33$（b）所示。

还应指出当截平面与圆柱轴线夹角为 $45°$ 时，$a''b'' = c''d''$，侧面投影为圆。

例 9 - 17　补全接头的正面投影和水平投影（图 $9-34$（a））。

分析　圆柱轴线垂直侧面，其侧面投影有积聚性。接头左端的槽口可看做是由两个平行于圆柱轴线的正平面 P、Q 和一个垂直于圆柱轴线的侧平面 R 切割圆柱而形成的。因正平面 P、Q 平行于圆柱轴线，故与圆柱交线为两个矩形；侧平面 R 垂直于圆柱轴线，其交线为两段圆弧，R 与 P、Q 两正平面的交线为两条铅垂线。右端的凸榫与此类似，请读者自行分析。

作图

（1）求正平面 P、Q 与圆柱的截交线（两个矩形）：正平面 P、Q 与圆柱面的交线是四条素线 AA_1、BB_1、CC_1、DD_1，它们的侧面投影分别积聚在圆周上，水平投影分别重合在 P_H 和 Q_H 上。由侧面投影和水平投影作出其正面投影 $a'a_1'$、$b'b_1'$、$c'c_1'$、$d'd_1'$，如图 $9-34$（c）所示。

（2）求侧平面 R 与圆柱的截交线（两段圆弧 $\overset{\frown}{A_1C_1}$、$\overset{\frown}{B_1D_1}$），它们的侧面投影反映实形，分别重合在圆周上；水平投影重合在 R_H 上。由侧面投影和水平投影可作出其正面投影 $a_1'e_1'c_1'$、$b_1'f_1'd_1'$，它们分别是位于 $a_1'c_1'$ 之上和 $b_1'd_1'$ 之下的前后重合的一小段竖直线。如图 $9-34$（c）所示。

（3）完成接头左端的正面投影：在图 $9-34$（c）所示中，连 a' 和 b'、c' 和 d' 得互相重合的 $a'b'$ 和 $c'd'$，是截平面 P、Q 与左端面交线的正面投影；连 a_1' 和 b_1'、c_1' 和 d_1' 得互相重合的 $a_1'b_1'$ 和 $c_1'd_1'$，是截平面 P、Q 与 R 交线的正面投影，因被圆柱面所遮挡而不可见，画成虚线。必须指出：截平面之间的交线在作图过程中不要遗漏。由于左端槽口在 E、F 点处将圆柱体对正面投影转向轮廓线截断，所以，圆柱体对正面投影的转向轮廓线画到 E、F 点处为止。

（4）接头右端的凸榫可看做是由水平面和侧平面切割圆柱而形成的，作法与左端相类似，见图 $9-34$（d）。应该注意，接头右端圆柱体对水平投影的转向轮廓线没有被水平面截到，故右端圆柱体的水平投影应画全其转向轮廓线，如图 $9-34$（e）所示。

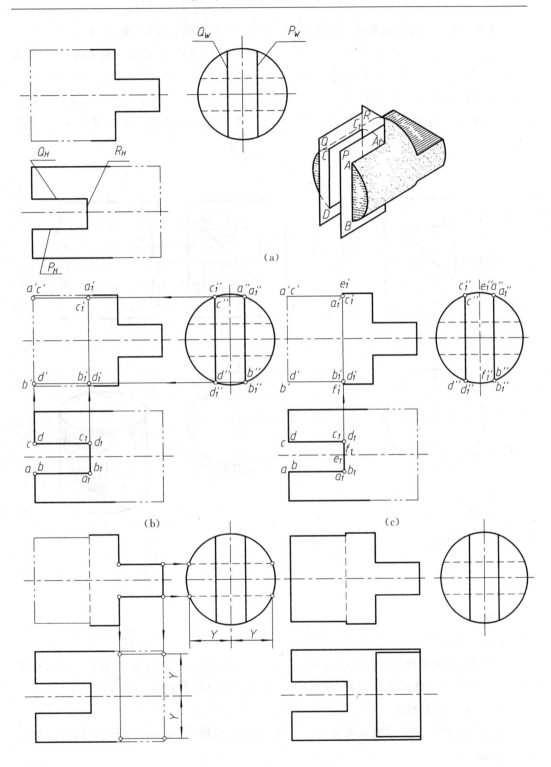

图 9-34　补全接头的正面投影和水平投影

例 9-18　已知穿孔圆柱的正面投影,完成其水平和侧面投影(图 9-35(a))。

分析　如图 9-35(a) 所示,孔由平面 Q、R、P 截割而成,平面 Q 为侧平面,与圆柱表面的截交线为两条素线,其正面投影与 Q_V 重合。平面 R 为水平面,与圆柱表面的截交线为两段圆弧,其正面投影与 R_V 重合。平面 P 为正垂面,与圆柱表面的截交线为两段椭圆弧,其正面投影与 P_V 重合。这些截交线的水平投影均重合在圆柱面的水平投影 —— 圆周上。

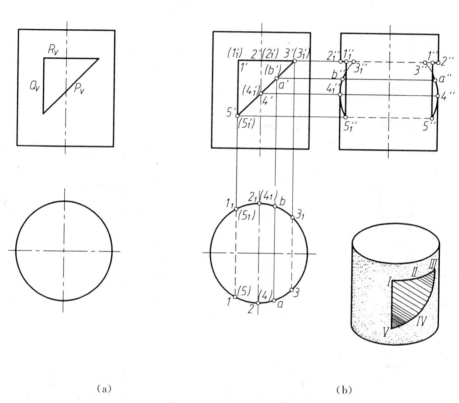

（a）　　　　　　　　　　　　　（b）

图 9-35　穿孔的圆柱

作图

根据正面投影和水平投影作出其侧面投影,作图过程如图 9-35(b) 所示。

应该指出,侧面投影转向轮廓线在 $2''4''$、$2_1''4_1''$ 段被截去不能画线。穿孔部位侧面投影的转向轮廓由截交线的投影代替,如 $3''4''$、$3_1''4_1''$ 中的一段,并且是可见的。

2. 平面与圆锥相交

平面与圆锥面的交线有五种情况 —— 圆、椭圆、抛物线、双曲线及相交两直线,如表 9-4 所示。

表 9 - 4　平面与圆锥面的交线

截平面 P 位置	垂直于圆锥轴线	倾斜于圆锥轴线且与锥面上所有素线相交 $\theta > \alpha$	倾斜于圆锥轴线且平行于锥面上一条素线 $\theta = \alpha$	倾斜于圆锥曲线且 $\theta < \alpha$ 或平行轴线($\theta = 0$)	过锥顶
交线	圆	椭 圆	抛和线	双曲线	相交两直线
立体面	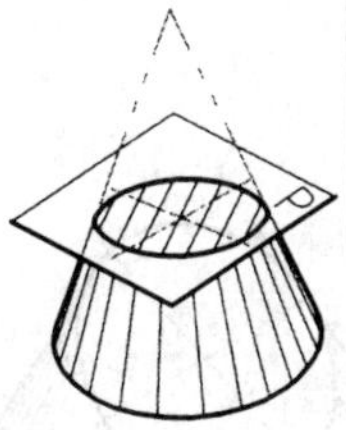	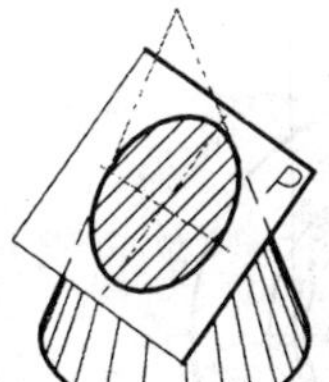	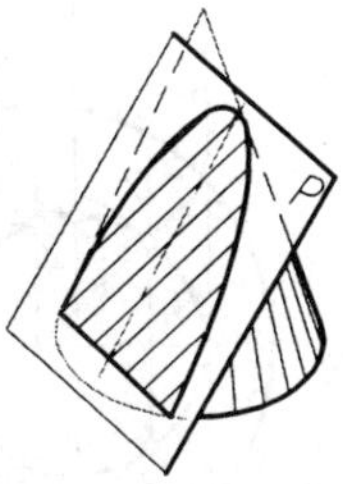	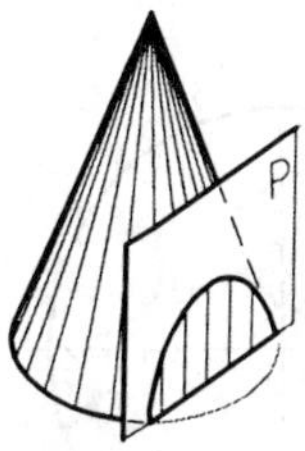	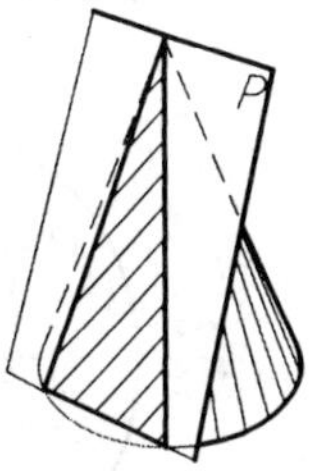
投影面	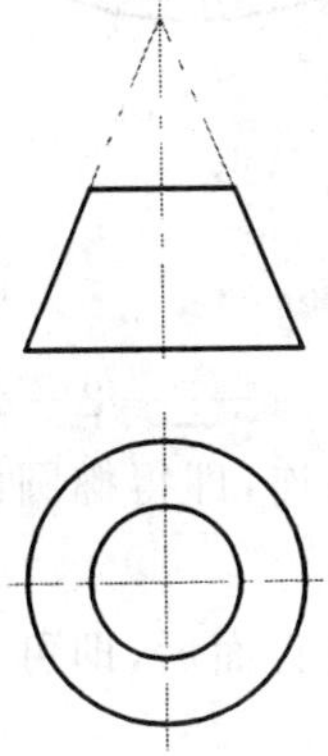	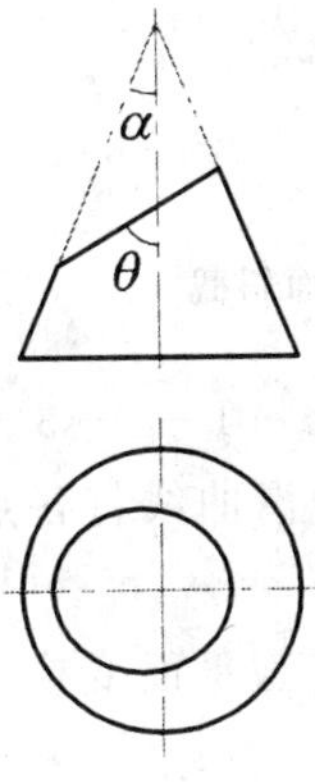	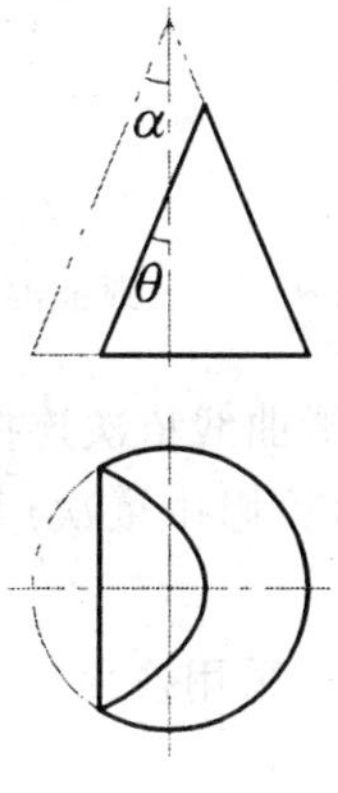	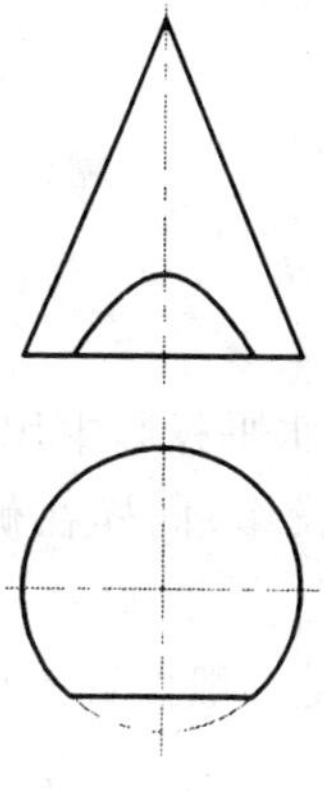	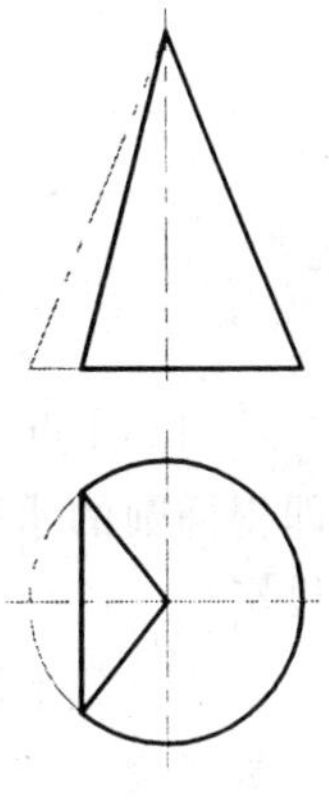

下面举例说明如何在投影图中作圆锥截交线的方法。

例 9 - 19　求截切后圆锥的水平投影和侧面投影(图 9 - 36(a))。

分析　由图 9 - 36(b)可知,截平面 P 为正垂面,与圆锥轴线倾斜并与所有素线相交,故截交线为椭圆,其正面投影重合在 P_V 上,水平投影、侧面投影仍是椭圆。

作图

(1)作出完整圆锥的侧面投影。

(2)求特殊点:截交线上最高、最低点 A、B 的正面投影 a'、b' 在圆锥正面投影转向轮廓线上,其水平投影 a、b 和侧面投影 a''、b'' 可直接从转向轮廓线相应投影中求得。AB 也是截交线椭圆的长轴,其水平投影 ab 仍是投影椭圆的长轴。因椭圆短轴 CD 与长轴 AB 互相垂直平分,故其正面投影 c'、d',必位于 $a'b'$ 的中点处。用纬圆法作出水平投影 c、d 和侧面投影 $c''d''$。C、D 也是截交线上最前、前后点。圆锥侧面投影转向轮廓素线的终止点 Ⅰ、Ⅱ 两点的水平投影 1、2,同样用纬圆法求得。其侧面投影 $1''$、$2''$ 位于其轮廓素线上。

(3)求一般点:如图 9 - 36(b)所示 Ⅲ、Ⅳ 两点,用素线法求出。

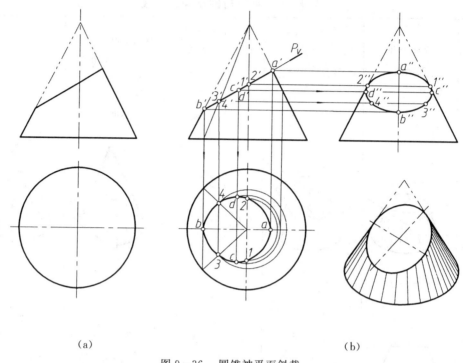

（a）　　　　　　　　　　　　　　　　（b）

图 9 - 36　圆锥被平面斜截

（4）连点：在水平投影中用光滑曲线依次连接 $a-1-c-3-b-4-d-2-a$ 各点，即得椭圆的水平投影；同样在侧面投影中依次用光滑曲线将各点相连，即得椭圆的侧面投影。

如果截平面是一般位置平面，可采用换面法，将截平面变换为垂直面后，即可用此法求截交线。

例 9 - 20　已知带缺口圆锥的正面投影，完成其水平投影和侧面投影（图 9 - 37（a））。

分析　　从已知条件可知，缺口是由一个水平面 R 和两个正垂面 P、Q 形成的。水平面 R 垂直于圆锥轴线，与圆锥面的截交线为圆弧 Ⅱ Ⅰ Ⅲ。正垂面 P 延伸后过锥顶，与锥面截交线为两段素线 Ⅳ Ⅱ、Ⅴ Ⅲ。正垂面 Q 延伸与锥面上所有素线相交，截交线为椭圆曲线 Ⅳ Ⅶ Ⅵ Ⅷ Ⅴ。因此，只要分别求出上述三个截平面与圆锥截交线的水平、侧面投影以及 P 平面与 R 平面的交线 Ⅱ Ⅲ；P 平面与 Q 平面的交线 Ⅳ Ⅴ 的投影，即可完成此缺口圆锥的水平投影和侧面投影。

作图

先作出圆锥侧面投影，其截交线上各点的求法如图 9 - 37（b）所示。具体作图过程留给读者自己思考。

3. 平面与球相交

平面与球相交，无论平面位置如何，其截交线总是圆。但由于截切平面对投影面的位置不同，所得截交线（圆）的投影也不同。当截切平面垂直某一投影面时，圆在此投影面上的投影为一直线；当截切平面平行某一投影面时，圆在此投影面上的投影为反映实形的圆;当截切平面倾斜某一投影面时,圆在此投影面上的投影为椭圆。

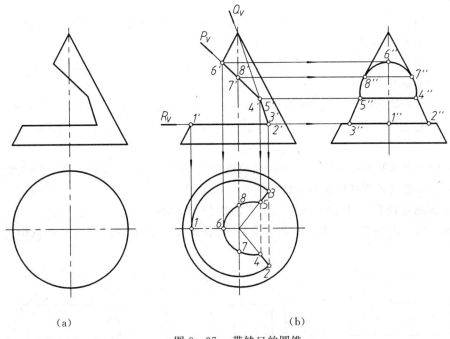

(a)   (b)

图 9 - 37 带缺口的圆锥

例 9 - 21 求作正垂面与球的截交线(图 9 - 38(a))。

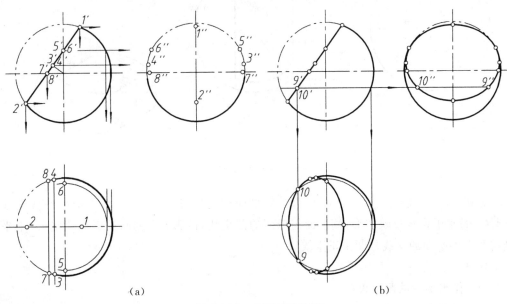

(a)   (b)

图 9 - 38 正垂面截切球

分析 由于截平面为正垂面,所以截交线(圆)的正面投影重影为一直线段,水平投影和侧面投影均为椭圆。

作图

(1) 求椭圆长、短轴的端点:点 Ⅰ、Ⅱ 的水平投影1、2和侧面投影1″、2″分别为水平投影和侧面投影椭圆短轴的端点;过球心的正面投影 o′向 1′2′作垂线,垂足为1′2′的中点,此点即为椭圆长轴两端点的正面投影 3′、(4′),根据球体表面取点的方法即可求出其水平投影 3、4 和侧面投影 3″、4″(图 9-38(a))。

(2) 求转向轮廓线上的点:球面上对侧面的转向轮廓线与截平面的交点 Ⅴ、Ⅵ,对水平面的转向轮廓线与截平面的交点 Ⅶ、Ⅷ,这些点均可利用各转向轮廓线的投影直接求得。

(3) 用辅助水平面法作出若干中间点的投影,如图 9-38(b) 所示的 Ⅸ、Ⅹ 两点。

(4) 光滑连接各点的同面投影即为所求。

在球体的各投影中,转向轮廓线被切去的部分,不应画出。

例 9-22 已知带缺口半球的正面投影,完成其水平和侧面投影(图 9-39(b))。

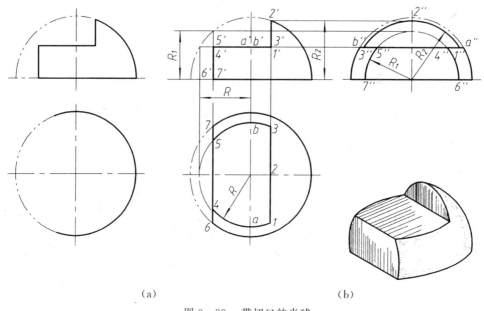

（a）   （b）

图 9-39   带切口的半球

分析   切口是由一个水平面和两个侧平面切割形成的,故水平面与球面的截交线(圆弧)的水平投影反映实形;侧平面与球面的截交线(圆弧)的侧面投影反映实形;水平面与两个侧平面的交线是两条正垂线。

作图

(1) 作出半球的侧面投影。

(2) 求截交线:如图 9-39(b),右边的侧平面与球面的截交线(圆弧)的侧面投影为 1″2″3″,与水平截平面的交线是一段正垂线 Ⅰ-Ⅲ,其侧面投影是 1″-3″。圆弧 1″2″3″ 和直线 1″-3″ 组成一个弓形,它的水平投影为直线段 1-2-3。

　　左边的侧平面与球面的截交线是两段圆弧,其侧面投影是圆弧$\overset{\frown}{4''-6''}$和$\overset{\frown}{5''-7''}$;与水平截平面的交线是一段正垂线 Ⅳ－Ⅴ,其侧面投影为 $4''-5''$,水平投影是 $4-5$;此侧平面与半球的底面的交线是一段正垂线,其侧面投影为 $6''-7''$,水平投影是 $6-7$。

　　水平截平面与球面的截交线是两段圆弧,其水平投影是圆弧$\overset{\frown}{1-4}$、$\overset{\frown}{3-5}$,这两段圆弧在其他投影中都是水平直线段。

　　(3) 整理完成投影图:将半球水平投影转向轮廓线画至其终止点 6、7;将半球侧面投影转向轮廓线画至 a'' 和 b''。

　　例 9 - 23　求作正平面与回转体的截交线(图 9 - 40)。

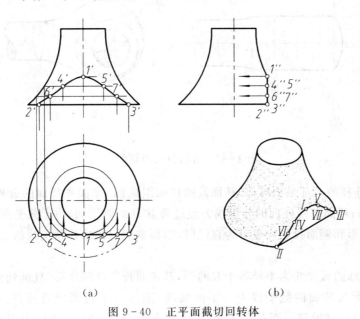

（a）　　　　　　　　　　（b）

图 9 - 40　正平面截切回转体

　　分析　　由于截平面为正平面,所以截交线的水平投影和侧面投影分别积聚成直线;正面投影为平面曲线,且反映实形。

　　作图

　　(1) 求特殊点:辅助圆中与正平面相切的圆为最小圆,切点为最高点 Ⅰ,最大辅助圆即底圆,与正平面相交于 Ⅱ、Ⅲ,为最低点,即为左、右两点。

　　(2) 求一般点:在最高点和最低点之间作辅助水平圆,求出点 Ⅳ、Ⅴ、Ⅵ 和 Ⅶ,依次光滑连接这些点的正面投影,即得截交线的正面投影,它是可见的。

　　4. 平面与组合回转体相交

　　以上所讨论的截交线,都是单一形体被一个或几个截平面截切而得到的,但在实际零件上,有时会遇到用同一截平面切多个形体的情况,如平面与组合回转体相交的问题。这时截交线的求法与上述方法基本相同,其不同处是需先对组合回转体进行形体分析,认清该组合回转体是由哪些基本体组成,并确定它们的相对位置和范围,再分别求出截平面与各形体的截交线。

　　例 9 - 24　求连杆头部截交线的投影(图 9 - 41(a))。

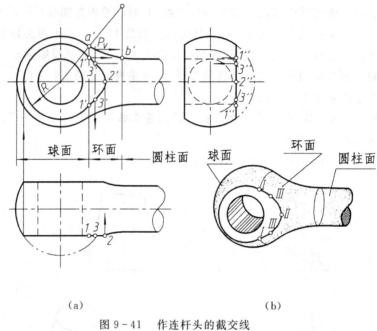

（a）　　　　　　　　　　　（b）

图 9-41　作连杆头的截交线

分析　　连杆的头部是由球面、环面及圆柱面组成的。球面和环面的分界线为经过切点 A 的侧平圆；环面与圆柱面的分界线为经过切点 B 的侧平面。由于截平面为正平面，截交线的水平投影和侧面投影均重影为直线段，因而本例只需求作截交线的正面投影。

作图

截平面与球的截交线为半径等于 R 的圆，其正面投影反映实形，且画到分界线的点 $1'$ 处为止。截平面与环面的截交线为一平面曲线，通过水平投影可直接得到它的最右点 $\mathrm{II}(2,2',2'')$，再用辅助侧平面在点 I 和 II 之间求出若干一般点，如图中用辅助平面 P 求出点 $\mathrm{III}(3,3',3'')$，然后依次光滑连接这些点的正面投影，即为所求。

例 9-25　已知带缺口的组合回转体的正面投影，完成其水平和侧面投影（图 9-42(a)）。

分析　　根据已知条件，水平投影为一圆，因正面投影为一半圆和矩形相切，则可知此组合回转体是由半球与圆柱相切组合而成的。缺口是由一个水平面和两个侧平面截切形成的"∩"形槽。只要作出截切平面水平面和侧平面与组合回转体表面的截交线，截平面之间的交线以及组合回转体被切割后的水平投影和侧面投影，就能完成题目的要求。显然，这个组合回转体被切割后仍是左右、前后对称的。

请读者根据图 9-42 自行分析、理解作图过程。

9.3.4　直线与回转体表面相交

求直线与回转体表面的交点即贯穿点仍可运用前述原理和方法，但必须注意应根据回转体的特点选择恰当的辅助平面，使所获得截交线的投影简单易画（如直线或圆）为原则。

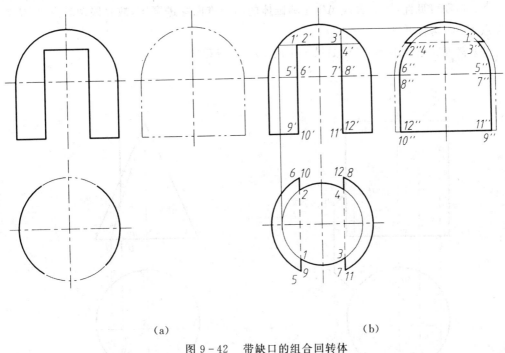

(a)　　　　　　　　　　　　　　(b)

图 9 - 42　带缺口的组合回转体

1. 利用积聚性求贯穿点

当曲面或直线的投影具有积聚性时,则贯穿点的一个投影已知,通过该投影可方便地求出其他投影。

例 9 - 26　求直线 AB 与圆柱的贯穿点(图 9 - 43)。

分析　因圆柱轴线垂直于水平面,故其水平投影有积聚性。圆柱的上、下底圆为水平面,其正面投影具有积聚性。

作图

(1) 求贯穿点:AB 直线的水平投影 ab 与圆柱面水平投影(积聚为圆)之交点 k 即为贯穿点 K 的水平投影,利用从属关系可直接在 $a'b'$ 上得出点 K 的正面投影 k'。AB 直线的正面投影 $a'b'$ 与圆柱上顶面的正面投影(积聚为直线)之交点 m' 即为另一贯穿点 M 的正面投影,并由其可确定出水平投影 m。

(2) 判别可见性:因为点 K 位于后半个圆柱面上,故正面投影 k' 不可见。

(3) 整理完成投影图:将 AB 直线的正面投影 $a'b'$ 与圆柱正面投影重合部分画成虚线至 k',其余均画成实线。两贯穿点之间不画线。

例 9 - 27　求直线 AB 与圆锥的贯穿点(图 9 - 44)。

分析　已知直线为铅垂线,其水平投影积聚成一点。贯穿点的水平投影 k、m 也必重合于此点。圆锥底面为水平面,其正面投影积聚为一条直线。

作图

(1) 求贯穿点:利用圆锥表面取点的素线法即可求出贯穿点 K 的正面投影 k'。具体作图如图 9 - 44 所示。直线 AB 与圆锥底面的交点 $M(m,m')$ 可直接求出。

（2）判别可见性：因为直线 AB 在圆锥体的前半锥面穿进穿出，故直线两端点 A、B 至贯穿点 K、M 均为可见。

（3）整理完成投影图：将正面投影中的 $a'k'$ 画成粗实线。

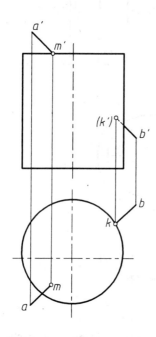
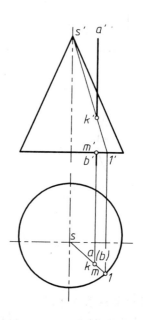

图 9 - 43　直线与圆柱相交　　　　　图 9 - 44　直线与圆锥相交

2. 用求线面交点的方法求贯穿点

当曲面或直线的投影没有积聚性时，可用辅助平面法来求直线与立体表面的贯穿点。

例 9 - 28　已知圆锥 S 与直线 AB 相交，求其贯穿点（图 9 - 45(a)）。

分析　首先分析在包含直线 AB 的平面中选取何种位置平面为辅助平面，方可截圆锥所得截交线的投影为直线或圆。

从平面截割圆锥所得截交线的各种情况可知，若包含 AB 作正垂面，截交线是椭圆；作铅垂面，截交线是双曲线；只有包含 AB 并过锥顶 S 作倾斜平面截圆锥方得两条直线，如图 9 - 45(c) 所示。为作图方便，应选择过锥顶 S 的倾斜平面为辅助平面。

作图

（1）作辅助平面：包含 AB 及锥顶 S 作辅助平面 P。先在直线 AB 上任取两点 Ⅰ、Ⅱ（图 9 - 45(b)），该平面可转换为以 SⅠ$(s1,s'1')$、SⅡ$(s2,s'2')$ 二相交直线表示的平面。延长 SⅠ、SⅡ 与 H 面相交于迹点 $M(m,m')$，$N(n,n')$，连 mn 得 P_H，是辅助平面 P 的水平迹线。

（2）求截交线：锥底在 H 面上，H 面投影的圆即是锥面的水平迹线。因此 mn 与底圆的 H 面投影相交于点 $C(c,c')$ 及点 $D(d,d')$ 并分别与锥顶 $S(s,s')$ 相连，即得截交线 $SC(sc,s'c')$ 和 $SD(sd,s'd')$。

（3）求贯穿点：截交线 SC、SD 与直线 AB 的交点 $K(k,k')$ 及 $L(l,l')$，即为所求的贯穿点（图 9 – 45(b)、(c)）。

（4）判别可见性，完成直线的投影。

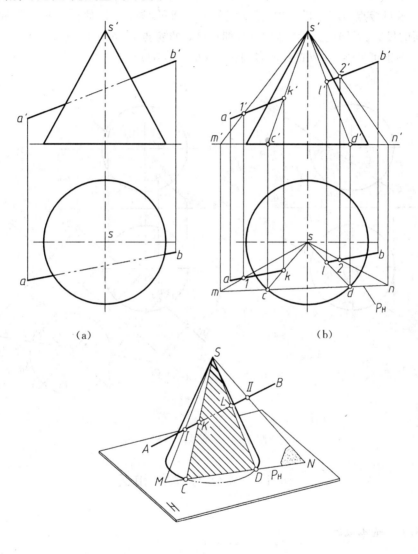

（a）

（b）

（c）

图 9 – 45　直线与圆锥相交

例 9 – 29　已知直线与球相交，求其贯穿点（图 9 – 46(a)）。

分析　如果过已知直线 AB 作垂直于投影面的辅助平面，则此辅助平面与球的截交线虽是一圆，但它在其他投影面上的投影却是椭圆，不便于作图。为此，可利用换面法求其实形来解决这一问题。

作图

（1）投影变换：设一平行于直线 AB 的新投影面 $V_1(O_1X_1 \parallel ab)$，求出球心 O 和直线

AB 在新投影面上投影 o'_1 和 $a'_1b'_1$(图 9 – 46(b))。

(2) 作辅助平面:包含 AB 作平行于 V_1 面的辅助平面 R(图 9 – 46(b))。

(3) 求截交线:辅助平面 R 与球的截交线是一个圆,其 V_1 面投影反映圆的实形。

(4) 求贯穿点:在 V_1 投影中,截交线的投影圆 o'_1 与 $a'_1b'_1$ 的交点 k'_1、l'_1 即为贯穿点在 V_1 面的投影。返回到原投影体系中,即可确定贯穿点 $K(k,k')$、$L(l,l')$

(5) 判别可见性,完成直线的各投影(图 9 – 46(b))。

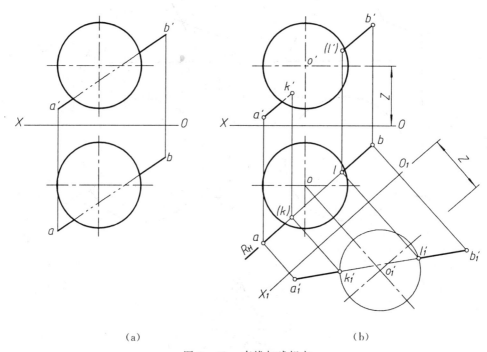

(a)   (b)

图 9 – 46   直线与球相交

9.4   立体与立体相交

9.4.1   基本概念

相交几何形体称为相贯体,它们的表面交线称为相贯线。相贯线是两立体表面的共有线,也是两立体表面的分界线。在图 9 – 47(a) 所示中,四棱柱与圆锥之间有相贯线;在图 9 – 47(b) 所示中,圆柱与圆柱之间有相贯线,这些相贯线明确地区分出各立体表面的范围。

研究立体相交的问题,主要是求作其相贯线。由于立体的形状、大小及相互位置的不同,相贯线的形状也各不相同,可能是由一些直线段组成,如图 9 – 48(a) 所示;或由平面曲线组成,如图 9 – 48(b) 所示;也可能是空间曲线,如图 9 – 48(c) 所示,但是,所有相贯线都有下列两个基本性质:

(1) 相贯线是相交立体表面的共有线。它的投影必在两立体投影重叠部分的范围以内。

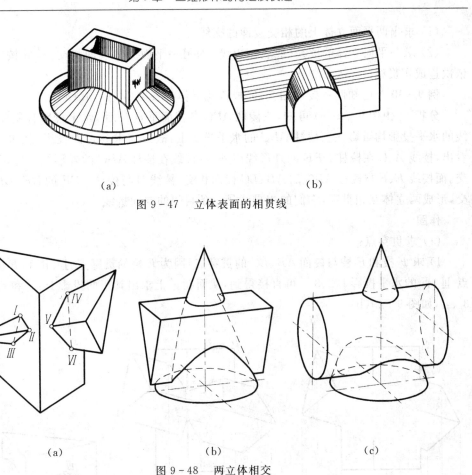

图 9-47　立体表面的相贯线

　　（a）　　　　　　　（b）　　　　　　　（c）

图 9-48　两立体相交

（2）由于立体是一个封闭的空间实体，所以相贯线一般都是封闭的。

当一立体全部棱线或素线都穿过另一立体时称为全贯，如图 4-48（a）、（c）所示；当两立体都只有一部分参与相贯时称为互贯，如图 9-48（b）所示。全贯时一般有两条封闭的空间线段，互贯时只有一条封闭的空间线段。

因为立体表面性质不同，相贯线的特征及求法也不同。下面按两平面体相交、平面体与曲面体相交及两曲面体相交三种情况分别进行介绍。

9.4.2　两平面立体相交

1. 相贯线的特征

两平面体的相贯线一般是封闭的空间折线（特殊情况是平面折线或不封闭折线）。折线的各线段是两平面体相应棱面的交线，如图 9-48（a）所示的 Ⅰ Ⅱ、Ⅱ Ⅲ、Ⅲ Ⅰ、Ⅳ Ⅴ、Ⅴ Ⅵ、Ⅵ Ⅳ。折线的各顶点是一个平面立体的棱线（或底面边线）对另一平面立体的贯穿点。

2. 作图方法

由相贯线的性质和特征可知，求两平面立体相贯线的方法有以下两种：

（1）求出两平面立体上的相交棱面的交线。

（2）求一平面立体的棱线（或底面边线）对另一平面立体表面的交点，并按空间关系依次连成相贯线。

例 9-30 已知两三棱柱相交，完成该相贯体的投影（图 9-49(a)）。

分析 由图 9-49(a)可知，三棱柱 ABC 各棱面垂直 H 面，水平投影有积聚性。相贯线的水平投影均重影在三棱柱 ABC 的水平投影上，故只需求其正面投影。从水平投影可看出，棱线 A、C 在棱柱 DEF 的外形线以外，D 棱线在棱柱 ABC 的外形线以外，不参与相交。而棱线 E、F 与棱柱 ABC 的 AB、BC 棱面相交；棱线 B 与棱柱 DEF 的 DE、DF 棱面相交，形成两立体互相贯穿，它们的相贯线是一条封闭的空间折线。

作图

（1）求贯穿点：

1）求 E 棱和 F 棱与棱面 AB、BC 的贯穿点：因为 E 棱的贯穿点 Ⅰ、Ⅱ 和 F 棱的贯穿点 Ⅲ、Ⅳ 的水平投影 1、2、3、4 可直接得到，从而在 e' 上求出其正面投影 $1'$、$2'$ 和 f' 上求出 $3'$、$4'$，如图 9-49(b) 所示。

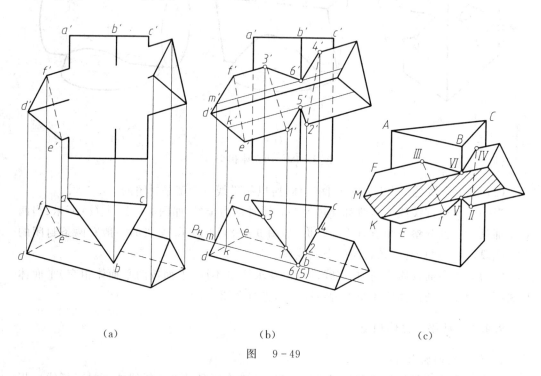

(a)　　　　　　　　(b)　　　　　　　　(c)

图　9-49

2）求 B 棱与棱面 DE、DF 的贯穿点：可过 B 棱作平行于棱柱 DEF 各棱线的铅垂面 P，即过 b 作直线平行 D 棱的水平投影 d，该直线即为 P_H；P 与棱面 DE、DF 相交得截交线 $KⅤ$、$MⅥ$（图 9-49(c)）；该二交线的水平投影 $k5$、$m6$ 积聚在 P_H 上，由 k、m 分别对应在 $d'e'$、$d'f'$ 边上求得 k'、m'，过 k'、m' 分别引直线平行 D 棱的正面投影 d' 可得截交线的正面投影 $k'5'$、$m'6'$；b' 与 $k'5'$、$m'6'$ 相交于点 $5'$、$6'$，即得贯穿点 Ⅴ、Ⅵ 的正面投影，其水平投影与该棱线的水平投影 b 重合。

（2）连点：在投影图中，连贯穿点的原则是：只有位于一立体的同一棱面内同时也位于另一立体的同一棱面内的两个点才能相连；同一棱线上的两个点不能相连。如点 Ⅰ 和点 Ⅴ 同位于棱面 AB 内又同位于棱面 DE 内，故可用直线相连。而点 Ⅲ 和 Ⅴ，虽然同位于棱面 AB 内，但却分别位于棱柱 DEF 的 DF 和 DE 两个棱面内，故此两点不可相连。其他各点用同法确定连成 Ⅰ－Ⅴ－Ⅱ－Ⅳ－Ⅵ－Ⅲ－Ⅰ 封闭折线。相贯线的正面投影为 $1'$ $- 5' - 2' - 4' - 6' - 3' - 1'$。

（3）判别可见性：相贯线可见性的判别原则是：只有同时位于两立体的可见棱面上的交线方为可见，否则为不可见。$1'3'、2'4'$ 是可见棱面的投影 $a'b'、b'c'$ 与不可见棱面的投影 $e'f'$ 的交线，故为不可见，应画成虚线。其余均为两可见棱面的交线，故都画成粗实线。

由相贯线可见性的判别原则可知，要区分相贯线的可见性，应按照 9.2 节所述的方法，首先分别区分平面立体各棱面的可见性，即可确定其上交线的可见性。

（4）整理完成投影图：画相贯体的投影，主要是求相贯线。但求得相贯线后，还必须绘出其相贯体的投影轮廓。

1）在正面投影中使 e' 两端向内延至 $1'$ 及 $2'$；f' 两端向内延至 $3'$ 及 $4'$ 点；b' 两端向内延至 $5'$ 及 $6'$ 点。

2）补全不参与相贯的 $a'、c'$ 及 d' 的投影，并区分可见性，如图 9－49（b）所示。

例 9－31　已知三棱锥和三棱柱相交，完成该相贯体的投影（图 9－50（a））。

分析　由图 9－50（a）可知，三棱柱正面投影有积聚性，即相贯线的正面投影已知，故只需求水平投影和侧面投影。且由正面投影知，三棱锥的 SA 与 SC 棱不参与相贯，因此三棱柱将三棱锥穿通，是全贯体，形成前后两条相贯线。前一条相贯线是三棱柱的三个棱面与三棱锥的前两个棱面 $SAB、SBC$ 相交所形成的交线，是一条封闭的空间折线；后一条相贯线是棱柱的三个棱面与棱锥后面的棱面 SAC 的交线，是一个平面三角形。由于该相贯体为左右对称形体，故其相贯线也为左右对称形。

作图

（1）求相贯线：按照求相贯线的另一种方法，即求一立体各棱面与另一立体各棱面交线的方法完成相贯线：

1）求棱面 DE 与三棱锥的交线：可扩大棱柱的 DE 棱面为 P，P 面与三棱锥相交的截交线是一个与底面相似的三角形（三角形各边与棱锥底面各对应边相互平行）。其水平投影的线段 $1-5-3$ 和 $2-4$，便是相贯线水平投影的一部分。其中点 1 和点 2 就是棱柱的棱线 D 与棱锥的 $SAB、SAC$ 棱面交点的水平投影；而点 5 则是棱锥的 SB 棱线与三棱柱 DE 棱面交点的水平投影。

2）求棱面 $DF、EF$ 与三棱锥的交线：为求棱柱左边的 DF 棱面与棱锥的交线，除 D 棱与棱锥的交点外，还要求出棱线 F 与棱锥的交点。为此，过棱线 F 作辅助水平面 Q，Q 面与三棱锥相交所得的截交线也是一与底面相似的三角形。在水平投影中，三角形与 f 相交，得交点 6 和 7（也可利用 F 棱与 SB 棱相交以及棱锥的 SAC 棱面是一侧垂面这一特性，直接在侧面投影中确定 $6''$ 和 $7''$，再确定出其水平投影 6 和 7）。$1-6$ 和 $2-7$ 就是棱柱左边的 DF 棱面与棱锥交线的水平投影；连接 $3-6$ 和 $4-7$ 得到棱柱右边的 EF 棱面与棱锥交线的水平投影。由于三棱锥的 SAC 棱面和三棱柱的 DE 棱面都垂直于侧面投影面，故其棱面上交线的侧面投影也分别重影为直线 2″4″—7″、1″3″—5″。闭合的空间折线 Ⅰ—Ⅴ—Ⅲ—Ⅵ—Ⅰ 和 Ⅱ—Ⅳ—Ⅶ—Ⅱ 即为相交立体的两条相贯线,如图9-50(b)所示。

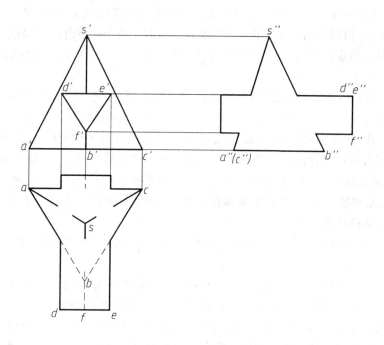

(a)

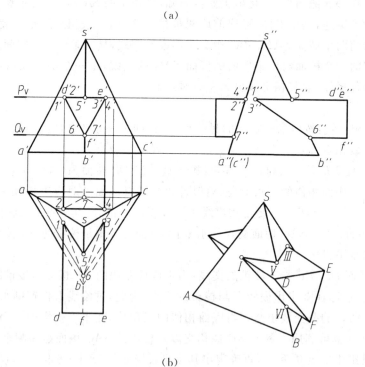

(b)

图 9-50　三棱锥与三棱柱相交

（2）判别可见性：由于三棱柱的 *DF* 和 *EF* 棱面的水平投影为不可见面,故其面上的交线 1-6-3、2-7-4 均为不可见,画成虚线,又因该相贯体为左右对称形体,故其相贯线也为左右对称形。因而其左右两侧相贯线的侧面投影重合应画成粗实线。

（3）整理完成投影图：将参与相贯的各棱线画至各自的贯穿点,并判别棱线的可见性完成各投影图,如图 9-50(b) 所示。

9.4.3　平面立体与曲面立体相交

1. 相贯线的特征

平面体与曲面体相交时,如图 9-51 所示,相贯线是由若干段平面曲线组成的空间封闭线段。各段平面曲线,就是平面体的各棱面截曲面体所得的截交线,两段平面曲线的连接点乃是平面体的棱线与曲面体的表面的贯穿点,该点也称为相贯线上的结合点。如图 9-51 中的 Ⅰ、Ⅱ、Ⅲ 点。

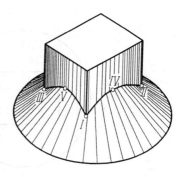

图 9-51　平面体与曲面体相交

2. 作图方法

从上述相贯线的特征也就说明了求相贯线的方法,即求平面体上参与相贯的各棱线对曲面体的贯穿点；以及求平面体参与相贯的各棱面对曲面体表面的截交线。

例 9-32　已知四棱柱与圆锥相交,完成该相贯体的各投影(图 9-52(a))。

分析　由于四棱柱的四个棱面平行于圆锥的轴线,并全贯于圆锥的上部,所以相贯线只有一条,由四段双曲线组成封闭的空间曲线。四棱柱的水平投影有积聚性,故相贯线的水平投影已知,只需求出相贯线的正面投影和侧面投影。由于四棱柱的左、右棱面垂直 *V* 面,其正面投影有积聚性；前、后棱面垂直 *W* 面,其侧面投影有积聚性。另外四个棱面对圆锥轴线处于对称位置。因此,前、后棱面交线的正面投影重合,左、右棱面交线的侧面投影重合。

作图

（1）求特殊点：

1）先求结合点(也是最低点)Ⅰ、Ⅱ、Ⅲ、Ⅵ。根据四个点的水平投影 1、2、3、6 已知,可用素线法求出其余投影(图 9-52(a))。

2）前棱面交线的最高点 Ⅳ 在圆锥侧面投影的转向轮廓线上,此转向轮廓线与前棱面在侧面的积聚性投影的交点即为点 4″,由 4″ 及 4 可求得点 4′。

3）左棱面交线的最高点 Ⅴ,在圆锥正面投影的转向轮廓线上,与左棱面在正面的积聚性投影的交点即为点 5′,由 5′ 及 5 可求得 5″。

（2）求一般点：同样用素线法(也可用纬圆法)可求出两对称的一般点 Ⅶ、Ⅷ 的正面投影 7′、8′(图 9-52(b))。

（3）连点：用光滑的曲线将正面投影 1′-7′-4′-8′-2′ 相连；将侧面投影 1″-5″-3″ 相连。

（4）判别可见性：因为是对称重合图形,故相贯线的正面和侧面投影都可见。

（5）整理完成投影图：在正面投影中，将左、右棱线延至贯穿点 1′、2′；在侧面投影中，将前、后棱线延至 1″、3″。

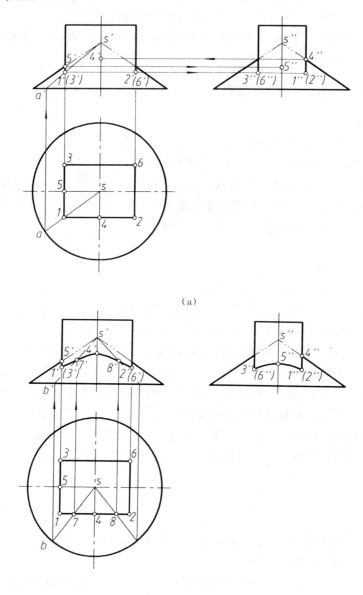

（a）

（b）

图 9-52　四棱柱与圆锥相交

例 9-33　已知三棱柱与半球相交，完成该相贯体的投影（图 9-53(a)）。

分析　三棱柱的水平投影有积聚性，故相贯线的水平投影与之重合，需求正面和侧面投影。棱面 AC 为正平面与球相交，其交线是平行 V 面的一段圆弧；棱面 AB 和 BC 与球相交，交线的正面投影和侧面投影均是一段椭圆弧。因棱面 AB 和 BC 左右对称于半球的轴线，故左、右棱面交线的侧面投影重合。

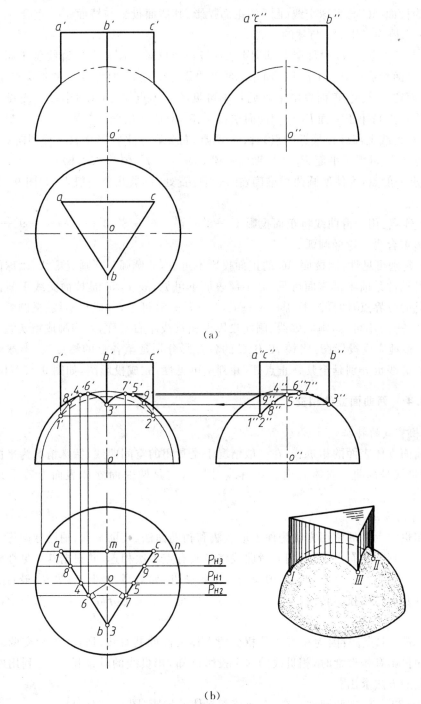

（a）

（b）

图 9-53　三棱柱与半球相交

作图

（1）求棱面 AC 与球面交线：将棱面 AC 扩大使其水平投影与半球水平投影外形线相交于点 n。在正面投影中，以 o' 为圆心，以 m−n 为半径画圆，交 a' 于点 1'；交 c' 与点 2'。$\stackrel{\frown}{1'2'}$

圆弧即为棱面 AC 与半球交线（圆）的正面投影。其侧面投影与棱面 $a''c''$ 重合。

（2）求棱面 AB、BC 与球的交线：

1）求特殊点：B 棱的贯穿点 Ⅲ，因为 B 棱与半球对侧面转向轮廓线位于同一侧平面内，故在侧面投影中，b'' 与半球转向轮廓线的投影之交点 $3''$ 即为 B 棱的贯穿点 Ⅲ 的侧面投影，从而定出 3、$3'$。正面投影中可见与不可见的分界点 Ⅳ、Ⅴ（即半球正面投影转向轮廓线的终止点）；用正平面 P_1 作辅助面求得 $4'$、$5'$，对应作出侧面投影 $4''$、$5''$；相贯线上的最高点（即相贯线上离球顶最近的点）Ⅵ、Ⅶ 两点，首先在水平投影中自 o 分别向 ab、bc 引垂线得交点 6、7，再用正平面 P_2 作辅助面求得 $6'$、$6''$、$7'$、$7''$（图 9-53（b））。

2）求一般点：为使所画曲线准确，在适当位置处，再求几个一般点，如图 9-53（b）所示的 Ⅷ、Ⅸ。

（3）连点：用光滑曲线将正面投影 $1'-8'-4'-6'-3'$，$3'-7'-5'-9'-2'$ 相连。侧面投影重合为一段椭圆弧。

（4）判别可见性：因棱面 AC 的正面投影不可见，故圆弧 $\overarc{1'2'}$ 画成虚线。因球体对正面投影的可见性是前半部表面可见，后半部表面不可见，故 $4'$、$5'$ 是棱面交线正面投影可见与不可见的分界点，即椭圆弧 $3'-6'-4'$，$3'-7'-5'$ 可见，画成粗实线；椭圆弧 $4'-8'-1'$，$5'-9'-2'$ 不可见，画成虚线。侧面投影因相贯线左右对称，故均画成粗实线。

（5）整理完成投影图：将棱 A、B、C 的各投影分别延至各自的终点处。半球对各投影的转向轮廓线也分别延至其终止点处，并判别可见性，完成投影图，如图 9-53（b）所示。

9.4.4　两曲面立体相交

1. 相贯线的特征

两曲面立体表面的相贯线，在一般情况下是封闭的空间曲线，特殊情况为平面曲线或直线。相贯线是两曲面立体表面的共有线。因此，它是两曲面立体表面上若干共有点的集合。

2. 作图方法

求相贯线上点的常用方法为面上取点法和辅助面法（辅助平面、辅助球面等）。求出相贯线上一系列的共有点，然后用光滑曲线将各共有点顺次相连，并根据其可见性画成粗实线或虚线。求相贯线上的点时，一般应先求出特殊点：如最高、最低点；最左、最右点；最前、最后点以及回转体投影转向轮廓线上终止点，可见与不可见分界点等，然后再求出若干中间点。

（1）表面取点法：因为相贯线是相交两立体表面的共有线，所以，当相交两立体中一个表面的投影有积聚性时，相贯线的这个投影已知，相贯线的其余投影，可利用曲面立体表面取点的方法求出。

例 9-34　已知两圆柱正交，完成该相贯体的投影（图 9-54（a））。

分析　因相贯体前后左右对称，所以其表面交线——相贯线——也是前后、左右均对称的空间曲线。其水平投影重影于直立圆柱的水平投影上，侧面投影重影于水平圆柱的侧面投影上，因此，只需作相贯线的正面投影。

作图

　　(1) 求特殊点:两圆柱对正面转向轮廓线的交点 Ⅰ(1,1′,1″) 和 Ⅱ(2,2′,2″) 为相贯线的最左点、最右点,同时它们也是最高点。从侧面投影中可以直接得到 Ⅲ(3,3′,3″) 和 Ⅳ(4,4′,4″),同时它们也是最前点和最后点(图 9 - 54(a))。

　　(2) 求一般点:在水平投影上的适当位置确定两点 5、6,其侧面投影为 5″、6″,由此可求出 5′、6′。

　　(3) 连点:依次光滑连接各点的正面投影 1′ — 5′ — 3′ — 6′ — 2′。

　　(4) 判别可见性,完成投影图:因相贯体前后对称,故相贯线的正面投影的可见与不可见部分重合,画成粗实线(图 9 - 54(b))。

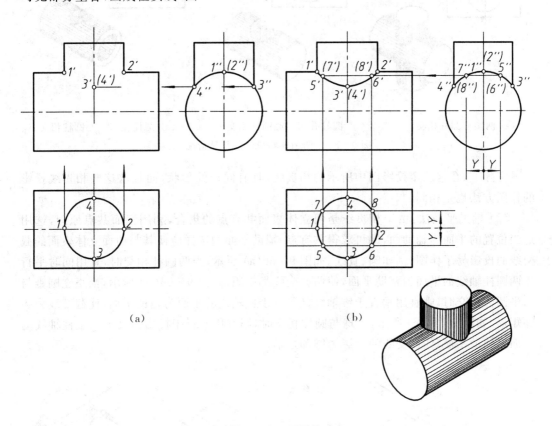

图 9 - 54　两圆柱正交

　　两轴线垂直相交的圆柱,在机械零件上是最常见的,它们的相贯线,一般有如图 9 - 55 所示的三种形式:

　　图 9 - 55(a) 表示小的实心圆柱全部贯穿大的实心圆柱,相贯线是上、下对称的两条闭合的空间曲线。

　　图 9 - 55(b) 表示圆柱孔全部贯穿大的实心圆柱,相贯线也是上、下对称的两条闭合的空间曲线,并且是圆柱孔壁的上、下孔口曲线。

　　图 9 - 55(c) 表示圆柱孔全部贯穿大的空心圆柱,相贯线是上、下对称的 4 条闭合的空间曲线,其中两条是圆柱孔与外圆柱面的相贯线。另两条是圆柱孔与内圆柱面的相贯线。

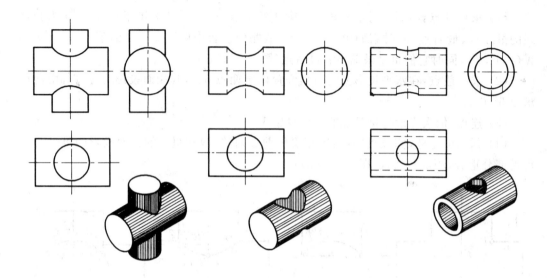

(a) 两实心圆柱相交　　　　(b) 圆柱孔与实心圆柱相交　　　　(c) 圆柱孔与空心圆柱相交

图 9-55　　两圆柱相贯线的常见情况

实际上,在这三个投影图中所示的相贯线,具有同样的形状,而且求这些相贯线投影的作图方法也是相同的。

(2) 辅助平面法:由于相贯线是两立体表面共有点的集合,利用三面共点原理,选用适当位置的平面为辅助面,即可求得共有点。辅助平面的选择应使其与曲面立体表面的截交线的投影易于作图,例如圆、直线。如图 9-56(a) 所示,当两圆柱相交时,宜用同时平行于两圆柱轴线的平面为辅助平面,使两截交线都是矩形。图 9-56(b) 所示,当直立圆锥与水平圆柱相交时,则宜用垂直于锥轴线又平行于柱轴线的平面为辅助平面,使截交线为圆和矩形。如图 9-56(c) 所示,当球与圆柱相交时,则宜用平行于投影面又平行于柱轴线的平面为辅助平面,使截交线的投影为圆和矩形。

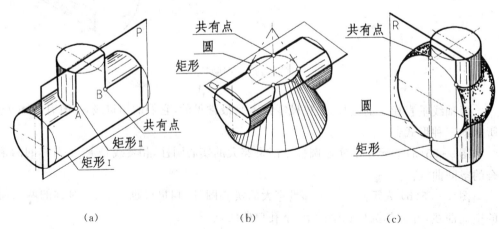

(a)　　　　　　　　　　(b)　　　　　　　　　　(c)

图 9-56　　辅助平面的选择

由图 9 - 56 可以看出,利用辅助平面求两立体表面共有点的作图步骤如下:

1) 作辅助平面;

2) 分别求出辅助面与两立体截交线的投影;

3) 二截交线的交点,即为相贯线上的点。

例 9 - 35　已知两轴线正交的圆柱与圆锥,完成该相贯体的投影(图 9 - 57(a))。

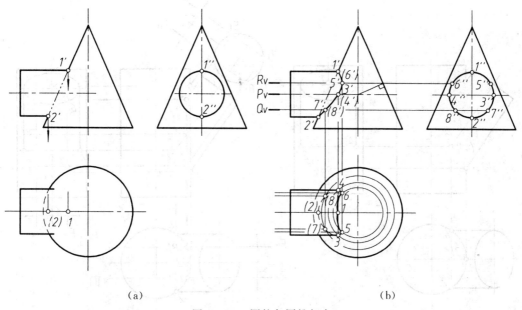

图 9 - 57　圆柱与圆锥相交

分析　　由于圆柱的侧面投影有积聚性,相贯线的侧面投影与之重合,因此,只需求作其水平投影和正面投影。因该相贯体前后对称,故其相贯线为前后对称的空间曲线,因此,相贯线正面投影的可见部分与不可见部分重合。

又因圆锥轴线垂直于 H 面,所以只有选取辅助水平面,才能使两截交线的形状简单,易于作图。

作图

(1) 求特殊点:由于两立体轴线相交,且前后对称于同一平面,所以,两立体对 V 面的转向轮廓线彼此相交,交点 Ⅰ($1,1',1''$)为最高点,交点 Ⅱ($2,2',2''$)为最低点,也是最左点;再通过圆柱轴线作辅助水平面 P,平面 P 与圆锥相交,其截交线为水平圆,与圆柱相交,其截交线为两条对 H 面的转向轮廓线,此两截交线的交点 Ⅲ($3,3',3''$)为最前点,交点 Ⅳ($4,4',4''$)为最后点,也是水平投影可见与不可见的分界点;可用向圆锥素线作垂线的方法确定辅助面 R 的位置,即可求出最右点 Ⅴ($5,5',5''$)、Ⅵ($6,6',6''$)。

(2) 求一般点:为了连点的需要,再作水平面 Q 等,找出一般点 Ⅶ($7,7',7''$)、Ⅷ($8,8',8''$)等。

(3) 连点:用光滑曲线依照侧面投影中点的顺序,依次连接各点的正面投影和水平投影。

（4）判别可见性：相贯线的正面投影，可见与不可见部分重合，画成粗实线。在水平投影中，圆柱面的上半部分与圆锥面的交线为可见，故3、4两点为可见与不可见的分界点，将3—5—1—6—4画成粗实线，把不可见的3—7—2—8—4画成虚线，如图9-57(b)所示。

例9-36　已知两圆柱轴线斜交，完成该相贯体的投影（图9-58(a)）。

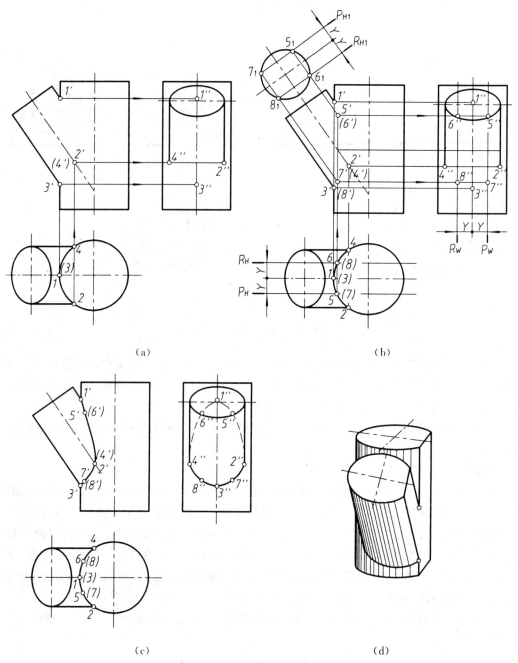

（a）　　　　　　　　　　　　　　　　　（b）

（c）　　　　　　　　　　　　　　　　　（d）

图9-58　两轴线斜交的圆柱

分析　直立大圆柱轴线垂直于水平面,其水平投影有积聚性,相贯线的水平投影已知,需求出相贯线的正面及侧面投影。小圆柱的全部素线均与大圆柱相交,相贯线为一封闭的空间曲线。因为相贯线的公共对称面为正平面,所以相贯线的侧面投影对称于轴线。正面投影可见部分与不可见部分重合。因两圆柱轴线相交且均平行于 V 面,故用正平面作为辅助面(图 9-58(d))可与两圆柱面相交得矩形截交线,其交点即为相贯线上的点。

作图

(1) 求特殊点(图 9-58(a)):最高、最低点:由于两圆柱的轴线同处一个正平面上,因此正面投影中两外形素线的交点 $1'$、$3'$,即为相贯线的最高、最低点 Ⅰ,Ⅲ 的正面投影。据此可得 1、3 及 $1''$、$3''$。

最前、最后点:它们是小圆柱的最前、最后两素线与大圆柱的交点。可利用大圆柱的水平投影的积聚性直接求得最前、最后点 Ⅱ、Ⅳ 的各投影。

(2) 求一般点(图 9-58(b)):在适当位置作正平面 $P(P_H、P_W)$。P_H 与圆的交点 5、7,即是 P 面与大圆柱交得素线的水平投影,不能在已知的三面投影中直接求得(小圆柱端面的水平、侧面投影是椭圆,不能用于作图)。为此可作垂直于小圆柱轴线的新投影面 H_1,则小圆柱面在 H_1 面上的投影便具有积聚性。用水平投影中 P_H 至轴线的距离 Y,可作出 P 面的新投影 P_{H1},它与小圆柱面新投影的交点 5_1、7_1 就是 P 面与小圆柱面相交的两条素线的新投影。由此可作出这两条素线的正面投影,它们与已经作出的大圆柱面上素线的投影相交,便得出所求的点 $5'$、$7'$。侧面投影 $5''$、$7''$ 在 P_W 上求得。

同理,采用与 P 面对称的辅助平面 R,可求得点 Ⅵ、Ⅷ。

(3) 连点:用曲线依次光滑地连接 Ⅰ-Ⅴ-Ⅱ-Ⅶ-Ⅲ-Ⅷ-Ⅳ-Ⅵ-Ⅰ 各点的同面投影。

(4) 判别可见性:因为相贯线前后对称,所以正面投影中只需画出可见的部分 $1'-5'-2'-7'-3'$。对于侧面投影,因为小圆柱的左下半个圆柱面是可见的,右上半个柱面不可见,所以应将 $2''-7''-3''-8''-4''$ 画成粗实线,而将 $4''-6''-1''-5''-2''$ 画成虚线。点 $2''$、$4''$ 就是相贯线侧面投影中可见与不可见部分的分界点(图 9-58(c))。

例 9-37　已知圆柱与半球相交,完成相贯体的投影(图 9-59(a))。

分析　圆柱的轴线垂直于水平面,其水平投影有积聚性,相贯线的水平投影已知,故只需求相贯线的正面投影,因圆柱全贯于半球上部,故相贯线是一条封闭的空间曲线,如图 9-59(d) 所示。因相贯体前后不对称,故球面及圆柱的正面投影转向轮廓线不在同一平面,在空间彼此不相交。本题可采用水平面作辅助面,因它与两立体的截交线都是水平圆;也可采用正平面作辅助面,它与半球的交线是半个正平圆,与圆柱面交线是铅垂线。因水平投影有积聚性,求点目标明确,本题宜用正平面作辅助面。也可用球面上取点法求作相贯线。

作图

(1) 求特殊点:根据圆柱水平投影的积聚性确定各特殊点的水平投影中的位置(图 9-59(b))。

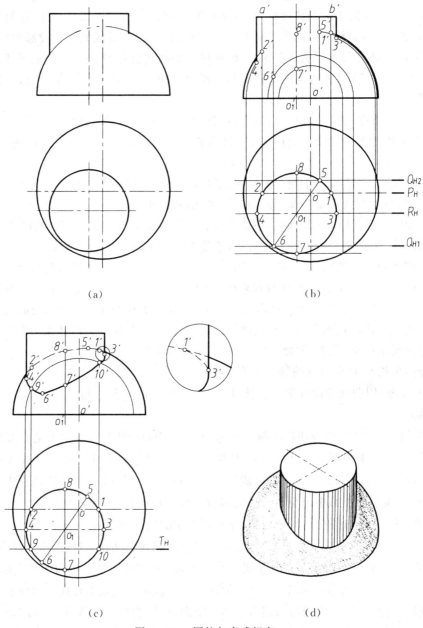

(a)　　　　　　　　　　　　(b)

(c)　　　　　　　　　　　　(d)

图 9-59　圆柱与半球相交

　　1) 半球正面投影转向轮廓线上的终止点:过球心作正平面 P,与圆柱相交,截交线为两条素线,其正面投影为 a'、b';与球相交,其截交线是圆,正面投影是半球正面投影的转向轮廓线。素线的正面投影 a'、b' 与半球正面投影的转向轮廓线相交,交点 $1'$、$2'$ 即为半球正面投影转向轮廓线终止点的投影。过圆柱轴线作正平面 R,可求出圆柱正面投影转向轮廓线终止点的投影 $3'$、$4'$,且 $3'$、$4'$ 也是相贯线正面投影可见与不可见的分界点。

　　2) 最高、最低点:相贯线上离球顶最近、最远的点即是相贯线上最高、最低的点,也就

是相贯线上距离 H 面最远和最近的点。离 H 面最远的点应位于距离球顶点最近的圆柱的一条素线上；离 H 面最近的点应位于距离球顶点最远的圆柱素线上。这样的素线在水平投影中必是两圆的连心线 $o-o_1$ 与圆柱的积聚性投影——圆周的交点 5、6。过 5、6 分别作正平面 Q_2 和 Q_1 可求出最高、最低点的正面投影 $5'$ 和 $6'$。

再作出最前、最后点的正面投影 $7'$、$8'$（作图省略）。

（2）求一般点：同样用正平面 T 作辅助平面可再求出一些中间点（图 9-59(c)）。

（3）连点：用光滑曲线依照水平投影中点的顺序，依次连接 $4'-9'-6'-7'-10-3'-1'-5'-8'-2'-4'$ 各点。

（4）判别可见性：因圆柱体相交于半球的前部，所以圆柱体正面投影转向轮廓线上的终止点 $3'$、$4'$，即是相贯线正面投影可见与不可见的分界点。在点 Ⅲ、Ⅳ 以前的部分 $3'-10'-7'-6'-9'-4'$ 是可见的，画成粗实线，其余画成虚线（图 9-59(c)）。

（5）整理完成投影图：将圆柱正面投影的转向轮廓线延至点 $3'$ 和 $4'$；半球正面投影的转向轮廓线延至点 $1'$ 和 $2'$，并区分可见性，如图 9-59(c) 右侧局部放大图所示。正面投影中球面转向轮廓线 $\overset{\frown}{1'-2'}$ 一段圆弧不应画出。

（3）辅助球面法：

1）球面法的基本原理。当回转体与球面相交，且球心位于回转体的轴线上时，其交线是垂直于回转轴的圆。

在图 9-60(a)、(b) 所示中回转体的轴线垂直于水平面，它们的交线分别都是水平圆，其正面投影是一段平行于 OX 轴的直线。图 9-60(c) 所示中回转体的轴线平行于 V 面，交线是垂直于 V 面的圆，其正面投影是一段斜直线。当回转轴同时平行于正面的两回转体与球面相交时，两交线圆的正面投影均成直线段，交点 $1'(2')$ 便是相贯线上的点的正面投影，如图 9-60(d) 所示。

2）使用球面法应具备的条件：用球面作辅助面求相贯线，必须符合以下条件：

相交的两曲面体必须是回转体。因为只有回转面与同轴的球面相交时，其交线才是圆。

两相交曲面体的轴线必须相交。因为只有两轴线相交时，才有公共的球心（两轴线的交点）。

两轴线必须平行于投影面。只有这样，才能使球面与两曲面体表面的交线，在投影面上均投射成直线。

例 9-38　已知正圆台和圆柱相交，完成该相贯体的投影（图 9-61(a)）。

分析　由于给出的两曲面体都是回转体，轴线均平行于 V 面并相交。因此，可以用球面为辅助面求其交线。因圆柱全部素线只与正圆台左半部表面相交，故相贯线为一条封闭的空间曲线。

作图

（1）定球心：由于两轴线均平行于 V 面并相交，所以两轴线的正面投影的交点 o'，即为辅助球心的正面投影。

（2）求相贯线上一般点 Ⅰ、Ⅱ：以 o' 为圆心，以适当长度为半径画圆，这个圆就是辅助球面的正面投影。辅助球面与圆台的交线是圆，其正面投影为 $a'b'$，水平投影为圆，球面与圆柱的交线也为圆,其正面投影为 $c'd'$。$a'b'$ 与 $c'd'$ 的交点 $1'(2')$ 即为相贯线上的点 Ⅰ、Ⅱ 的正面投影,由 $1'(2')$ 求得 Ⅰ、Ⅱ 两点的水平投影 $1、2$(图 $9-61$(b))。

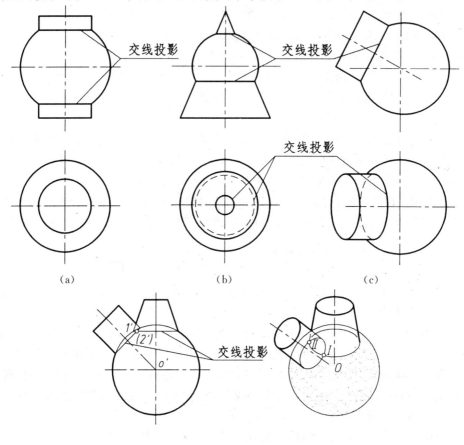

(a)   (b)   (c)

(d)

图 $9-60$ 球面法的原理

（3）确定最大半径（R_{max}）和最小半径（R_{min}）：辅助球面的最大半径等于 o' 到两曲面正面投影转向轮廓线较远的交点 $3'$ 的距离,标记为 R_{max}。如果球的半径比 R_{max} 大,则球与圆台面、柱面的交线互不相交。从 o' 向两曲面体的正面投影转向轮廓线引垂线,取其较大的一段距离,如图 $9-61$（c）中的 $o'e'$,就是辅助球面的最小半径 R_{min}。如果球面的半径比 R_{min} 小,则球与圆台（决定 R_{min} 的那个曲面体）不再相交。因此辅助球面的半径 R 必须在 R_{max} 和 R_{min} 之间选择。两曲面体正面投影转向轮廓线的交点 $3'、4'$ 即为相贯线上最高、最低点的正面投影,它的水平投影为 $3、4$。再利用最小球面求得相贯线上的 Ⅴ、Ⅵ 两点的正面和水平投影 $5'、6'$ 和 $5、6$（图 $9-61$（c））。

（4）连点:用曲线光滑地依次连接相邻各点的正面投影 $3'-1'(2')-5'(6')-4'$。在连接正面投影各点的过程中,先求得圆柱最前、最后素线上的共有点 Ⅶ、Ⅷ 的正面投影 $7'(8')$（即光滑曲线与圆柱正面投影轴线之交点）,然后求出其水平投影 $7、8$。相贯线的水

平投影为 $3-1-7-5-4-6-8-2-3$。

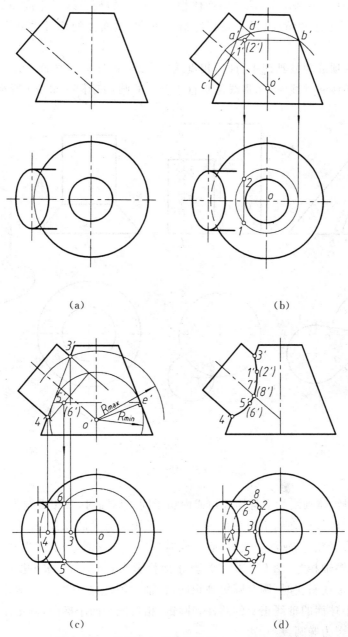

图 9-61　求圆柱与圆台相贯线 —— 辅助球面法

　　(5) 判别可见性：因为表面交线前后对称，正面投影的可见部分与不可见部分重合，只画粗实线；交点 Ⅶ、Ⅷ 的水平投影 7、8 为相贯线水平投影的可见与不可见的分界点，也是圆柱上、下两半部分的分界点。圆柱上半部分的交线 $8-2-3-1-7$ 为可见，应画成粗实线(图 9-61(d))。

(6)整理完成投影图:将圆柱的水平投影转向轮廓线画至其终止点 7、8 处。

3. 相贯线的特殊情形

如前所述,在一般情况下,两个曲面体相交所产生的相贯线是空间曲线。以上所讨论的一些例子都属于这种情况。但是在特殊情况下,两曲面体的相贯线可能是直线或平面曲线。

(1)两锥共顶或两柱轴线平行时,相贯线为直线,如图 9-62(a)、(b)所示。

(2)两回转体共轴线时,相贯线是垂直于轴线的圆,如图 9-62(c)所示。

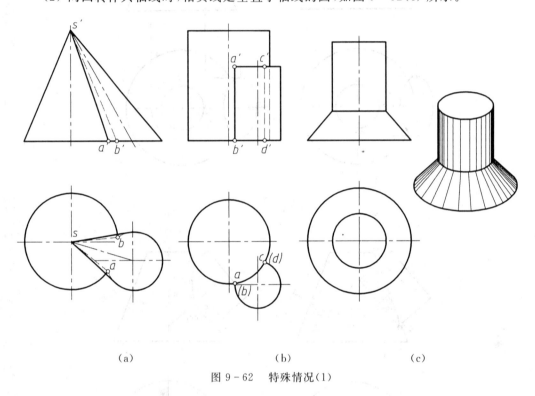

(a)   (b)   (c)

图 9-62 特殊情况(1)

(3)当两回转体轴线相交且均外切或内切于同一球面时,其相贯线为两条平面曲线。且所在平面与两轴线所在的平面垂直。图 9-63 示出了常见的几种情况。

当两圆柱直径相等,轴线相交时,必能同时外切于一球面,相贯线为两个椭圆:轴线正交时,两椭圆长短轴相等(图 9-63(a)),其正面投影为 $a'b'$、$c'd'$,水平投影重合于直立圆柱的水平投影;轴线斜交时,两椭圆短轴相同,长轴不等(图 9-63(b))。图 9-63(c)所示是同时外切于一个球面的轴线正交的圆柱和圆锥,相贯线为两个椭圆,其正面投影 $a'b'$、$c'd'$ 为直线,水平投影为椭圆。

4. 影响相贯线形状的各种因素

影响相贯线形状的因素,是两曲面立体的形状、大小及其相互位置。至于相贯线投影的形状,还要看它们与投影面的相对位置。表 9-5 所示为当两立体的形状及相对位置变化时,对相贯线形状的影响。表 9-6 所示为当立体的形状和相对位置相同而尺寸不同时,对相贯线的影响。

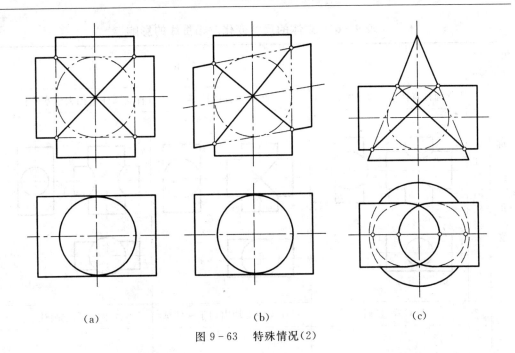

（a）　　　　　　　　　　（b）　　　　　　　　　　（c）

图 9 - 63　特殊情况（2）

表 9 - 5　立体的形状及相对位置的变化对相贯线的影响

立体的形状	两立体的相对位置		
	轴线正交	轴线斜交	轴线交叉
圆柱与圆柱相交			
圆柱与圆锥相交			

表 9 - 6　　立体的尺寸变化对相贯线的影响

相对位置 形状		两 立 体 尺 寸 变 化		
轴线正交	圆柱与圆柱相交	直立圆柱直径小于水平圆柱直径	两圆柱直径相等	直立圆柱直径大于水平柱直径
		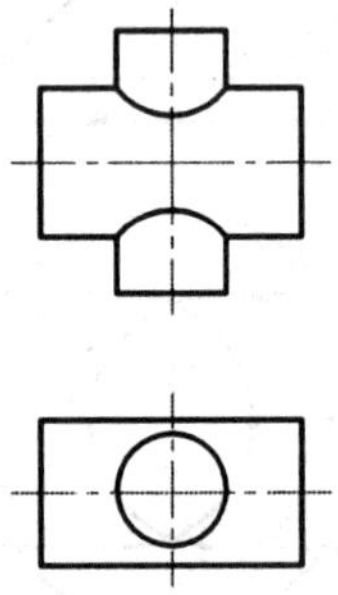	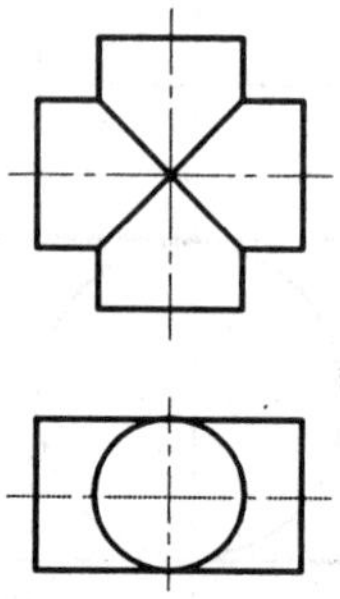	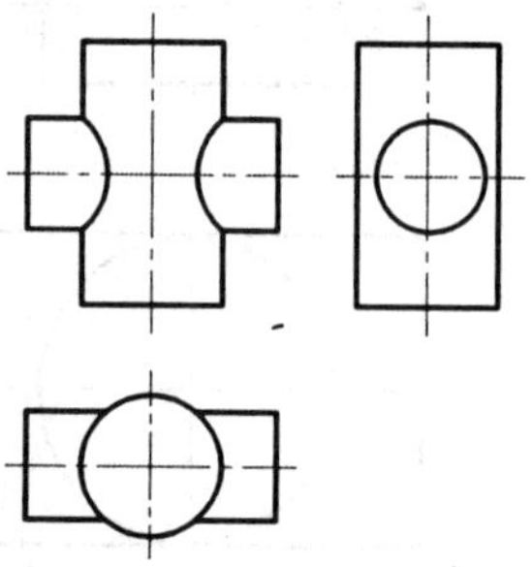
轴线正交	圆柱与圆锥相交	圆柱穿过圆锥	圆柱与圆锥均内切于一圆球	圆锥穿过圆柱
		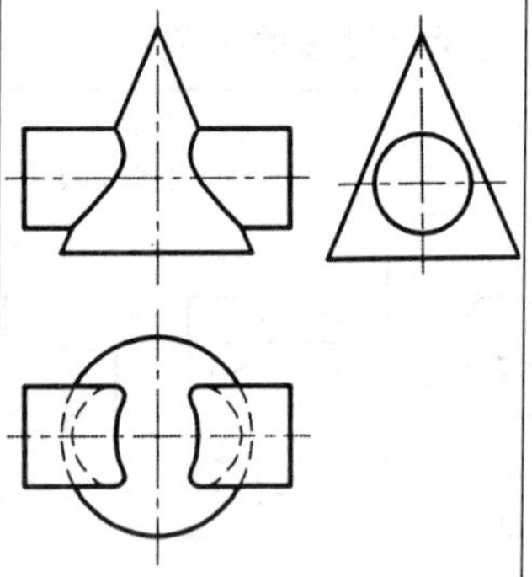	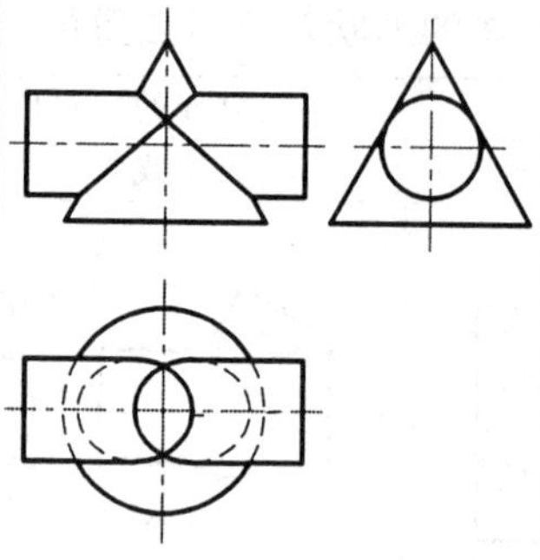	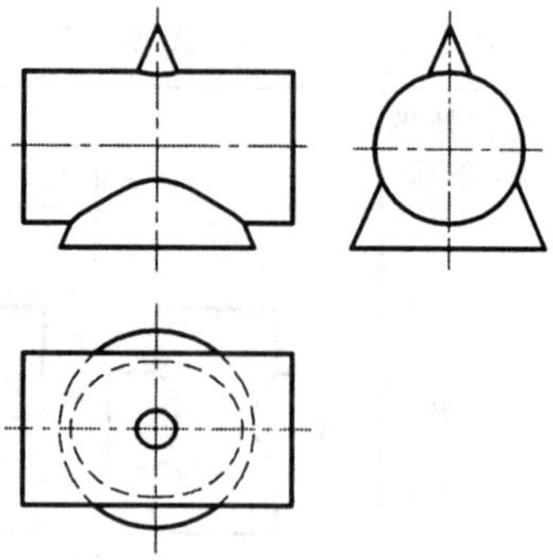

9.5　　多个立体相交

　　以上所述,皆为两个立体相交的情况。但在工程实际中,往往会遇到三个或三个以上立体彼此相交的情况。多个立体相交相贯线的求法,基本上和两个立体相交相贯线的求法相同,即:

　　(1) 进行形体分析,弄清楚它们形状、大小和相对位置关系;

　　(2) 判断哪些立体之间有相贯线,初步分析其相贯线的范围和趋势,并分别作出相贯线;

　　(3) 注意找出两条相贯线的交点(结合点)。

　　例 9 - 39　图 9 - 64 所示的相贯体是由多个立体相交而成,试求其相贯线。

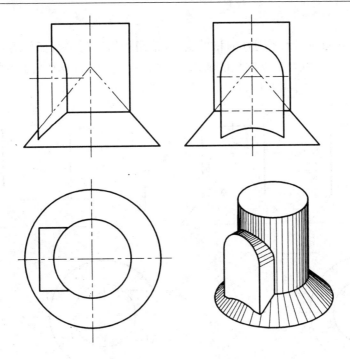

图 9-64　多个立体相交

分析　该相贯体表面交线是由一个圆柱、一个半圆柱、一个四棱柱和一个圆锥分别相交的交线构成的。若将它们分解成两两相交,其相贯线即可按上述的方法分别求得,如图 9-65 所示。然后将它们组合在一起,并画出实际存在的部分,即得该相贯体上相贯线的投影。

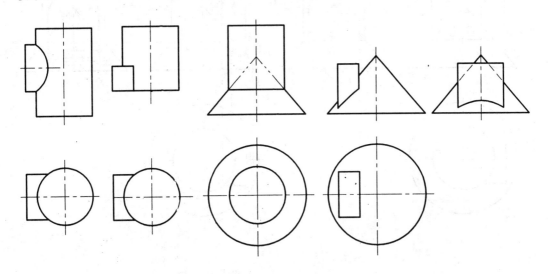

(a) 两圆柱相交　(b) 四棱柱与圆柱相交　(c) 圆柱与圆锥相交　(d) 四棱柱与圆锥相交

图 9-65　多个立体相交的分解图

作图

(1) 求直立圆柱与水平圆柱的相贯线：可采用投影面的平行面作为辅助面求相贯线的投影。因水平半圆柱与直立圆柱的轴线位于同一正平面内，故其相贯线的正面投影前后重影，为一段曲线。另外两个投影有重影性，如图 9-66(a) 所示。

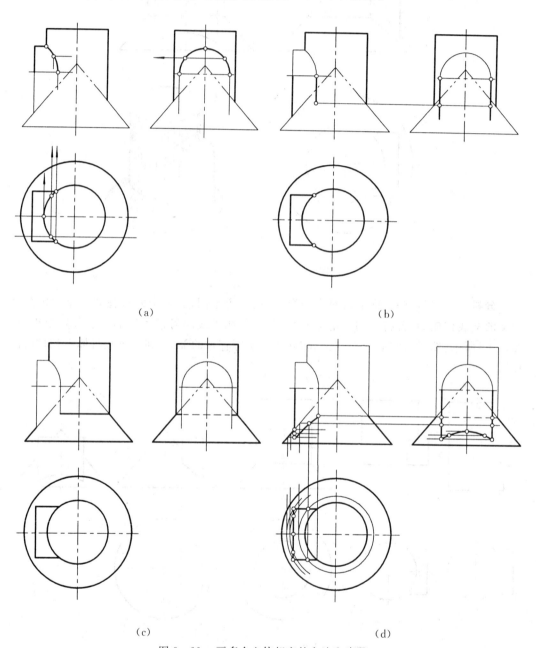

(a)　　　　　　　　　　　　　　　　(b)

(c)　　　　　　　　　　　　　　　　(d)

图 9-66　画多个立体相交的方法和步骤

(2) 求四棱柱与直立圆柱的相贯线：因四棱柱与直立圆柱相交的前后两个棱面与圆柱轴线平行，所以其相贯线为两条圆柱面上的素线，四棱柱前后对称，相贯线的正面投影重合为一条直线段,且上接水平半圆柱与直立圆柱交线的终点;下与直立圆柱和圆锥的交线相交,另外两个投影有重影性,如图 9-66(b) 所示。

(3) 求直立圆柱与圆锥的相贯线:因直立圆柱与圆锥相交属于同轴回转体相交,且轴线垂直 H 面,所以其交线为一水平圆。它的正面投影为一段直线,侧面投影为两段可见直线和一段不可见直线,如图 9-66(c) 所示。

(4) 求四棱柱与圆锥的相贯线:四棱柱的前、后棱面和左侧面均与圆锥相交,可采用圆锥表面取点或辅助水平面求得其交线。方法及步骤与 9.4.3 中的例 9-32 完全一致。其结果如图 9-66(d) 所示。

依次逐段地画出每两个立体的相贯线之后,就得到多个立体相交的相贯线(图 9-64(a))。

例 9-40　分析图 9-67 所示相贯体的形状及相贯线的投影。

分析

(1) 相贯体的形状:该相贯体由大、小两直立圆柱和一个水平圆柱组成。两直立圆柱是同轴的,水平圆柱和两直立圆柱的轴线相互正交。该相贯体前后、左右对称。

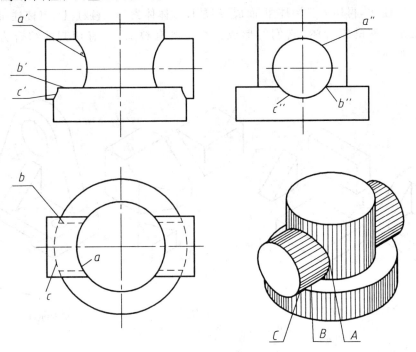

图 9-67　分析多个立体相交的相贯线

(2) 相贯线的投影:相贯线 A 是小直立圆柱与水平圆柱的交线。由图可知,因相贯体左右对称,故其交线为两条相同的空间曲线,其正面投影形状相同,弯曲方向相反,而水平投影重合在小直立圆柱的水平投影上,侧面投影重合在水平圆柱的侧面投影上。B 是大直立圆柱顶面分别截切水平圆柱的截交线,其形状为直线;其正面投影在大直立圆柱顶面的积聚性投影上,侧面投影积聚在大直立圆柱顶面的积聚性投影与水平圆柱面积聚性投影

的相交点处。C 为水平圆柱与大直立圆柱的交线，其形状也是左右相同的两空间曲线，其
正面投影的形状相同，弯曲方向相反，水平投影与大直立圆柱的投影重合，侧面投影与水
平圆柱的投影重合。

9.6　组合体视图的画法

9.6.1　组合体及其组合方式

工程形体，一般都可以看做是由棱柱、棱锥、圆柱、圆锥、球、环等基本体（几何体素）
组合而成。为了便于分析，按形体组合特点，将它们的组合方式分为叠加和切割两种基本
方式。叠加是指两基本体的表面叠合（互相重合）或相交；切割是指一个基本体被平面或
曲面截切，切割后表面会产生不同形状的截交线或相贯线。

图 9-68(a) 所示的组合体，由水平放置的长方体 Ⅰ 和竖直放置的长方体 Ⅱ，以及三
棱柱 Ⅲ 叠加而成，即是基本体素 Ⅰ、Ⅱ、Ⅲ 的并集。又如图 9-68(b) 所示的组合体由长方
体切去三棱柱 Ⅰ，再切去三棱柱 Ⅱ 而成，即是长方体体素与三棱柱 Ⅰ、三棱柱 Ⅱ 的差集。
至于稍复杂一些的组合体，它们的形成往往是既有叠加，又有切割的综合方式，如图
9-68(c) 所示。

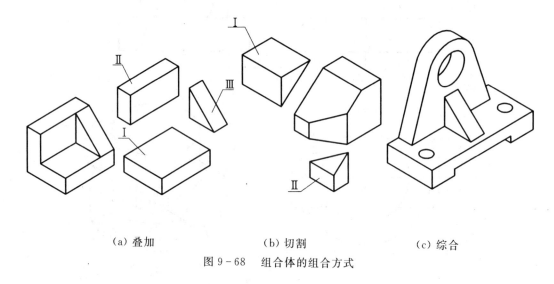

（a）叠加　　　　　　　　（b）切割　　　　　　　（c）综合
图 9-68　组合体的组合方式

必须指出，在许多情况下，叠加式和切割式并无严格的界线，同一物体既可按叠加方
式分析，也可按切割方式去理解，如图 9-68 (a) 所示形体，也可以认为是由长方体切割而
成。因此分析组合体的组合方式时，应根据具体情况以便于作图和易于理解进行分析。

9.6.2　形体之间的表面连接关系

如图 9-69 所示，基本形体之间的表面连接关系一般可分为相切、相交、平齐和不平齐
四种情况。

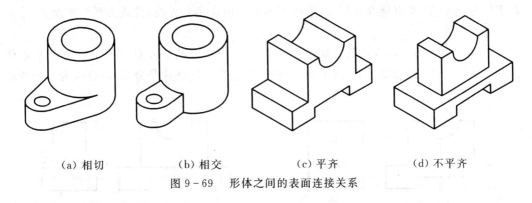

(a) 相切　　　　　　(b) 相交　　　　　　(c) 平齐　　　　　(d) 不平齐

图 9-69　形体之间的表面连接关系

　　由基本体形成组合体时,不同几何体上原来有些表面将由于互相结合或被切割而不复存在,有些表面将连成一个平面,有些表面发生相切或相交等情况。在画组合体视图时,必须注意这些表面关系,才能不多画线,不漏画线。在读图时,必须看懂基本体之间的表面连接关系,才能正确理解物体的形状。

　　1.相切

　　相切是指两个基本体的表面(平面与曲面或曲面与曲面)光滑过渡,不存在分界线。在视图中相切处不画线,如图9-70所示。画图时可先画出相切面有积聚性的那个视图(图9-70中的俯视图),从而定出直线和圆弧的切点,再根据切点的投影作出其他投影。

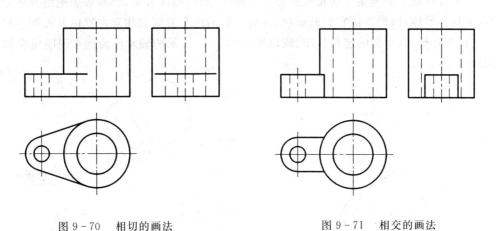

图 9-70　相切的画法　　　　　　　　　　图 9-71　相交的画法

　　2.相交

　　相交是指两个基本体彼此相交时表面产生交线(截交线或相贯线),表面交线是它们的分界线。在视图中相交处应该画出分界线,如图 9-71 所示。

　　3.平齐

　　平齐是指两基本体某方向的两个表面处于同一平面内,.不存在分界线。在视图中平齐处不画线,如图 9-72 所示两叠加形体的前表面和后表面都分别处于同一平面内。

　　必须指出,分析组合体的组合方式及基本形体之间的表面连接关系,是为了便于画图和读图的一种思考方法,整个组合体仍是一个不可分割的整体。因此,图9-72所示形体前后表面分别平齐,不可能有分界线。若主视图多画出这条分界线,就成为两个平面了。

4. 不平齐

不平齐是指两个基本体除叠加处表面重合外,没有公共的表面。在视图中两个基本体之间应画出分界线,如图9-73所示的主视图。若主视图漏画这条分界线,就成为一个连续平面了。

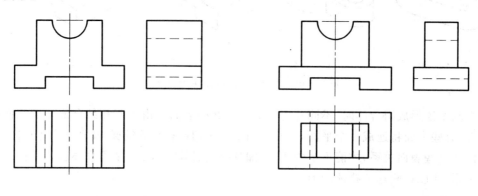

图 9-72　平齐的画法　　　　　　图 9-73　不平齐的画法

9.6.3　画法

画组合体视图的基本方法是应用形体分析法。所谓形体分析,就是假想把组合体分解为若干基本形体,以便弄清它们的形状,分析它们的组合方式和相对位置以及表面连接关系,从而有分析、有步骤的进行作图。现以图9-74(a)所示的轴承座为例来说明组合体视图的画法。

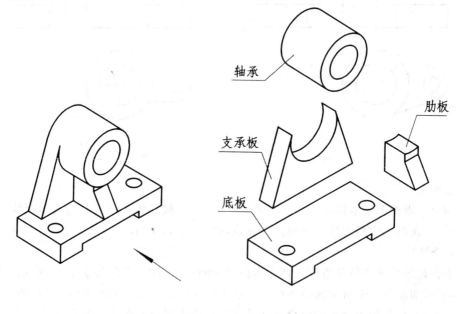

（a）立体图　　　　　　　　（b）形体分析

图 9-74　轴承座

1. 形体分析

轴承座是用来支承轴的。应用形体分析法可以把它们分解成四个基本体,如图 9 - 74(b)所示,一个与轴配合的水平空心圆柱体,用来支承的支承板和肋板以及安装用的底板。底板、支承板、肋板分别是不同形状的平板。底板的顶面与支承板、肋板的底面互相叠加,支承板与轴承的外圆柱面相切,轴承、支承板和底板的后端面平齐,而前端面不平齐。

2. 视图选择

画组合体视图时,一般应使其处于自然安放位置,然后将由前、后、左、右四个方向投影所得的视图进行比较,图 9 - 74(a)中箭头所示方向为前方,尽量选择反映组合体形状特征的视图作为主视图。图 9 - 74(a)中箭头所示方向所得视图比其他方向更能反映轴承座各部分的形状和相互关系,可作为主视图。

主视图确定以后,俯视图和左视图也就跟着确定了。俯视图主要表达底板的形状和安装孔的位置,而左视图表达了肋板的形状和相对位置,因此选择三个视图是必要的。

3. 布置视图

视图选定后,首先要根据实物的大小选择适当的比例,按图纸幅面布置视图的位置,即应先画出各视图的定位基准线、对称线以及主要形体的轴线和中心线。

如图 9 - 75(a)所示轴承座的布置图中,画出了轴承座的底面、后端面的基准线,左右对称面的对称线、轴承的轴线和中心线。三视图的布置要匀称、美观,不要偏向一方或挤在一起,视图之间应留出足够的距离,以备标注尺寸。

4. 画底稿

按形体分析法分解各基本体以及确定它们之间的相对位置,用细线逐个画出各基本体的视图。

画图时必须注意:

(1) 画图顺序应先画主要形体,后画次要形体;先画大形体,后画小形体;先画整体形状,后画细节形状。如图 9 - 75(b) ～ (e)所示先画轴承、底板;后画支承板、肋板。

(2) 对每一个基本形体,应从具有形状特征的视图画起,而且要同时画出三个视图,以提高绘图速度和保证投影关系。

(3) 要正确保持各形体之间的相对位置。例如轴承座各形体在长度方向有公共的对称面;轴承、支承板、底板后端面共平面;在高度方向上,轴承在上,支承板和肋板居中,底板在下,为上、中、下叠加。

(4) 各形体之间的表面连接关系要表示正确,符合前面的形体分析。还应注意在左视图上轴承与肋板相交处的投影只有前面一小段外形轮廓线(图 9 - 75(e)),因为轴承与肋板及支承板在这里融合成一个整体。

5. 画各形体细节,检查、加深

最后画各形体的细节形状,如图 9 - 75(f)中画出了底板的圆柱孔和通槽。逐个完成各形体的底稿后,应按组合体是一个不可分割的整体仔细检查,修正错误,擦去多余图线,按规定线型加深,如图 9 - 75(f)所示。

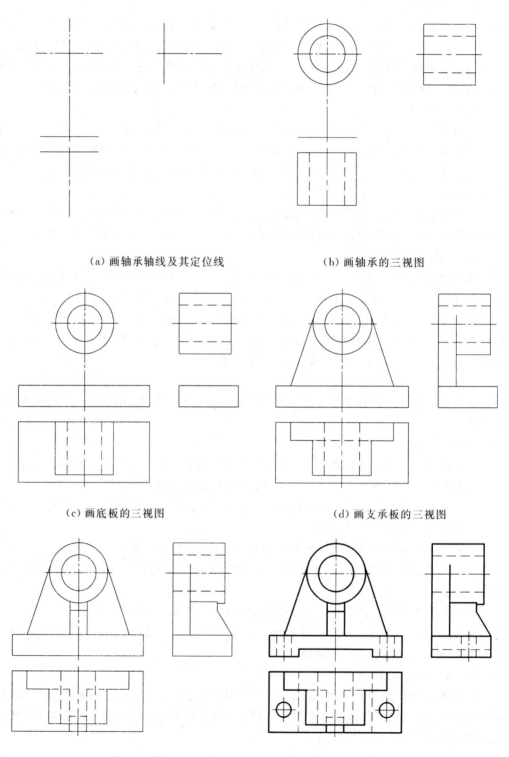

(a) 画轴承轴线及其定位线　　　　　　(b) 画轴承的三视图

(c) 画底板的三视图　　　　　　　　　(d) 画支承板的三视图

(e) 画肋板的三视图　　　　　　(f) 画底板圆柱孔及通槽,检查、加深

图 9 - 75　　轴承座的作图过程

9.7　组合体视图的尺寸标注

视图只能表达组合体的形状,而组合体各部分形体的真实大小及其相对位置,则要通过标注尺寸来确定。因此,标注组合体的尺寸时应该做到正确、完整、清晰。所谓正确是指要符合国家标准的规定(参见第 1 章);完整是指尺寸必须注写齐全,不遗漏,不重复;清晰是指尺寸的布局要整齐清晰,便于读图。本节将在第 1 章标注平面图形尺寸的基础上,主要学习基本形体的尺寸标注和如何使组合体的尺寸标注达到完整和清晰。

从形体分析角度看,组合体都是由基本体叠加、切割而成。因此,应先分析基本体的尺寸标注,然后再讨论组合体的尺寸标注。

9.7.1　基本体的尺寸标注

长方体、棱柱、棱锥、圆柱、圆锥、球等都是常见的基本体。图 9-76 表示了这些基本体的尺寸注法。在标注基本体的尺寸时,要注意定出长、宽、高三个方向的尺寸。如长方体必需标注长、宽、高三个尺寸;正六棱柱应该注高度及正六边形对边距离(或对角距离);四棱台应标注上、下底面的长、宽及高度尺寸;圆柱体应标注直径及轴向长度;圆锥台应该标注两底圆直径及轴向长度;球只需标注一个直径。圆柱、圆锥、球等回转体标注尺寸后,还可以减少视图的数量。

当基本形体被切割、开槽后,除标注出基本形体的尺寸外,还应在反映切割最明显的视图上标注截平面的位置尺寸,如图 9-77 所示。注意不要在截交线上标注尺寸,因为根据截平面的位置尺寸,截交线便自然形成。

9.7.2　组合体的尺寸标注

1. 标注尺寸要完整

形体分析是标注组合体尺寸的基本方法。要达到完整的标注尺寸,应首先按形体分析法将组合体分解为若干基本形体,再按前述注出表示各基本体的大小尺寸以及形体间的相互位置尺寸。因此,组合体应注全如下三种尺寸:

(1) 定形尺寸 —— 决定组合体各基本体形状及大小的尺寸。

(2) 定位尺寸 —— 决定基本体在组合体中相互位置的尺寸。

(3) 总体尺寸 —— 组合体外形的总长、总宽、总高尺寸。

标注定位尺寸时,必须在长、宽、高方向上分别确定一个尺寸基准。标注尺寸的起点,称为尺寸基准。通常组合体的底面、重要端面、对称平面以及回转体的轴线等可作为尺寸基准。现以轴承座为例,说明注全组合体尺寸的过程,如图 9-78 所示。

这里必须注意定位尺寸和总体尺寸的标注,不要出现多余或重复尺寸。下列情况之一,不必单独标注定位尺寸。

(1) 两形体(或若干个形体)有公共的对称面,此时形体之间在垂直于对称面方向的定位尺寸为零,如图 9-78 所示轴承座因左右对称,不标注长度方向的定位尺寸,但要标注底板上两个安装孔轴线在长度方向的定位尺寸 70。

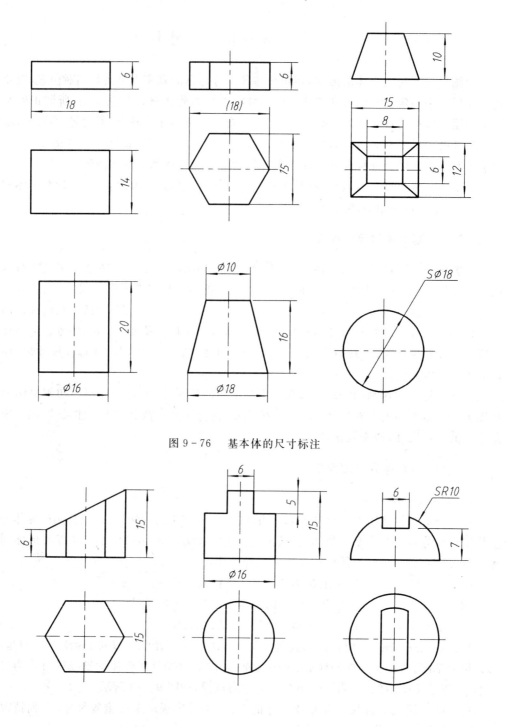

图 9 - 76　　基本体的尺寸标注

图 9 - 77　　基本体被切割、开槽的尺寸标注

（2）形体某方向对齐，该方向的定位尺寸为零。如轴承、支承板、底板的后端面平齐，不标注宽度方向的定位尺寸，但要标注肋板的定位尺寸 12 和底板上两安装孔轴线在宽度

方向的定位尺寸 25。

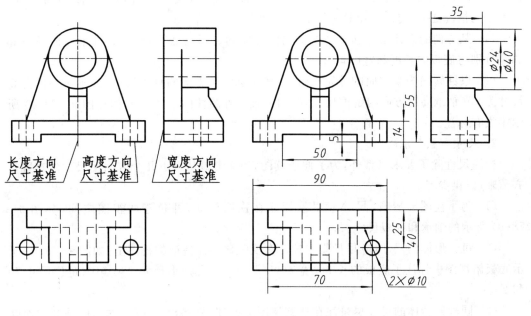

(a) 确定尺寸基准 　　　　　　(b) 标注轴承和底板的尺寸

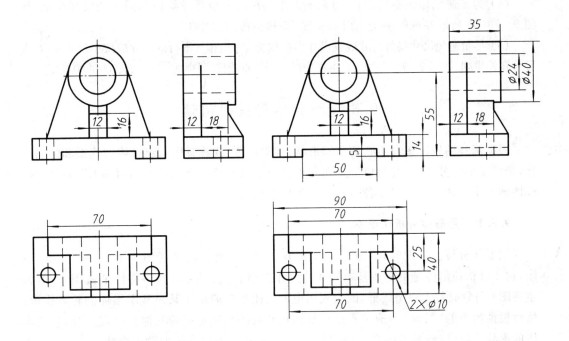

(c) 标注支承板、肋板尺寸 　　　(d) 考虑总体尺寸，全面检查，使尺寸布置清晰

图 9 - 78 　标注轴承座的尺寸

　　（3）形体之间某方向的定位尺寸和某个形体的定形尺寸重合时，如轴承座肋板的定位尺寸 12 和支承板的宽度尺寸重合，再标注肋板宽度方向定位尺寸，就会出现重复尺寸。

　　下列情况之一，可以不单独标注总体尺寸。

　　（1）某方向的总体尺寸和某个形体的同方向的定形尺寸重合时，如轴承座的总长和总宽分别与底板的长度和宽度重合。

　　（2）以回转面为某方向的外轮廓时，一般不标注该方向的总体尺寸，如轴承座的总高尺寸为 75（轴承高度方向的定位尺寸 55 加上轴承外圆柱面半径 20），但在图 9-78(d) 所示中没有标注。

　　2. 尺寸布置要清晰

　　标注尺寸除了要求完整外，为了便于读图，还应考虑从以下几个方面使尺寸的布置整齐清晰，以供参考。

　　（1）为了使图形清晰，尺寸应尽量标注在视图外面，并位于两视图之间，如图 9-78(d) 所示的轴承和底板尺寸。

　　（2）每一形体的尺寸，应尽量集中标注在反映该形体特征的视图上。如图 9-78(d) 所示底板俯视图中标注了底板的长 90、宽 40 和两个安装孔定形尺寸 2×Φ10、定位尺寸 70 和 25。

　　（3）同轴回转体的尺寸尽量注在非圆视图上。如图 9-78(d) 所示轴承内外圆柱面的 Φ24 和 Φ40 均标注在左视图，使尺寸标注显得较为整齐。

　　（4）为了避免标注零乱，同一方向的几个连续尺寸应尽量标注在同一条尺寸线上。如图 9-78(d) 所示左视图中支承板的宽度 12 和肋板的尺寸 18。

　　（5）尽量避免尺寸线与尺寸线或尺寸界线相交。一组相互平行的尺寸应按小尺寸在内、大尺寸在外排列。如图 9-78(d) 所示，主视中的 14 和 55，俯视图中的 25 和 40、70 和 90 等。

9.8　组合体视图的阅读

　　根据形体的视图想像出它的空间形状，称为读图（或称看图）。组合体的读图和画图一样，仍然是形体分析法，有时也用线面分析法。要正确、迅速地读懂组合体视图，必须掌握读图的基本方法，通过不断实践，培养空间想像能力。

9.8.1　用形体分析法读图

　　用形体分析法读图时，一般是从反映组合体形状特征的主视图入手，对照其他的视图，初步分析该形体是由哪些基本体和通过什么组合方式形成的。再将特征视图（一般为主视图）划分成若干封闭线框，因为视图上的封闭线框表示了某一基本形体的轮廓投影。然后根据投影的"三等"对应关系逐个找出这些封闭线框对应的其他投影，想像出各基本体的形状。最后按各基本体之间的相对位置，综合想像出组合体的整体形状。

　　在学习读图时，常采用给出两个视图，在想像出该形体空间形状的基础上，补画出第三视图，这是提高读图能力的一种重要学习手段。

例 9 - 41　由支座的主、俯视图，想像出其整体形状，并补画左视图(图 9 - 79(a))。

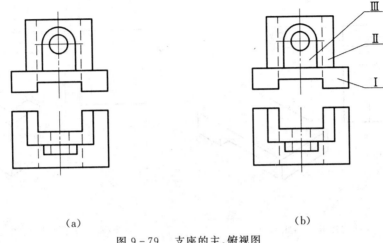

(a)　　　　　　　　　　　　　　　　　(b)

图 9 - 79　支座的主、俯视图

分析与作图

(1) 分析视图划线框：从反映支座形状特征的主视图着手，联系支座的俯视图，大致了解到视图上的封闭线框多为矩形、圆和半圆，从立体的投影规律可知，该组合体基本上是由棱柱和圆柱之类的形体组成，形体左右对称，上下叠加。将主视图的图线划分为图 9 - 79(b) 所示的三个封闭的实线框，看做组成支座的三个部分，Ⅰ 是倒凹字型线框，Ⅱ 是矩形线框，Ⅲ 是有半圆的线框。

(2) 对照投影想形体：在主视图上分离出封闭线框 Ⅰ，根据"长对正"对应关系对投影，在俯视图上找到相应的投影，可以看出它是一个下部带通槽的长方形底板，即可画出底板的左视图(图 9 - 80(a))。

如图 9 - 80(b) 所示，在主视图上分离出上部的矩形线框 Ⅱ，对照俯视图，它是一个长方形竖板，后部有一个穿通底板的开槽，由此可画出这个竖板的左视图。因为该开槽的左右侧面与底板下部开槽的左右侧面平齐，因此在左视图上底板靠后靠下处应去掉两小段虚线。

如图 9 - 80(c) 所示，在主视图上分离出上部的半圆形线框 Ⅲ，对照俯视图可知，它是一个在竖板前方，轴线垂直于正面的半圆柱凸块，中间有穿通竖板的圆柱孔，由此画出它的左视图。

(3) 综合起来想整体：支座各形体的相对位置，已在图 9 - 79 中表示的很清楚，竖板 Ⅱ 和凸块 Ⅲ 在底板 Ⅰ 的上面，竖板与底板的后端面平齐，凸块在竖板的前方，整个形体左、右对称。在想像出支座各组成部分的形状后，再根据它们之间的相对位置，可逐步形成支座的整体形状，如图 9 - 80(d) 所示右下角的立体图。按支座的整体形状检查底稿，加深图线，补出左视图后的三视图如图 9 - 80(d) 所示。

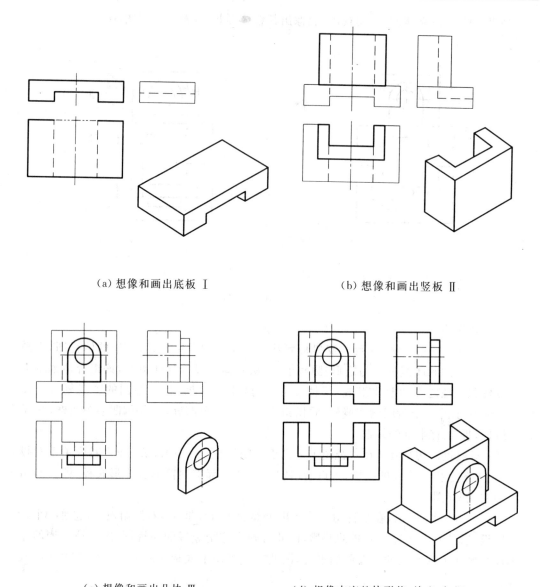

　　　　（a）想像和画出底板 Ⅰ　　　　　　　　　　　（b）想像和画出竖板 Ⅱ

　　　　（c）想像和画出凸块 Ⅲ　　　　　　　　　（d）想像支座整体形状，检查、加深

图 9-80　想像支座的形状和补画左视图

9.8.2　用线面分析法读图

　　在一般情况下，对形体清晰的组合体，用上述形体分析法就可以解决读图问题。对有些局部较为复杂的组合体，完全用形体分析法还不够，有时候需应用线面分析法来帮助想像和读懂这些局部的形状。

　　根据线面的投影规律，视图中的一条线（直线、曲线），可能是投影面垂直面有积聚性的投影，也可能是两平面交线的投影，或者是曲面转向轮廓素线的投影三种情况；视图中的一个封闭线框可能表示一平面的投影，也可能表示一曲面的投影两种情况。利用上述规律去分析组合体的表面性质、形状和相对位置的方法,称为线面分析法。

组合体视图的读图应以形体分析法为主,线面分析法为辅。线面分析主要是用来解决读图中的难点,如切口、凹槽等。

例 9 - 42 已知压块的主、左视图,补画出其俯视图(图 9 - 81(a))。

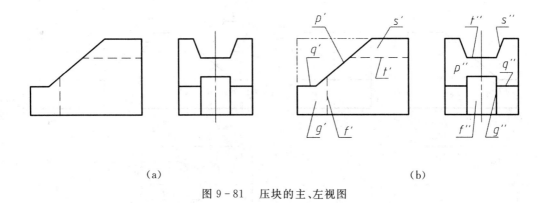

（a）　　　　　　　　　　　　　　　（b）

图 9 - 81　压块的主、左视图

分析与作图

(1) 形体分析:

分析整体形状:由于压块的两个视图的轮廓基本上都是矩形(图 9-81(b)),所以它的基本形体是一个长方体,由左视图可知,压块前后对称。

分析细节形状:主视图的矩形左上方缺一部分,说明长方体左上角切割掉这一块,左视图的矩形正上方缺一梯形,说明长方体的右上方切割掉了一梯形块,左视图正下方有一小矩形,其高度与主视图左下方的虚线对应,说明长方体左下方又被切割掉一块。

通过以上分析,已经大致了解了这个形体由长方体切割而成。究竟被什么样的平面截切?切割以后的投影为什么会成为这个样子,还需要进一步进行线面分析。

(2) 线面分析:这里仅分析与截切有关的 P、Q、S、T、G、F 这六个平面(图 9 - 81(b))。

为了正确、迅速地作图,应该边分析边作图。在分析过程中逐步画出压块的俯视图,具体作图步骤如图 9 - 82 所示。

1) 从左视图的大致为凹字型的线框 p'' 看起,它是一个 12 边形,在主视图中找到它的对应投影。由于在主视图中没有与它等高的凹字形线框,所以 P 平面的正面投影只能是积聚成斜线的 p'。因此,P 是正垂面。平面 P 对 W 面和 H 面都是处于倾斜位置,所以它的水平投影 p 与侧面投影 p'' 相仿(图 9-82(c))。

2) 主视图 q' 是一段水平线,在左视图中与它对应的投影也是一段水平线 q''。因此,Q 是水平面,形状为矩形。它的水平投影 q 反映 Q 平面的实形。长方体左上方缺一块,就是由 P、Q 这样两个平面切割而成(图 9-82(a))。

3) 从主视图右上方的梯形线框(包括虚线)s' 看起,在左视图中找到它的对应投影。由于在左视图没有与它等高的梯形线框,所以 S 的侧面投影只能是积聚成斜线的 s''。因此,S 是侧垂面。它的水平投影 s 与 s' 相仿(图 9-82(b))。

4) 主视图右上方的 t' 是一段水平虚线,在左视图中与它对应的投影是一段水平实线

t''。因此，T 是水平面，形状为矩形。因而它的水平投影 t 反映 T 平面的实形。

长方体左上方在上面被切割之后，右上方又被前后对称的两个侧垂面 S 和水平面 T 切掉一梯形块。在这里，因为 S、T 都与 P 相交，因此 P 平面也被切去一梯形，变成了凹字形（图 9 - 82(b)）。

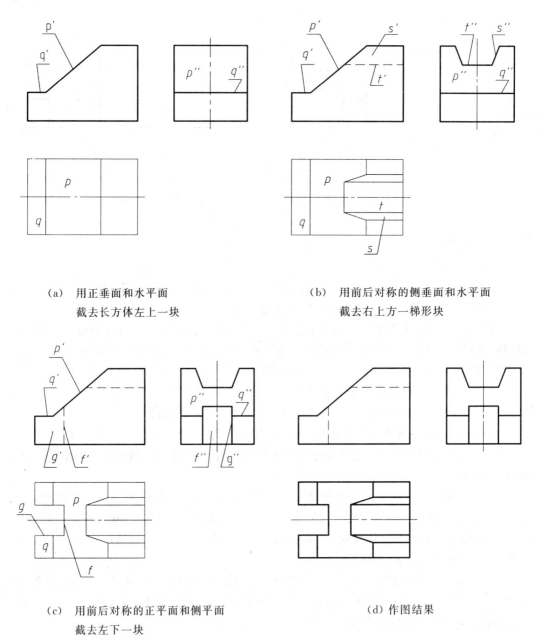

（a）　用正垂面和水平面　　　　　　　　　　（b）　用前后对称的侧垂面和水平面
　　　截去长方体左上一块　　　　　　　　　　　　　截去右上方一梯形块

（c）　用前后对称的正平面和侧平面　　　　　　　（d）作图结果
　　　截去左下一块

图 9 - 82　补画压块俯视图作图步骤

5) 从主视图左下方的五边形线框（包括虚线）g' 看起，在左视图中找到它的对应投影。由于在左视图中没有与它等高的五边形线框，所以 G 平面的侧面投影只能是积聚成竖

直线的 g''。因此，G 是正平面。它的水平投影 g 也积聚成一直线段（图 9-82(c)），g 平行于 OX 轴。

6) 从左视图的矩形线 f'' 看起，在主视图中找到它的对应投影。由于在主视图中没有与它等高的矩形线框，所以 F 平面的正面投影只能是积聚成竖直线（虚线）的 f'，f' 平行于 OZ 轴。因此，F 是侧平面，它的水平投影 f 是平行于 OY_H 的直线段。

长方体在上面的两次切割之后，其左下方又被前后对称的两个正平面 G 和侧平面 F 切掉一部分。在这里，G，F 都与 P 相交，因此，P 平面又被切去一部分，变成了 12 边形（图 9-82(c)）。

通过以上形体、线面分析，补画出了压块的俯视图，就可以清楚地想像出压块的整体形状（图 9-83）。补出压块俯视图后的三视图如图 9-82(d) 所示。

对于初学制图者来说，读图是一项比较困难的工作，但只要我们应用上述方法去进行分析，一定会提高读图能力。

图 9-84 所示是一个读图和尺寸标注结合的例题。由该形体的主视图和俯视图，想像它的整体形状，补画左视图，并标注尺寸。该形体形状特征明显，具体作图过程如图 9-85 所示，请读者自己分析。

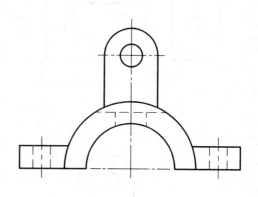

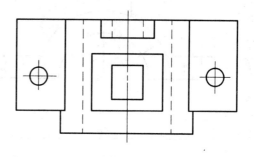

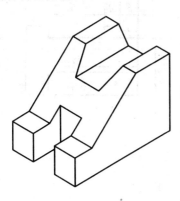

图 9-83　压块立体图　　　　　　　　　　图 9-84　形体的主、俯视图

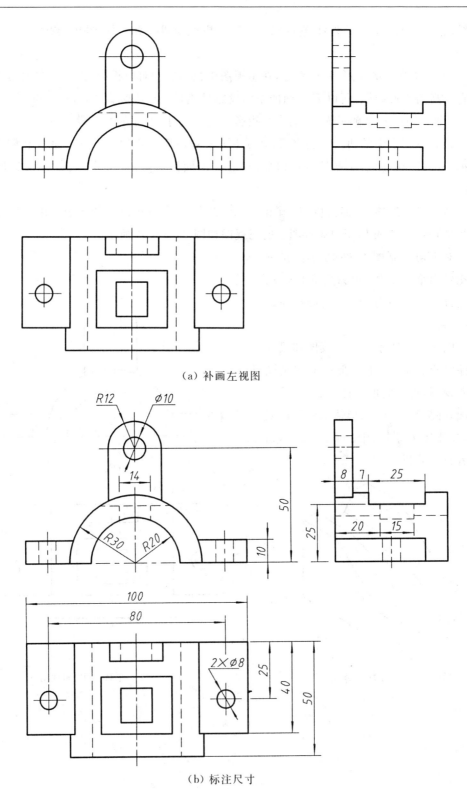

（a）补画左视图

（b）标注尺寸

图 9 - 85　补画形体左视图和标注尺寸

第 10 章　轴 测 投 影

10.1　基 本 知 识

上一章所讲述的组合体的视图是物体在相互垂直的两个或三个投影面上的多面正投影。多面正投影图的优点是能够正确、完整、准确地表示物体的形状和大小,而且作图简便,度量性好,所以在工程实践中得到广泛应用,但缺乏立体感。轴测图是一种能同时反映出物体长、宽、高三个方向尺度的单面投影图,这种图形富有立体感,直观性好,并可沿坐标轴方向按比例进行度量,但作图较繁,因此在工程中常被用做辅助图样。

10.1.1　轴测图的形成

轴测图是将物体连同其参考直角坐标系,沿不平行于任一坐标面的方向,用平行投影法将其投射在单一投影面上所得到的具有立体感的图形。如图 10 - 1 所示,P 平面称为轴测投影面,S 称为轴测投射方向,直角坐标轴 OX、OY 及 OZ 的轴测投影 O_1X_1、O_1Y_1、O_1Z_1 称为轴测轴。

10.1.2　轴间角和轴向伸缩系数

1. 轴间角

如图 10 - 1 所示,轴测轴之间的夹角 $\angle X_1O_1Y_1$、$\angle Y_1O_1Z_1$、$\angle Z_1O_1X_1$ 称为轴间角,其中任何一个不能为零,三轴间角之和为 $360°$。

2. 轴向伸缩系数

如图 10 - 1 所示,轴测轴上的单位长度与相应投影轴上的单位长度之比称为轴向伸缩系数。p_1、q_1、r_1 分别称为 OX 轴、OY 轴、OZ 轴上的伸缩系数。

$$p_1 = O_1A_1/OA；q_1 = O_1B_1/OB；r_1 = O_1C_1/OC$$

依投射线与投影面的关系,轴测投影可分两种:用正投影法得到的轴测投影叫正轴测投影;用斜投影法得到的轴测投影叫斜轴测投影。

本章将重点介绍正轴测投影中的正等轴测投影(正等轴测图)和斜轴测投影中的斜二等轴测投影(斜二轴测图)的画法。

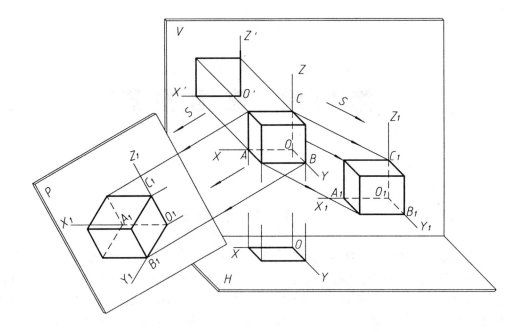

图 10-1　轴测图的形成

10.2　正等轴测投影

10.2.1　基本概念

按照三个轴向伸缩系数的异同,正轴测投影分为三种:

(1) 三个轴向伸缩系数均相同的正轴测投影称为正等轴测投影;

(2) 两个轴向伸缩系数相同的正轴测投影称为正二轴测投影;

(3) 三个轴向伸缩系数均不同的正轴测投影称为正三轴测投影。

如图 10-2 所示,正等轴测投影的三个轴间角均为 $120°$,且 O_1Z_1 与水平方向垂直。

正等轴测投影的轴向伸缩系数相等,$p_1 = q_1 = r_1 = 0.82$。为了作图方便,通常采用简化的伸缩系数,即 $p = q = r = 1$。作图时沿轴向按实长量取,这样画出的轴测投影沿各轴向的长度均放大到原长的 1.22 倍。

10.2.2　作图方法

画轴测投影时,首先对物体进行形体分析,在视图中选定直角坐标系,确定坐标轴,按轴测轴方向及轴向伸缩系数作出形体上各点及主要轮廓线的轴测投影,最后将形体上各点的轴测投影作相应的连线,即得形体的轴测投影。

画图时应先画形体上主要表面,后画次要表面;先画顶面,后画底面;先画前面,后画后面;先画左面,后画右面。这样可以避免多画不必要的图线。

画轴测投影的基本方法是坐标法。但在实际作图时,还应根据形体的形状特点而灵活采用其他作图方法。下面举例说明不同形状特点的平面立体的轴测投影作图方法。

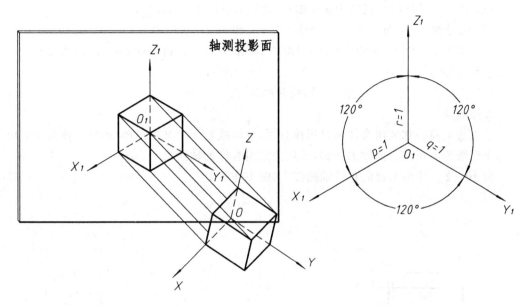

图 10 - 2 正等轴测图

1. 坐标法

坐标法是根据形体表面上各顶点的空间坐标,画出它们的轴测投影,然后依次连接各顶点的轴测投影,即得形体的轴测投影。

例 10 - 1 作正六棱柱的正等轴测投影(图 10 - 3)。

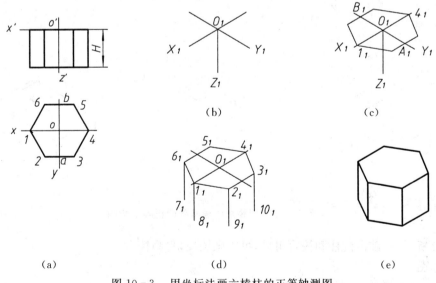

图 10 - 3 用坐标法画六棱柱的正等轴测图

分析 如图 10 - 3 所示,正六棱柱的顶面和底面都是处于水平位置的正六边形,因此

取顶面的中心 O 为原点。

作图

(1) 在正六棱柱的两视图中选定原点和坐标轴(图 10 - 3(a));

(2) 画轴测轴,分别在 X_1、Y_1 上量取 1_1、4_1 和 A_1、B_1(图 10 - 3(b));

(3) 过 A_1、B_1 作 X_1 轴的平行线,量取 2_1、3_1、5_1、6_1,连线得顶面轴测投影;由点 6_1、1_1、2_1、3_1 沿 Z_1 轴量取 H,得 7_1、8_1、9_1、10_1(图 10 - 3(d));

(4) 连接 7_1、8_1、9_1、10_1,擦去作图线并加深(图 10 - 3(e))。

2. 叠加法

叠加法是将叠加式组合体通过形体分析,分解成若干个基本形体,再依次按其相对位置逐个地画出各个部分的轴测投影,最后完成组合体的轴测投影。

例 10 - 2　作出基础的正等轴测投影(图 10 - 4)。

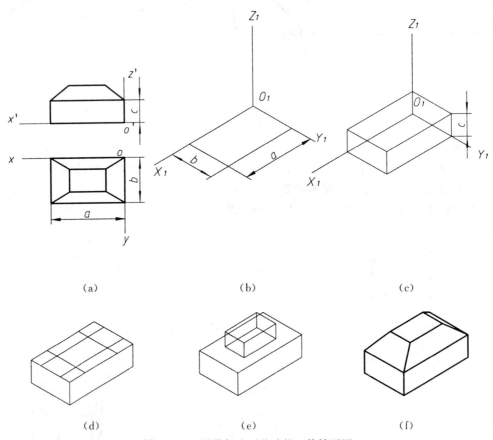

(a)　　　　　　　　　　(b)　　　　　　　　　　(c)

(d)　　　　　　　　　　(e)　　　　　　　　　　(f)

图 10 - 4　用叠加法画基础的正等轴测图

分析　基础由棱柱和棱台组成,可先画棱柱,再画棱台。

作图

(1) 在投影图中选定坐标系(图 10 - 4(a));

(2) 画轴测轴(图 10 - 4(b));根据棱柱的尺寸(长方体)a、b、c 作出棱柱的正等轴测图

(图 10 – 4(c))；

　　(3) 在棱柱顶面上作棱台上底的水平投影(图 10 – 4(d))；

　　(4) 根据棱台的高度画出棱台上底(图 10 – 4(e))；

　　(5) 连接棱台侧棱,擦去多余图线,加深(图 10 – 4(f))。

　　3. 切割法

　　有些形体是由基本形体切割若干部分得到的。画这种形体的轴测投影,应以坐标法为基础,先画出基本形体的轴测投影,然后按形体分析的方法切去应该去掉的部分,从而得到所需的轴测投影,这种方法称为切割法。

　　例 10 – 3　作垫块的正等轴测图(图 10 – 5)。

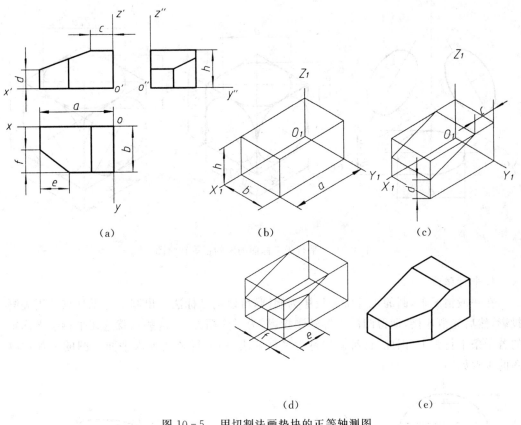

(a)　　　　　　　　　　(b)　　　　　　　　　　(c)

(d)　　　　　　　　　(e)

图 10 – 5　用切割法画垫块的正等轴测图

　　分析　可以把垫块看成一个长方体,先用正垂面切去左上角,再用铅垂面切去左前角。

　　作图

　　(1) 在正投影图中选择确定直角坐标系(图 10 – 5(a))；

　　(2) 画轴测轴:按尺寸 a,b,h 画出尚未切割时的长方体的正等轴测图(图 10 – 5(b))；

　　(3) 根据三视图中尺寸 c 和 d,画出长方体左上角被正垂面切割掉的一个三棱柱后的正等轴测图(图 10 – 5(c))；

（4）根据三视图中尺寸 e 和 f，画出左前角被一个铅垂面切割掉的三棱柱后的垫块的正等轴测图（图 10-5(d)）；

（5）擦去多余作图线并加深（图 10-5(e)）。

10.2.3 圆的正等轴测图画法

在正等轴测图中，平行于各坐标面的圆的轴测投影都是椭圆。如图 10-6 所示，直径为 d 的圆，不论它平行于哪个坐标面，其投影椭圆的形状和大小都一样，只是长短轴方向不同而已。椭圆长轴方向与该坐标平面相垂直的坐标轴的轴测轴垂直，短轴则平行于这条轴测轴。

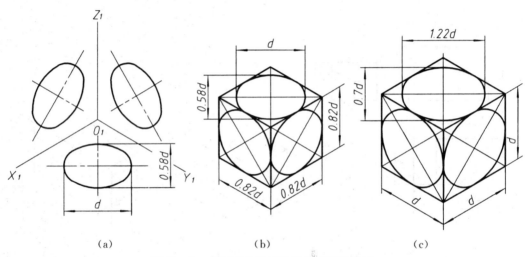

图 10-6 平行于坐标面的圆的正等轴测图

1. 平行弦法

在一般情况下，圆的正等轴测投影为椭圆，可以用坐标法作出圆上一系列点的正等测投影，然后光滑连接，即得圆的正等轴测投影。为了作图方便，这些点就选在平行于坐标轴的若干条平行弦上，因此，这种画法称为平行弦法。用平行弦法画水平面上圆的正等轴测图的步骤如图 10-7 所示。

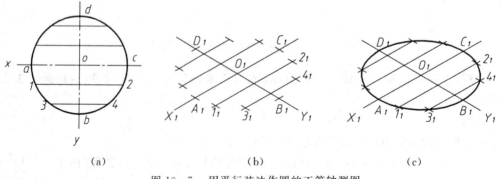

图 10-7 用平行弦法作圆的正等轴测图

（1）画出轴测轴 X_1、Y_1，并在其上按圆的半径定出 A_1、B_1、C_1、D_1 四点（图 10-7(b)）；

（2）作出椭圆上不在轴测轴上各点（图 10-7(a)），作一系列平行于 OX 轴的平行弦，然后按其坐标，相应地作出这些平行弦的轴测投影（图 10-7(b)）；

（3）依次光滑连接各点，即得椭圆（图 10-7(c)）。

2. 近似画法

为了作图简便，通常采用菱形法近似画椭圆。用菱形法画椭圆时，首先根据该圆所平行的坐标面确定长短轴的方向，然后按圆的直径作出椭圆的外切菱形并确定四段圆弧的圆心和半径，最后画出四段圆弧并使其光滑连接，即得近似椭圆。

图 10-8 所示为平行于 XOY 坐标面的圆。可把圆看成是四边平行于坐标轴的正方形的内切圆，而正方形的轴测图是菱形，其内切圆则为椭圆。椭圆近似画法的作图步骤如下：

（1）过圆心 o 作坐标轴和圆的外切正方形，切点为 a、b、c、d（图 10-8(a)）；

（2）画轴测轴和切点 A_1、B_1、C_1、D_1，过 A_1、C_1 作 Y_1 轴的平行线，过 B_1、D_1 作 X_1 轴的平行线，即得菱形 $E_1F_1G_1H_1$，并连接菱形对角线 E_1G_1、F_1H_1（图 10-8(b)）；

（3）连接 F_1D_1、F_1C_1 与 E_1G_1 交于 1_1、2_1，则 F_1、H_1、1_1、2_1 为四个圆心（图 10-8(c)）；

（4）分别以 F_1、H_1 为圆心，以 F_1D_1（F_1C_1、H_1A_1、H_1B_1）为半径，画大圆弧 $\overset{\frown}{D_1C_1}$ 和 $\overset{\frown}{A_1B_1}$（图 10-8(d)）；

（5）分别以 1_1、2_1 为圆心，以 1_1A_1（1_1D_1、2_1B_1、2_1C_1）为半径画小圆弧 $\overset{\frown}{A_1D_1}$ 和 $\overset{\frown}{B_1C_1}$（图 10-8(e)）；

（6）加深并完成作图（图 10-8(f)）。

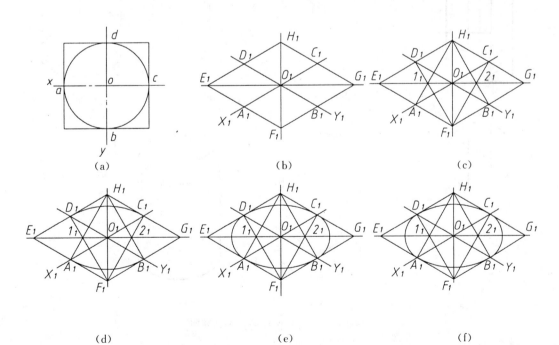

(a)　　　　　　　　　(b)　　　　　　　　　(c)

(d)　　　　　　　　　(e)　　　　　　　　　(f)

图 10-8　正等轴测图中椭圆的近似画法

例 10 - 4　作开槽圆柱的正等轴测图(图 10 - 9)。

分析　该形体由圆柱体切割而成。可先画出切割前圆柱体的轴测投影,然后根据切口宽度 b 和深度 h 画出槽口的轴测投影。

为作图方便,尽可能减少作图线,作图时选顶圆的圆心为坐标圆点,先画顶面椭圆,再用移心法画出底面椭圆和槽底椭圆。

作图

(1) 在正投影图中选定直角坐标系(图 10 - 9(a));

(2) 画上底椭圆(图 10 - 9(b));

(3) 用移心法画下底椭圆,即将上底椭圆的 4 段圆弧的 4 个圆心分别沿 Z_1 轴方向下移圆柱高度 H,得下底椭圆 4 段圆弧的圆心,同时将 A_1、B_1、C_1、D_1 也向下移 H 高度,得下底椭圆各连接点(图 10 - 9(c));

(4) 作两椭圆公切线,完成圆柱体的轴测图(图 10 - 9(d));

(5) 由 h 定出槽口底面的中心,用移心法画出槽口椭圆的可见部分,注意,此段椭圆由两段圆弧组成。根据宽度 b 画出槽口(图 10 - 9(e));

(6) 擦去多余图线,加深,即完成开槽圆柱的正等轴测图(图 10 - 9(f))。

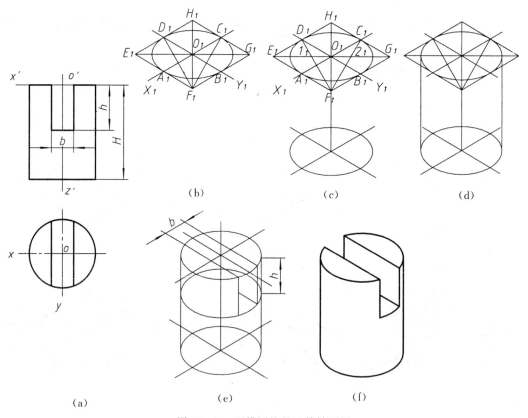

图 10 - 9　开槽圆柱的正等轴测图

10.2.4　组合体的正等轴测图

在机件上经常会遇到由 1/4 圆弧构成的圆角轮廓,在轴测图上它是 1/4 椭圆弧,可以应用如图 10-10 所示的简化画法进行作图。图 10-10 是带圆角的长方体底板,其正等轴测图的作图步骤如下:

(1) 作长方体的正等轴测图(图 10-10(b))。

(2) 由角顶沿两边分别量取半径 R 得到 1,2 点。过 1、2 两点分别作直线垂直于圆角的两边,这两垂线的交点 O 即为圆弧的圆心(图 10-10(c))。

(3) 以 O 为圆心,以 O1(O2) 为半径画弧 $\overset{\frown}{12}$,即为半径为 R 的圆角的轴测图。由图上可以看出,轴测图上锐角处与钝角处的作图方法完全相同,只是半径不一样(图 10-10(d))。

(4) 用移心法得底板下面圆角的两圆心 O_1。以 O_1 为圆心,以 $O_1 1(O_1 2)$ 为半径画弧与两边相切,即得底板下面圆弧。在小圆弧处作两圆弧的公切线(图 10-10(e))。

(5) 擦去多余图线并加深(图 10-10(f))。

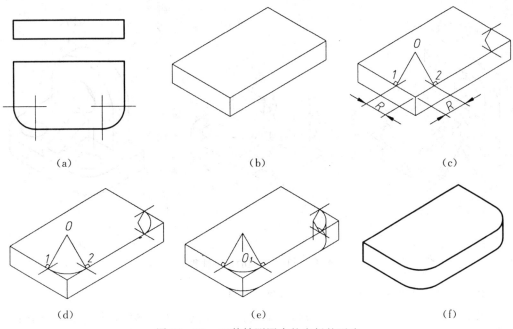

(a)　　　　　　　　　　(b)　　　　　　　　　　(c)

(d)　　　　　　　　　　(e)　　　　　　　　　　(f)

图 10-10　正等轴测图中的底板的画法

例 10-5　作支架的正等轴测图(图 10-11)。

分析　该支架由底板和竖板叠加而成。可先画出底板的正等轴测图,后画出竖板的正等轴测图,最后再画出两板上的圆孔的正等轴测图。

作图

(1) 在投影图上选定坐标轴(图 10-11(a));

(2) 画轴测轴,定出底板和竖板的位置(图 10-11(b));

(3) 画底板、竖板的主要轮廓(图 10-11(c));

(4) 画肋板和圆角(图 10-11(d));

（5）画圆孔（图 10 - 11(e)）；

（6）擦去作图线并加深（图 10 - 11(f)）。

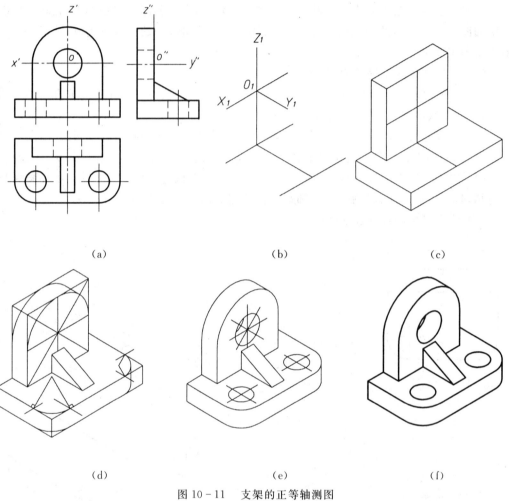

（a）　　　　　　　　　（b）　　　　　　　　　（c）

（d）　　　　　　　　　（e）　　　　　　　　　（f）

图 10 - 11　支架的正等轴测图

例 10 - 6　作出台阶的正等轴测图（图 10 - 12）。

分析　台阶由两侧栏板和三级踏步组成。一般先逐个画出两侧栏板，然后再画踏步。

作图

（1）画轴测轴，根据侧栏板的长、宽、高画出长方体（图 10 - 12(b)）；

（2）画长方体被侧垂面切去三棱柱的正等轴测图（图 10 - 12(c)）；

（3）画另一侧栏板的正等轴测图（图 10 - 12(d)）；

（4）在右侧栏板的内侧面上，按踏步的侧面投影形状画出踏步端面的正等轴测图。凡是底面比较复杂的棱柱体，都应先画端面，这种方法称为端面法（图 10 - 12(e)）；

（5）过端面各顶点引线平行于 O_1X_1；擦去多余图线并加深（图 10 - 12(f)）。

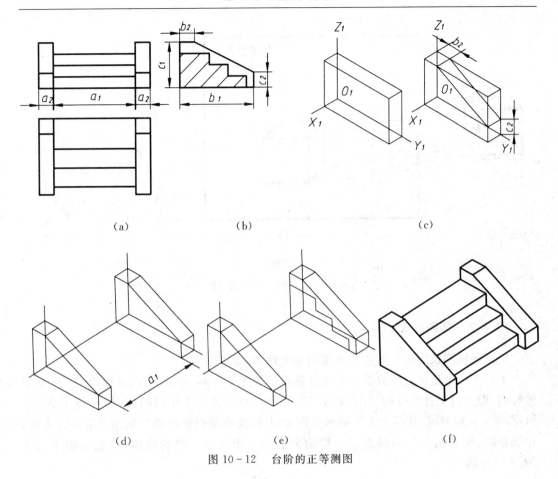

(a)   (b)   (c)

(d)   (e)   (f)

图 10-12   台阶的正等测图

10.3   斜二等轴测投影

10.3.1   基本概念

按照三个轴向伸缩系数的异同,斜轴测投影分为如下几种:

(1) 斜等轴测投影(斜等轴测图),即三个轴向伸缩系数均相等的斜轴测投影;

(2) 斜二等轴测投影(斜二轴测图),即轴测投影面平行于一个坐标平面,且平行于坐标平面的那两个轴的轴向伸缩系数相等的斜轴测投影;

(3) 斜三轴测投影(斜三轴测图),即三个轴向伸缩系数均不相等的斜轴测投影。

如果让坐标面 XOZ 平行于轴测投影面,则该坐标面上的轴测投影反映实形,此时 OX、OZ 轴上的轴向伸缩系数为1,轴间角为 $90°$。如图 10-13 所示,为了作图简便,又富有立体感,常选用 $\angle X_1 O_1 Y_1 = \angle Y_1 O_1 Z_1 = 135°$,$OY$ 轴的轴向伸缩系数为 0.5,即 $p_1 = r_1 = 1$,$q_1 = 0.5$。

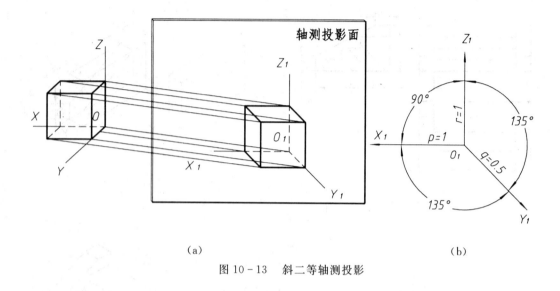

(a)　　　　　　　　　　　　　　　　　(b)

图 10-13　斜二等轴测投影

10.3.2　作图方法

斜二等轴测投影的基本作图方法仍是坐标法,现举例如下。

平行于三个坐标面的圆的斜二等轴测投影如图 10-14 所示。由图可知,平行于 XOZ 坐标面(即平行于投影面)的圆,其斜二等轴测投影仍为大小相同的圆,而平行于 XOY、YOZ 两坐标面的圆,其斜二等斜轴测投影为椭圆,而椭圆的长短轴与轴测轴有一定夹角,作图繁琐,所以斜二等轴测投影一般用来表达一个方向有圆的物体,一般选圆平行于 XOZ 坐标面。

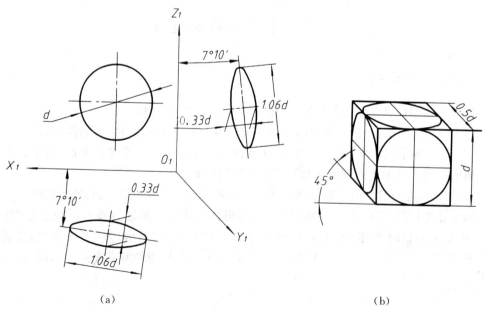

(a)　　　　　　　　　　　　　　　　　(b)

图 10-14　平行于坐标面的圆的斜二轴测图

例 10 - 7 作带孔圆台的斜二等轴测投影（图 10 - 15）。

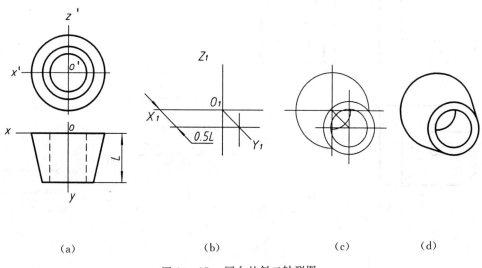

  (a)   (b)   (c)   (d)

图 10 - 15 圆台的斜二轴测图

  分析 为作图简便，在视图上选坐标时，使带孔圆台前、后底面平行于 XOZ 坐标面。画图时，先确定前、后底面中心的位置，画出反映其实形的几个圆，然后用公切线连接前、后底面上两个大圆即可。注意区分可见性。

  作图

  (1) 在投影图中选定坐标轴和原点（图 10 - 15(a)）；

  (2) 画轴测轴，并在 Y_1 轴上定出各端面圆的位置（图 10 - 15(b)）；

  (3) 画出前、后底面上的圆（10 - 15(c)）；

  (4) 画圆的公切线，判别可见性并加深（图 10 - 15(d)）。

  例 10 - 8 作组合体的斜二等轴测投影（图 10 - 16）

  分析 该组合体由底板和竖板叠加而成。底板可看成是由一个长方体切割掉两个三棱柱和一个四棱柱而形成的；竖板可看成四棱柱加半圆柱挖孔。

  作图

  (1) 画轴测轴，确定底板和竖板的相对位置（图 10 - 16(b)）；

  (2) 作出长方体的轴测图（图 10 - 16(c)）；

  (3) 作出竖板四棱柱加半圆柱的轴测图（图 10 - 16(d)）；

  (4) 作出长方体底板切去三棱柱和挖槽及竖板挖孔的轴测图（图 10 - 16(e)）；

  (5) 擦去作图线并加深（图 10 - 16(f)）。

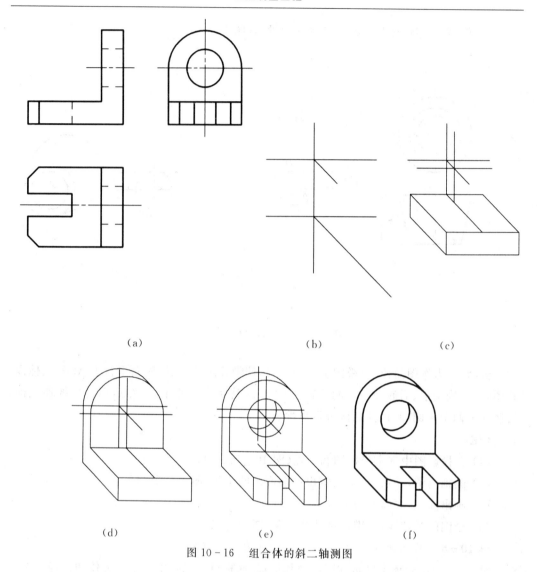

（a）　　　　　　　　（b）　　　　　　　　（c）

（d）　　　　　　　　（e）　　　　　　　　（f）

图 10 - 16　组合体的斜二轴测图

10.4　轴测图上的剖切画法

　　为了表达物体的内部结构,通常采用两个互相垂直的平面沿轴向切开物体。

　　各剖切面上的剖面线方向如图 10 - 17 所示。

　　画轴测剖视图的方法通常有两种。一是先画物体的外形,再画剖切面所切到的断面和内部结构,即所谓先画后剖,如图 10 - 18 所示;另一种是先画出断面形状,再画外形和内部结构,即所谓先剖后画,如图 10 - 19 和图 10 - 20 所示。

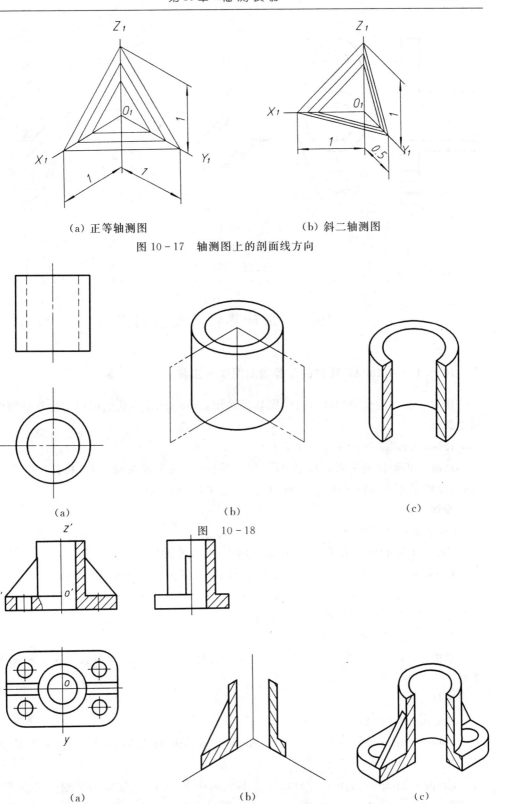

（a）正等轴测图　　　　　　　　　（b）斜二轴测图

图 10-17　轴测图上的剖面线方向

（a）　　　　　　　　（b）　　　　　　　　（c）

图　10-18

（a）　　　　　　　　（b）　　　　　　　　（c）

图　10-19

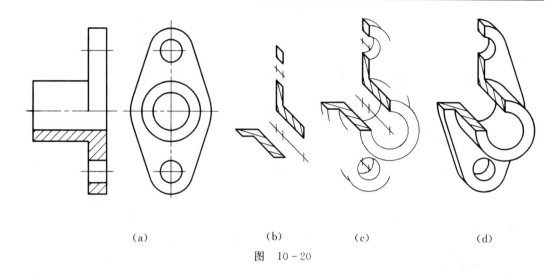

　　　　　(a)　　　　　　　　　(b)　　　　　(c)　　　　　　　(d)

图　10 - 20

10.5　用计算机绘制轴测图

10.5.1　AutoCAD 提供的正等轴测图绘制工具

作为一套功能全面的计算机绘图软件系统,AutoCAD 为我们提供了绘制轴测图的专用工具。

1. Isoplane(正等轴测平面工具)

功能　正等轴测平面工具用于设定绘图时所处的正等轴测平面,共有三个平面可供选择,分别是左平面(Left)、上平面(Top)和右平面(Right)。

操作

Command:ISOPLANE √

Current isoplane:Left(当前正等轴测平面:左平面)

Enter isometric plane setting [Left/Top/Right]〈Top〉:(重新选定正等轴测绘图平面)

选定一个正等轴测绘图平面后,还可以通过 Ctrl+E 快捷键在三个平面间快速切换,三个正等轴测绘图平面如图 10 - 21 所示。

2. Snap 工具(捕捉工具)

功能　Snap 工具用于绘图单位的捕捉,可以配合 Isoplane 工具设置正等轴测图绘图平面。

操作

Command:SNAP √

Specify snap spacing or [On/Off/Aspect/Rotate/Style/Type]〈1.0000〉:S(选捕捉模式)√

Enter snap grid style or [Standard/Isometric]〈S〉:I(选定正等轴测捕捉模式)√

Specify vertical spacing〈1.0000〉:1(设定纵向捕捉栅格的距离为 1,即以整数为单

位绘图)↙

此时屏幕上的十字光标变成相应正等轴测图平上的交叉状态。

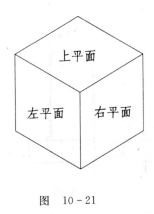

图 10-21

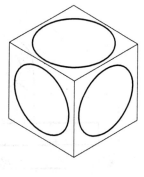

图 10-22

3. Ortho 工具(正交方式)

功能　　Ortho 工具用于打开和关闭正交方式。

操作

用 F8 快捷键或状态行中的"Ortho"按钮可以很方便地打开和关闭正交(Ortho)方式,当正交方式被打开时,所有操作都被约束在与当前绘图坐标轴平行的方向上。

4. 圆在正等轴测图中的绘制

三面投影图中的圆在正等轴测图中都表现为椭圆。在选定正等轴测平面后,可以使用椭圆工具(Ellipse)来完成正等轴测圆的绘制。

操作

首先按照前述方法选定正等轴测平面,然后绘制轴测圆。命令如下:

Command:ELLIPSE ↙

Specify axis endpoint of ellipse or [Arc/Center/Isocircle]:I(选择画正等轴测圆方式)↙

Specify center of isocircle:(指定圆心)

Specify radius of isocircle or [Diameter]:(指定半径或直径)

绘制出椭圆。

图 10-22 表示了在三个正等轴测平面上所绘制的相应的正等轴测圆。

10.5.2　绘图实例

用 AutoCAD 绘制如图 10-23 所示组合体的正等轴测图。

1. 设置辅助工具

(1) 设置绘图区范围:

Command:LIMITS ↙

Reset model space limits:

Specify lower left corner or [On/Off] ⟨0.0000,0.0000⟩: ↙

Specify upper right corner 〈420.0000,297.0000〉：320,240 √

将绘图区左下角坐标设置为 0,0,右上角坐标设置为 320,240。

用 Zoom/All 命令显示设置好的整个绘图区。

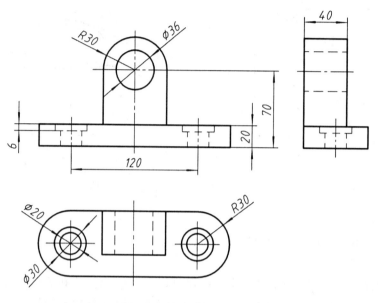

图 10-23　组合体的三视图

（2）用 Isoplane 工具设置正等轴测平面：

Command：ISOPLANE √

Current isoplane：Left

Enter isometric plane setting [Left/Top/Right]〈Top〉：T √

（3）用 Snap 工具设置绘图捕捉单位：

用 10.5.1 所述方法将纵向捕捉栅格的距离设为 1。

屏幕上的十字光标变成 60°夹角状态,即绘图坐标现在处于正等轴测平面中的上平面。

2. 作底板轴测图

（1）作底面矩形：

Command：LINE √

Specify first point：作图区左下角任意一点√

Specify next point or [Undo]：@120<30 √

Specify next point or [Undo]：@60<150 √

Specify next point or [Close/Undo]：@120<210 √

Specify next point or [Close/Undo]：C √

结果如图 10-24 所示。

（2）作两端半圆结构轴测图：

Command：ELLIPSE √

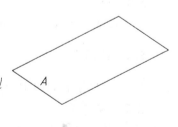

图 10-24

Specify axis endpoint of ellipse or [Arc/Center/Isocircle]：I √

Specify center of isocircle：MID √

of 选取直线 A

Specify radius of isocircle or ［Diameter］:30 √

用同样的方法完成底面矩形右端的轴测圆,然后用 Erase 和 Trim 工具删除、修剪掉多余线条,其结果如图 10－25 所示。

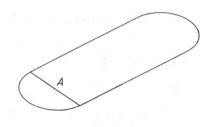 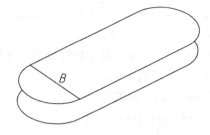

图 10-25   图 10-26

（3）复制出底板的上表面：

Command：COPY √

Select objects：用窗口方式选取已经绘制的所有图形

Select objects：√

Specify base point or displacement，or ［Multiple］：选取任意一点

Specify second point of displacement or 〈use first point as displacement〉:@20＜90 √

用 Erase 和 Trim 工具删除、修剪掉图中不可见部分,结果如图 10－26 所示。

（4）在底板的上表面作阶梯孔：

Command：ELLIPSE √

Specify axis endpoint of ellipse or ［Arc/Center/Isocircle］：I √

Specify center of isocircle：MID √

of 选择直线 B

Specify radius of isocircle or ［Diameter］:15 √

Command：COPY √

Select objects：选取上一步所绘制的轴测圆

Select objects：√

Specify base point or displacement，or ［Multiple］：任意一点

Specify second point of displacement or 〈use first point as displacement〉：@6〈270 √

Command：ELLIPSE √

Specify axis endpoint of ellipse or ［Arc/Center/Isocircle］：I √

Specify center of isocircle：CEN √

of 选取前一步复制出的轴测圆 C 边界上任意一点

Specify radius of isocircle or ［Diameter］:10 √

完成左端阶梯孔。

将完成的阶梯孔复制到底板的另一端：

Command：COPY ↙

Select objects：选取左端阶梯孔结构的三个轴测圆

Select objects：↙

Specify base point or displacement，or [Multiple]：任意一点

Specify second point of displacement or ⟨use first point as displacement⟩：@120⟨30 ↙

结果如图 10－27 所示。

用 Erase 和 Time 命令删除辅助线并修剪掉不可见部分的线条。

（5）作椭圆的切线：

Command：LINE ↙

Specify first point：QUA ↙

of 选取椭圆弧 D

Specify next point or [Undo]：QUA ↙

of 选取椭圆弧 E

Specify next point or [Undo]：↙

用同样的方法可以完成底板右端两椭圆弧间的切线。

（6）完成底板部分的绘制：用 Trim 命令修剪掉多余线条，结果如图 10－28 所示。

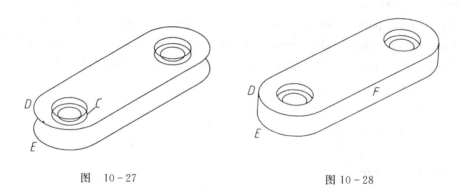

图 10－27　　　　　　　　　　　　　图 10－28

3. 绘制上层结构轴测图

（1）作辅助线：使用 Ctrl＋E 快捷键将当前的正等轴测绘图平面状态由上平面转换到右平面，光标会发生相应变化。

Command：COPY ↙

Select objects：选取直线 F

Select objects：↙

Specify base point or displacement，or [Multiple]：任意一点

Specify second point of displacement or ⟨use first point as displacement⟩：@20⟨150 ↙

Command：COPY ↙

Select objects：选取直线 G

Select objects：√

Specify base point or displacement，or［Multiple］:任意一点

Specify second point of displacement or〈use first point as displacement〉:@50〈90 √

（2）绘制轴测圆：

Command：ELLIPSE √

Specify axis endpoint of ellipse or［Arc/Center/Isocircle］: I √

Specify center of isocircle：MID √

of 选取辅助线 H 的中心

Specify radius of isocircle or［Diameter］: 30 √

Command：ELLIPSE √

Specify axis endpoint of ellipse or［Arc/Center/Isocircle］: I √

Specify center of isocircle：MID √

of 再次选取辅助线 H 的中心

Specify radius of isocircle or［Diameter］: 18 √

如图 10 - 29 所示。

（3）复制已完成的轴测圆：

Command：COPY √

Select objects:选取上一步完成的辅助线 H 和椭圆 M

Select objects:√

Specify base point or displacement，or［Multiple］:任意一点

Specify second point of displacement or〈use first point as displacement〉:@40〈150 √

结果如图 10 - 30 所示。

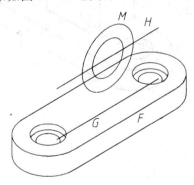

图　10 - 29

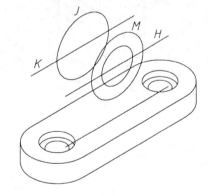

图　10 - 30

（4）作椭圆的切线：

Command：LINE √

Specify first point：QUA √

of 选取复制出的轴测圆 J 右上角

Specify next point or［Undo］: QUA √

of 选取轴测圆 M 右上角

Specify next point or 〔Undo〕：↙

Command：LINE ↙

Specify first point：INT ↙

of 选取辅助线 K 与轴测圆 J 的左下方交点

Specify next point or 〔Undo〕：@50〈270 ↙

Specify next point or 〔Undo〕：@40〈330 ↙

Specify next point or 〔Close/Undo〕：INT ↙

of 选取辅助线 H 与轴测圆 M 的左下方交点

Specify next point or 〔CloseUndo〕：↙

Command：LINE ↙

Specify first point：INT ↙

of 选取辅助线 H 与轴测圆 M 的右上方交点

Specify next point or 〔Undo〕：@50＜270 ↙

Specify next point or 〔Undo〕：↙

结果如图 10 - 31 所示。

（5）完成上层结构：删除辅助线并用 Trim 工具修剪掉多余线条，最终结果如图 10 -
32 所示，组合体的正等轴测图完成。

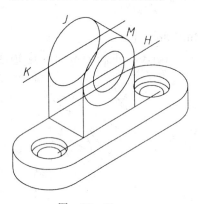

图　10 - 31

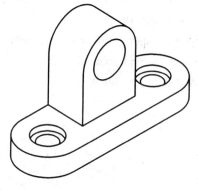

图　10 - 32

第 11 章　物体的图样表达方法

11.1　视　图

根据有关标准和规定,用正投影法所绘制出物体的图形,称为视图。视图分为基本视图、向视图、局部视图和斜视图。

11.1.1　基本视图

为了能完整、清晰地表达物体的结构与形状,可以从 6 个基本投影方向来描述同一物体(图 11-1)。相应地,有 6 个基本投影面分别垂直于 6 个基本投影方向。物体向 6 个基本投影面投射所得的视图称为基本视图。它们分别为:由前向后投射、由上向下投射、由左向右投射所得的主视图或正立面图、俯视图或平面图、左视图或左侧立面图,由右向左投射、由下向上投射、由后向前投射所得的右视图或右侧立面图、仰视图或底面图、后视图或背立面图。

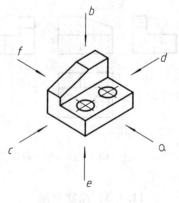

图 11-1　基本投影方向

基本视图采用第一角画法。视图中用粗实线画出物体的可见轮廓,必要时用虚线画出不可见轮廓。

基本投影面的展开如图 11-2 所示。展开后可以得到 6 个基本视图的配置关系(图 11-3)。显然,基本视图之间仍保持"长对正、高平齐、宽相等"的对应关系。

实际上并不是所有的物体都需要画出 6 个基本视图。物体所需视图的数量,应根据其形状、结构和表达方法来确定。在能明确表示物体的前题下,视图的数量应尽可能少。

当各视图画在一张纸内且按图 11-3 所示配置时,一律不加标注。

11.1.2　向视图

向视图是可以自由配置的视图。

向视图的表达方式有两种:一是在视图上方标注拉丁字母"×",并在相应视图的附近用箭头指明投射方向并标注同样的字母(用大写字母,且必须水平书写,同一图样上字母应顺序选用,不允许重复出现),如图 11-4 中的"D"、"E"等;二是在视图下方(建筑图)或上方(机械图)标注图名。

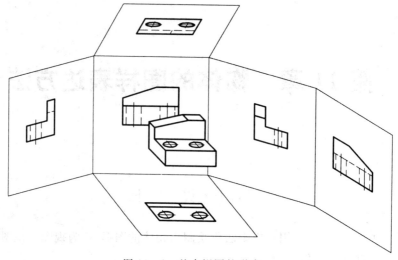

图 11-2　基本视图的形成

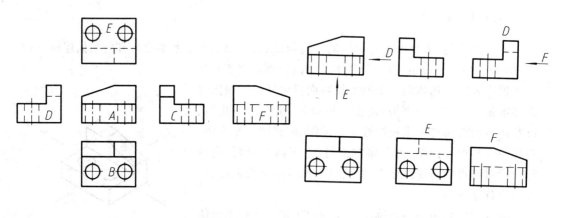

图 11-3　基本视图的配置　　　　　　　　　　图 11-4　向视图

11.1.3　局部视图

将物体的某一部分向基本投影面投射所得的视图,称为局部视图。

当物体的局部形状没有表达清楚,而又没有必要画出完整的基本视图时,可采用局部视图的表达方法(图 11-5)。例如,为了表达图 11-5 所示弯管右下方的凸台,画出整个弯管的右视图显然没有必要,如利用图 11-5 所示的 A 向局部视图来表达,既简洁、清晰,又突出了重点。同理,弯管上方与下方的两个凸缘分别采用 B 向和 C 向局部视图来表达。

用局部视图表达物体时,应注意以下几个问题:

(1)局部视图可按基本视图的配置形式配置(图 11-6 中的俯视图);也可按向视图的配置形式配置并标注(图 11-5)。

(2)局部视图的断裂边界用波浪线表示。波浪线确定了所表达物体表面的范围,波浪线不应超越断裂表面的轮廓线(图 11-5 中的 A 向视图)。当表达的局部形状外形轮廓完整且又成封闭图形时不用画出波浪线,如图 11-5 中的 B 向及 C 向视图所示。

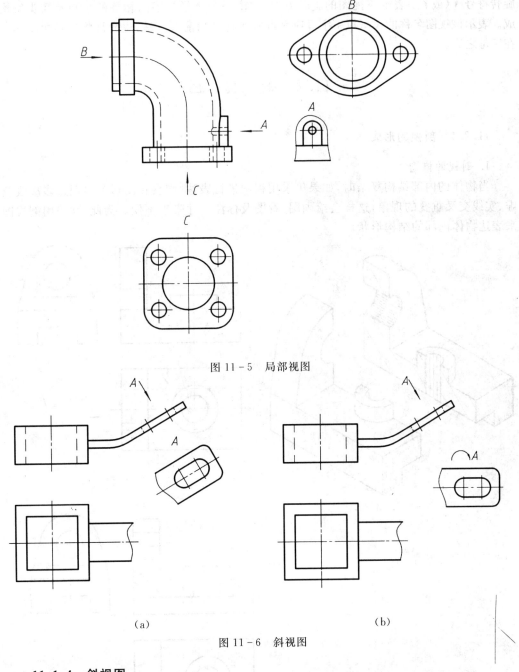

图 11－5　局部视图

　　　　　　　　　（a）　　　　　　　　　　　　　　　　（b）

图 11－6　斜视图

11.1.4　斜视图

物体向不平行于基本投影面的平面投射所得的视图，称为斜视图。

当物体上的倾斜表面（指投影面的垂直面或一般位置平面）在基本视图上无法表达出真实形状时，可采用斜视图的表达方法，即用换面法求出它的真实形状（图 11－6）。

斜视图通常按向视图的配置形式配置并标注。为画图方便，允许将斜视图旋转配置。

旋转符号⌒（或⌒）表示该视图的旋转方向，它由一个半径与字高相等的半圆及箭头所构成。表示该视图名称的大写拉丁字母应靠近旋转符号的箭头一端，也允许将旋转角度标注在字母之后。

<h1 style="text-align:center">11.2 剖 视 图</h1>

11.2.1 剖视的形成

1. 剖视的概念

当物体的内部结构复杂时，如果仍采用视图进行表达，则会在图形上出现过多虚线及虚、实线交叉重叠的现象，这样会给画图、看图及标注尺寸带来不便。为此，常采用剖视图来表达物体内部的结构形状。

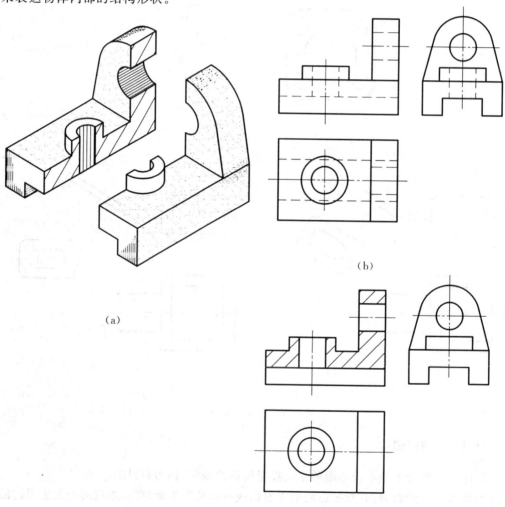

(a)

(b)

(c)

图 11-7 剖视的基本概念

　　假想用剖切面剖开物体(图 11 - 7(a)),将处在观察者和剖切面之间的部分移去,再将其余部分向投影面投射所得的图形,称为剖视图。剖视图可简称为剖视,图 11 - 7(c)中的主视图即为剖视图。可以看出,该物体上原来不可见的内部形状,在剖视图中成为可见的轮廓。

　　2. 剖视图的画法

　　画剖视图首先要确定剖切面的位置。剖切面一般应选取投影面的平行面或垂直面(若为垂直面,则须在剖切后转至与投影面平行的位置),并尽量与物体内孔、槽等结构的轴线或对称面重合。这样,在剖视图上就可以反映出被剖切形体内部的真实形状。

　　剖切位置确定后,在相应的剖视图中画出物体与剖切面接触的实体部分(称为剖面区域),画出剖面区域后面的可见部分的投影(必要时才画出不可见部分)。剖面区域内需画上规定的剖面符号。当剖切面经过肋、薄壁件的对称面(即作纵向剖切)时,这些结构在剖视图上不画剖面符号,而且还要用粗实线将其与相邻部分分开,如图 11 - 9 中字母 B 所示区域及图 11 - 13 所示。

　　剖视图一般应按视图的投影关系配置,也可根据需要配置在其他适当的位置(图 11 - 7,图 11 - 8)。总之,剖视图的基本要求(用正投影法绘制,考虑看图方便,力求制图简便)和表示方法与视图相同。

　　3. 剖视图的标注

　　为了便于看图,在剖视图上通常要标注剖切符号、箭头和剖视名称三项内容。

　　剖切符号:表示剖切位置。在剖切面的起、迄、转折处画上短的粗实线(线宽约 1～1.5d),并尽可能不与图形的轮廓线相交。

　　箭头:表示投射方向,画在剖切符号的两端。

　　剖视名称:在剖视图的上方用大写字母标出剖视图的名称×—×,并在剖切符号的两端和转折处注上相同字母。若同一张图上同时出现几个剖视,其名称应按字母顺序排列,不能重复(图 11 - 8)。

　　在下列情况下,可简化或省略标注:

　　(1) 当剖视图按基本视图的投影关系配置,中间又没有其他图形隔开时,可省略箭头(图 11 - 8 中的 A—A 剖视)。

　　(2) 当单一剖切平面通过物体的对称平面,且剖视图按基本视图的投影关系配置,中间又没有其他图形隔开时可省略标注(图 11 - 7(c))。

　　(3) 当采用单一剖切平面且剖切位置明显时,局部剖视图的标注通常可省略。

　　剖视图是假想将物体剖开,而表达内部结构的方法,实际上并没有将物体的任何一部分去掉。因而,在画其他视图时,仍应按完整物体画出。采用剖视时,可以在一个视图上或同时在几个视图上作出剖视,它们之间各自独立,相互不受影响。采用剖视后,若物体的内部形状已表达清楚,则在对应视图上的虚线可以省略(图 11 - 7(b),(c))。

11.2.2　剖视图的种类

　　剖视图可分为全剖视图、半剖视图和局部剖视图三种。

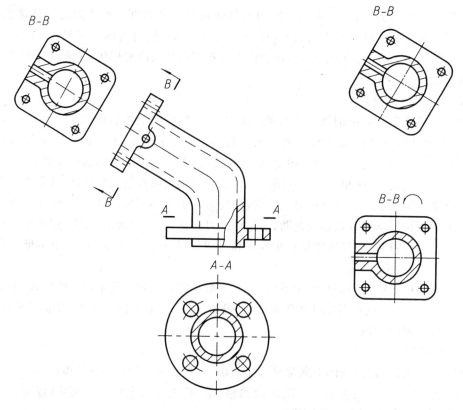

图 11 - 8　全剖视图的标注

1. 全剖视图

用剖切面完全地剖开物体所得的剖视图,称为全剖视图。

全剖视图主要用于表达内部形状复杂且不对称的物体(图 11 - 7,图 11 - 9)或外形简单且内、外形状均对称的物体(图 11 - 10)。

全剖视图的标注,同 11.2.1 所述。

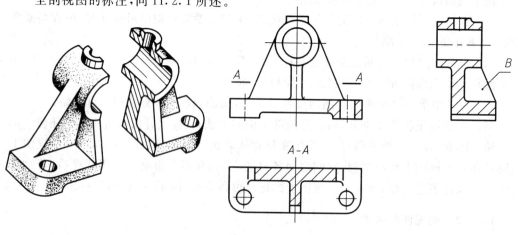

　　　　　(a)　　　　　　　　　　　　　　　　　　　　　(b)

图 11 - 9　全剖视及肋板的简化画法

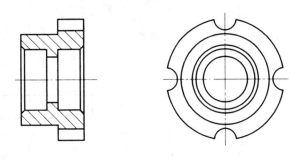

图 11 - 10　全剖视

2. 半剖视图

半剖视图是当物体具有对称平面时,在垂直于对称平面的投影面上投射所得的图形,以对称中心线为界,一半画成剖视图,另一半画成视图。

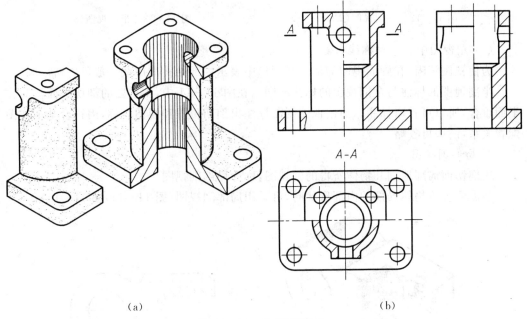

（a）　　　　　　　　　　　　　　（b）

图 11 - 11　半剖视图（1）

图 11 - 11 所示的物体具有两个对称面（正平面、侧平面）,因而在所画的三个视图上都可以作出半剖视。采用半剖视图表达的优点是在一个视图上既能保留物体的外部形状,又可表达它的内部结构。所以,半剖视图主要用于表达具有对称平面物体的外部形状和内部结构。

若物体的形状接近对称,且不对称部分已在其他视图中表达清楚时,也可画成半剖视图（图 11 - 12,图 11 - 13）。

半剖视图中剖视部分的位置按以下原则配置:

（1）主视图中位于对称线右侧;

（2）俯视图中位于对称线下方;

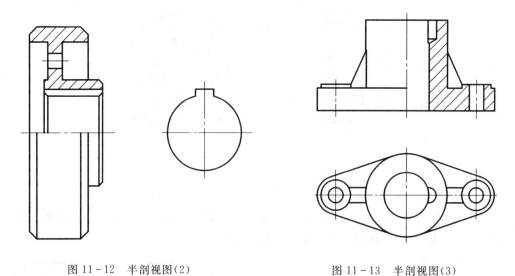

图 11-12　半剖视图(2)　　　　　　　　　图 11-13　半剖视图(3)

(3) 左视图中位于对称线右侧。

为使视图清晰,在画成视图的那一半图形中表示内部结构的虚线一般可省略不画。

半剖视图的标注与全剖视图的标注相同。在图 11-11 中,主视图的剖切平面与对称平面重合,所以可省略标注。而俯视图则需标注出剖切位置和视图名称,因符合基本视图配置关系,箭头可省略。

3. 局部剖视图

用剖切面局部地剖开物体所得的剖视图,称为局部剖视图。

当需要表达物体局部的内部形状时,可采用局部剖视图(图 11-14,图 11-15)。

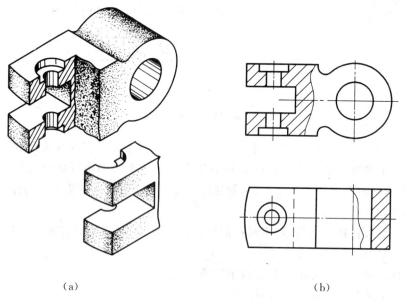

(a)　　　　　　　　　　　　　　　　　　　(b)

图 11-14　局部视图(1)

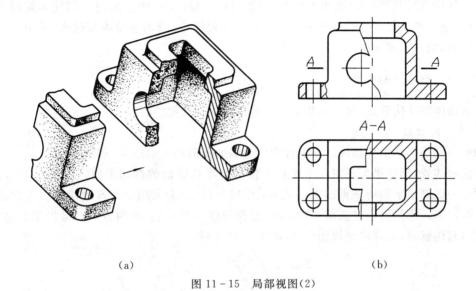

（a）　　　　　　　　　　　　　　　　　　（b）

图 11 - 15　局部视图（2）

　　采用局部剖视图时,物体上位于剖切平面前方的部分,可视需要断开。视图与局部剖视图的分界线用波浪线表示。波浪线只画在物体的实体部分,不能与视图上的其他图线重合。

　　有些物体的结构虽然对称,但在视图上却出现对称中心线与粗实线重合的现象（图11 - 16,图 11 - 17）,在这种情况下,不能采用半剖视而宜采用局部剖视。

　　当被剖切结构为回转体时,允许将该结构的中心线作为剖视与视图的分界线（图 11 - 18）。

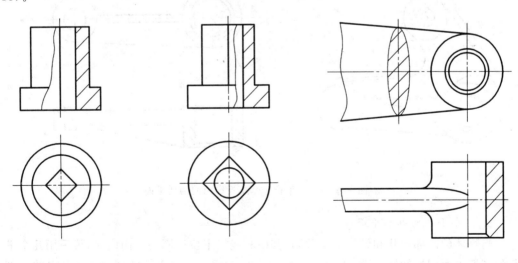

　图 11 - 16　局部剖视（3）　　　　图 11 - 17　局部剖视（4）　　　　图 11 - 18　局部剖视（5）

从以上图例可以看出,局部剖视图的剖切位置和范围大小,可根据表达需要来确定,既可独立使用也可与其他剖视图配合使用(图 11 – 11),主视图上采用半剖视和局部剖视,因而它是一种比较灵活的表达方法。但在一个视图中,选用部位不宜过多,否则会影响图形清晰,给看图带来困难。

11.2.3　剖切面的种类

根据物体的结构特点,可以选用以下三种剖切面剖开物体。

1. 单一剖切面

用单一剖切平面剖切物体。本节前面所讲述的图例均是采用单一剖切平面。

除前所述外,剖切平面也可取不平行于任何基本投影面的剖切平面。图 11 – 19(a)为采用单一斜剖切平面所获得的全剖视图,图 11 – 19(b)为采用单一斜剖切平面所获得的局部剖视图。用斜剖切平面剖切物体时,必须标注剖切位置、投射方向和剖视图名称,在不致引起误解时,允许将剖视图旋转(图 11 – 19(c))。

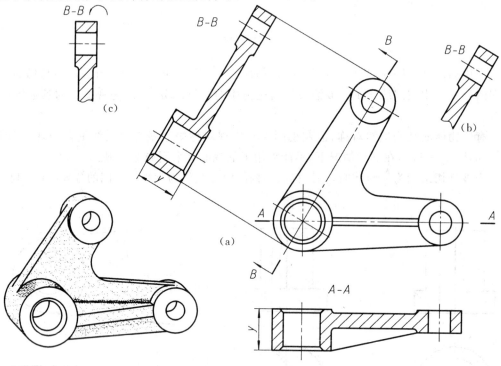

图 11 – 19　不平行于基本投影面的剖切平面

2. 几个平行的剖切平面

当物体的内部形状和结构分层并列,其中心线又不位于同一平面内时,可采用几个平行的剖切平面剖切物体。图 11 – 20 和图 11 – 21 为采用两个平行的剖切平面获得的全剖视图示例,图 11 – 22 为采用两个平行的剖切平面获得的局部剖视图示例。

几个平行的剖切平面可能是两个或两个以上。各剖切平面的转折处必须是直角。

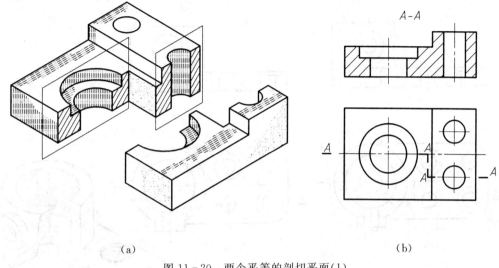

(a)   (b)

图 11-20 两个平等的剖切平面(1)

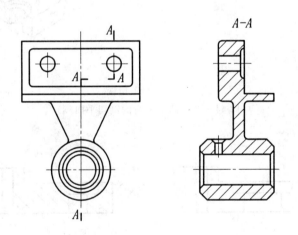

图 11-21 两个平行的剖切平面(2)

采用几个平行的剖切平面画剖视图时,在剖视图上的各剖切平面的转折处不应画出分界线(图 11-22)。应避免在视图上出现不完整的要素或通过孔中心转折,剖切平面的转折处也不可与物体的轮廓线重合(图 11-23)。当物体上的两个要素在图形上具有公共对称中心线或轴线时,可以各画一半,此时,应以对称中心线或轴线为界(图 11-24)。

采用几个平行的剖切平面画剖视图时,必须标注剖切位置、投影方向和视图名称。当剖切符号转折处位置有限,又不致引起误解时允许省略字母。

3. 几个相交的剖切面(交线垂直于某一投影面)

具有回转轴的物体,其内部形状用单一的剖切平面剖开后仍不能表达清楚时,可采用几个相交的剖切面剖切物体。

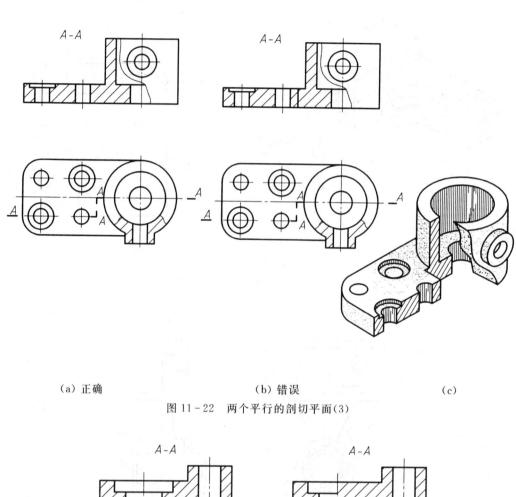

（a）正确　　　　　　　　　（b）错误　　　　　　　　（c）

图 11－22　两个平行的剖切平面（3）

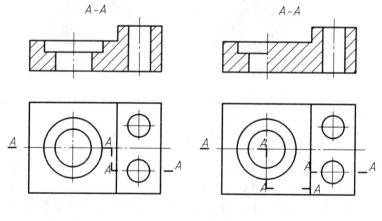

（a）正确　　　　　　　　　　　　　（b）错误

图 11－23　两个平行的剖切平面（4）

　　当用这种方法画剖视图时，先假想按剖切位置剖开物体，然后将被剖切平面剖开的结构及其有关部分旋转到与选定的投影面平行后再进行投射（图 11－25）。

　　采用几个相交的剖切面绘制剖视图时，剖切面的交线应垂直于对应的投影面并与物

体的轴线重合。位于剖切面后方的其他结构一般仍按原
来的位置投影(图 11 - 26 中的小孔);当剖切后的图形出
现不完整要素时,应将这部分按不剖切绘制(图 11 - 27
中的平板)。

　　采用几个相交的剖切面绘制剖视图时必须进行标
注,在剖切面的起、迄、转折处画出剖切符号,标上同一字
母,用箭头表示投射方向,并在所画剖视图的上方标出其
名称×—×,如图 11 - 25～图 11 - 30 所示。

　　采用几个相交的剖切面绘制剖视图时,相交的剖切
面可以是几个相交的平面(图 11 - 26,图 11 - 27);也可
以是几个相交的平面和柱面(图 11 - 28,图 11 - 29)。

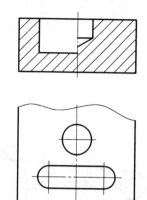

图 11 - 24　两个平行的剖
　　　　　切平面(5)

　　采用几个相交的剖切面的这种"先剖切后旋转"的方
法绘制的剖视图,往往有些部分图形会伸长,有些剖视图还要展开绘制(图 11 - 30)。此
时标注"×—×展开"。

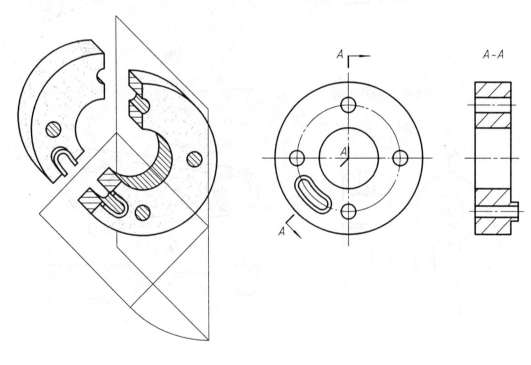

(a)　　　　　　　　　　　　　　　　　　　　　(b)

图 11 - 25　两个相交的剖切平面(1)

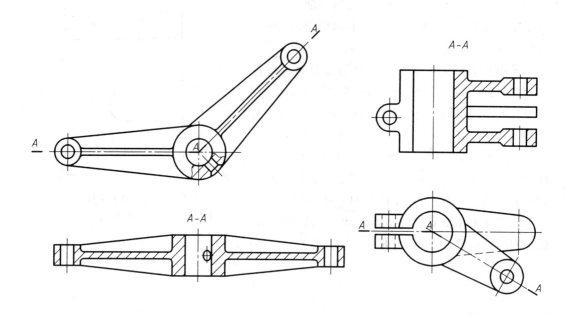

图 11-26　两个相交的剖切平面(2)　　　　　图 11-27　两个相交的剖切平面(3)

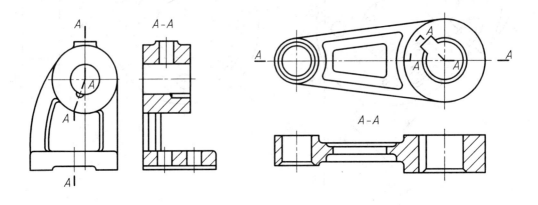

图 11-28　两个相交的剖切平面　　　　　图 11-29　两个相交的剖切平面
　　　　与剖切圆柱面(1)　　　　　　　　　　与剖切圆柱面(2)

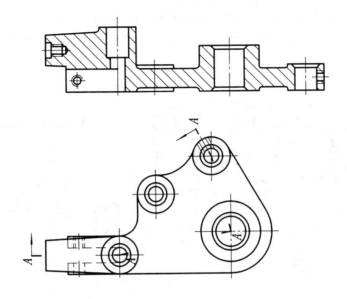

图 11 - 30　两个相交的剖切平面与剖切圆柱面(3)

11.3　断　面　图

11.3.1　断面的概念

断面图是假想用剖切面将物体的某处切断,仅画出该剖切面与物体接触部分的图形。断面图可简称为断面。

断面分为移出断面和重合断面两种。

1. 移出断面

画在视图外的断面图,称为移出断面。移出断面的轮廓用粗实线绘制,如图 11 - 31 ～图 11 - 36 所示。

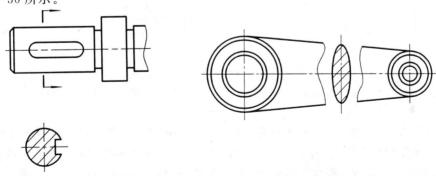

图 11 - 31　移出断面(1)　　　　　　　　　　　　图 11 - 32　移出断面(2)

移出断面可配置在剖切线的延长线上(图 11-31,图 11-34)。

断面图形对称时也可配置在视图的中断处(图 11-32)。

必要时可将移出断面配置在其他适当的位置。在不致引起误解时,允许将图形旋转,其标注形式(图 11-33)。

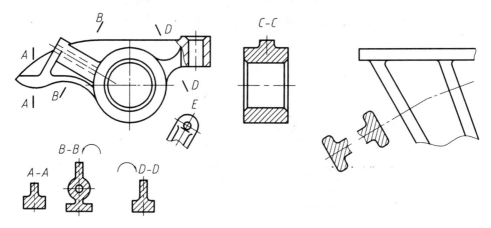

图 11-33　移出断面(3)　　　　　　　　　图 11-34　移出断面(4)

剖切平面应垂直于所要表达部分的轮廓线;由两个或多个相交的剖切面剖切出的移出断面,中间应以波浪线断开(图 11-34)。

画断面图时,一般只画出被切断部分的截断面形状,但当剖切平面通过回转面形成的孔或凹坑的轴线时,这些结构应按剖视绘制(图 11-35,图 11-36)。

当剖切平面通过非圆孔,会导致出现完全分离的两个断面时,则这些结构应按剖视绘制(图 11-37)。

单一剖切平面,几个平行的剖切平面和几个相交的剖切平面(交线垂直于某一投影面)的概念及功能同样适用于断面图。

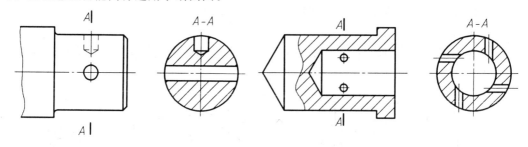

图 11-35　移出断面(5)　　　　　　　　图 11-36　移出断面(6)

2. 重合断面

画在视图内的断面图,称为重合断面。重合断面的轮廓线在机械图中用细实线绘制,建筑图中用粗实线绘制(图 11-39,图 11-40)。当视图中的轮廓线与重合断面的图形重叠时,视图中的轮廓线仍应连续画出,不可间断(图 11-38~图 11-40)。

3. 剖切位置与断面图的标注

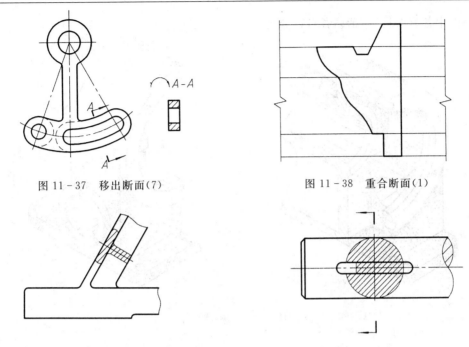

图 11 - 37　移出断面(7)　　　　　　　　　图 11 - 38　重合断面(1)

图 11 - 39　重合断面(2)　　　　　　　　　图 11 - 40　重合断面(2)

　　(1)移出断面一般用剖切符号表示剖切位置,用箭头表示投射方向,并注上字母,在断面图上方应用同样的字母标出相应的名称"×—×"(图 11 - 37 中的 A—A)。

　　(2)配置在剖切符号延长线上的不对称移出断面,以及配置在剖切符号上的不对称断面,均不必标注字母,但应画上带箭头的剖切符号,如图 11 - 31 左端的断面和图 11 - 40 所示。

　　不配置在剖切符号延长线上的对称的移出断面(图 11 - 33,图 11 - 35),按投影关系配置的不对称移出剖面(图 11 - 36),均可省略箭头。

　　对称的重合断面(图 11 - 39)、配置在剖切平面迹线延长线上的对称移出断面(图 11 - 31右端,以及配置在视图中断处的对称的移出断面(图 11 - 32)均不标注。

11.4　综合应用举例

　　图 11 - 41 为减速箱体的轴测图。

　　根据形体分析的方法,可将箱体大致分成底板、外壳、套筒和肋板等四个基本形体。在以上各基本形体上,又分别具有一些凸台、通孔、圆槽等要素,图 11 - 42 为物体的一组完整视图。由于主视图不对称,故采用全剖视表达了四个基本形体间的相对位置以及它们的内部结构形状。俯视图上采用半剖视,主要表达底板的形状及其小孔的分布情况,也反映了内部方形凸台和外部圆柱凸台的形状和位置。左视图上采用较大范围的局部剖视,既表达了两端方形凸台的结构,又保留了对外壳端面上小孔的分布位置的视图表达。

　　采用以上三个剖视图,已将箱体的主要部分基本表达清楚了。对于箱体上的一些细部结构,又分别采用四个局部视图和一个重合断面进行补充表达。

图中各有关标注,请读者自行分析。

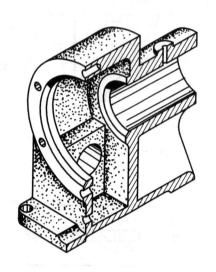
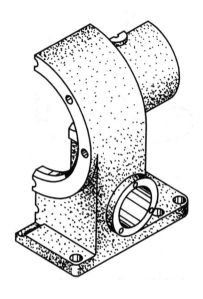

图 11 - 41　减速箱体

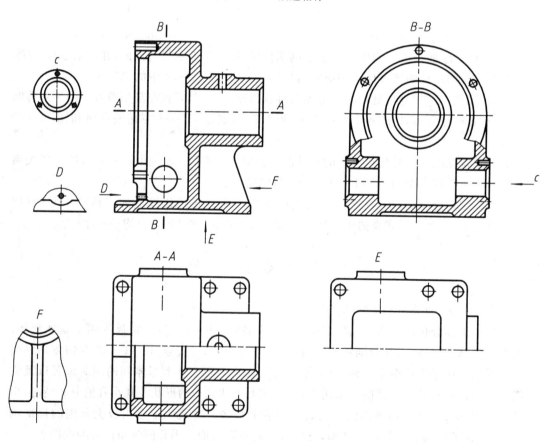

图 11 - 42　减速箱体的视图

第 12 章　简化表示法[①]

12.1　概　　述

随着技术的进步和生产的发展,特别是计算机的应用,原来的图样已经不能充分有效地完全适应现代化工业各方面的需要。为了减少绘图工作量,提高设计效率及图样的清晰度,加快设计进程,满足手工制图和计算机制图及微缩制图对技术图样的要求,需要对图样进行简化。

本章主要介绍了 GB/T16675—1996《技术制图　简化表示法》中的有关内容。该标准规定了技术图样(机械、电器、建筑和土木工程)中使用的通用简化画法,适用于由手工或计算机绘制的技术图样及有关技术文件。本章还介绍了部分 GB 14458—1984《机械制图》中常用的有关图样简化表示法的内容。

图样简化的原则有以下三条:

(1) 简化必须保证不致引起误解和不会产生理解的多义性。在此前提下,应力求制图简便。

(2) 便于识读和绘制,注重简化的综合效果。

(3) 在考虑便于手工制图和计算机制图的同时,还要考虑缩微制图的要求。

图样的简化主要包括对图样画法的简化和对尺寸注法的简化两部分内容。

12.2　简　化　画　法

12.2.1　基本要求

简化画法的主导思想和基本要求有以下四条。

1. 应避免不必要的视图和剖视图

通过对各个视图之间的适当配置、尺寸的合理标注及对省略辅助视图的相关标准的应用,达到简化的目的(图 12-1)。

2. 在不致引起误解时,应避免使用虚线表示不可见的结构

由于用虚线表达的不可见结构的轮廓线易与其他结构的图线重叠,会给读图带来困难,绘图也不方便。同样,在虚线处也应尽量避免标注尺寸(图 12-2)。

---

① 本章内容参考了强毅主编的《〈技术制图〉国家标准应用指南》。

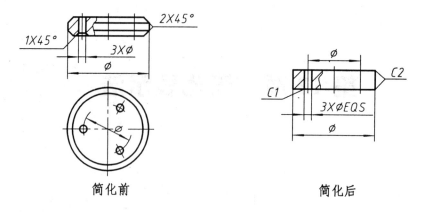

图　12 - 1

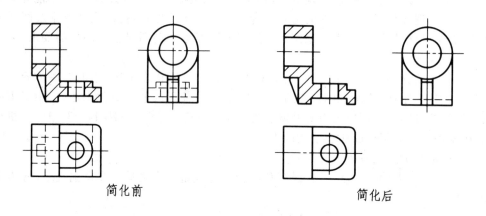

图　12 - 2

3. 尽可能使用有关标准中规定的符号,表达设计要求

图 12 - 3 所示方式,极大地简化了中心孔的表达。

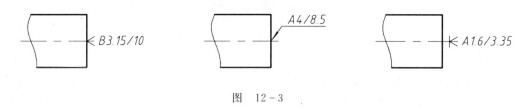

图　12 - 3

4. 尽可能减少相同结构要素的重复绘制(图 12 - 4)

由于机械设计中机件的相同结构或重复要素较多,按照此图样可以简化设计图样。

12. 2. 2　简化画法

对于标准中所规定的简化画法方案,按其不同的对象和功用,可将简化画法的主要内容归纳为以下几类。

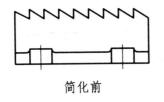
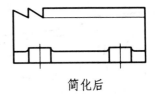

简化前 简化后

图 12-4

1. 特定画法

(1) 左右手件简化画法:对于左右手零件和装配件,允许仅画出其中一件,另一件则用文字说明,其中"LH"为左件,"RH"为右件(图12-5)。这里的左件和右件,是以它们在机器或设备上的装配位置相对于对称位置而言,即该件安装于左、右(或上、下)对称位置的镜像件。为了简化标注,凡属左件、上件、前件均用"LH"表示,凡属右件、下件、后件均用"RH"表示。

(2) 简化被放大部位画法:在局部放大图表达完整的前提下,允许在原视图中简化被放大部位的图形,如图12-6所示。由于局部放大图与被放大部位的原视图的主要关系是位置关系,只需准确表明局部放大图来自原视图的何处即可。所以原视图中被放大部位的图形可以简化,其形状和大小等图形信息由局部放大图表达。

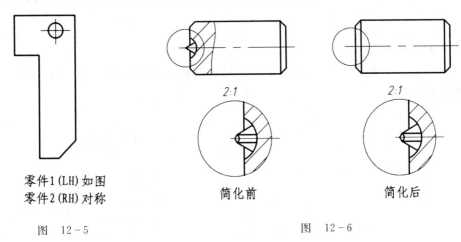

零件1(LH)如图
零件2(RH)对称

简化前 简化后

图 12-5 图 12-6

(3) 较长件简化画法:较长的机件(轴、杆、型材、连杆等)沿长度方向的形状已知或按一定规律变化时,可断开后缩短绘制(图12-7,图12-8)。

(4) 剖中剖简化画法:在剖视图的剖面中可再作一次局部剖视。采用这种方法表达时,两个剖面的剖面线应同方向、同间隔,但要互相错开,并用引出线标注其名称,如图12-9所示B-B剖视。这种画法是一种特殊的重合视图画法,可省去一个视图,对读图也有帮助。

2. 剖切平面前的结构简化画法

在需要表示位于剖切平面前的结构时,可按假想投影的轮廓线绘制这些结构,如图12-10所示。这种画法可省去一个视图。

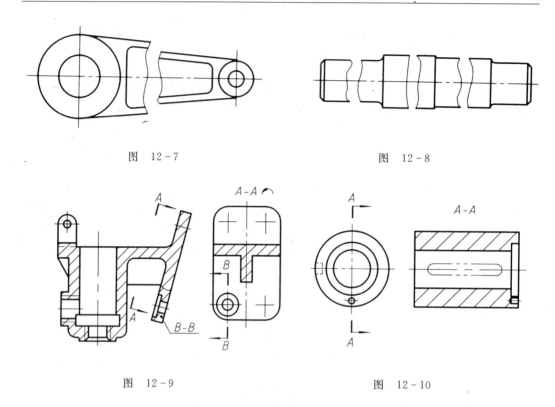

图　12-7　　　　　　　　　　　　图　12-8

图　12-9　　　　　　　　　　　　图　12-10

3. 对称画法

(1)对称结构简化画法:零件上对称结构的局部视图,可按图 12-11 和图 12-12 所示方法绘制。

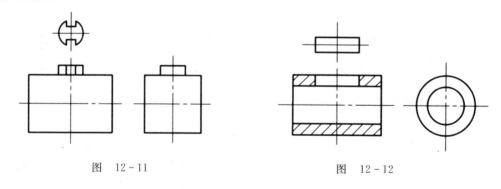

图　12-11　　　　　　　　　　　图　12-12

(2)基本对称结构简化画法:基本对称的零件仍可按对称零件的方式绘制,但应对其中不对称的部分加以说明(图 12-13)。

(3)对称件简化画法:在不致引起误解时,对于对称机件的视图可只画一半或 1/4,并在对称中心线的两端画出两条与其垂直的平行细实线(图 12-14)。

4. 剖面符号画法

(1)省略剖面符号画法:在不致引起误解的前提下,剖面符号可以省略(图 12-15,图 12-16)。

（2）涂色画法：在零件图中，可以用涂色代替剖面符号（图 12-17）。为了复制方便，通常用铅笔涂成红色或蓝色。

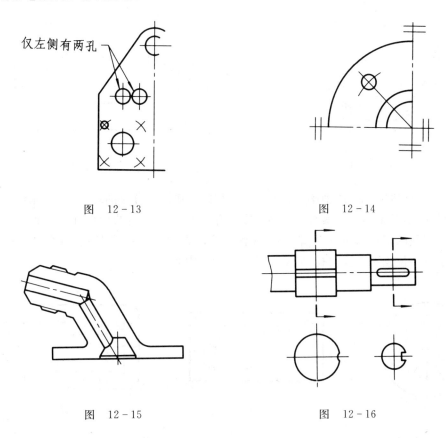

图　12-13　　　　　　　　　　　　　　图　12-14

图　12-15　　　　　　　　　　　　　　图　12-16

（3）较大剖面画法：在装配图中，装配关系已清楚表达时，较大面积的剖面可只沿周边画出部分符号或沿周边涂色（图 12-18）。

5．相同、成组结构或要素画法

（1）若干相同结构画法：当机件具有若干相同结构（如齿、槽等）并按一定规律分布时，只需画出几个完整的结构，其余的用细实线连接，在零件图中则必须注明该结构的总数（图 12-19，图 12-20）。

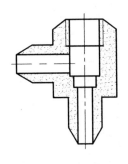

图　12-17

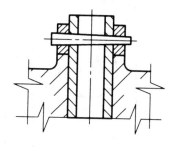

图　12-18

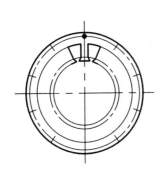

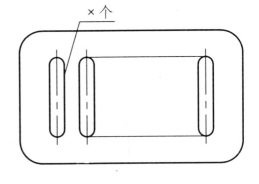

图 12-19　　　　　　　　　　　　　　　图 12-20

（2）**若干相同直径孔的画法**：对若干直径相同且成规律分布的孔，可以仅画出其中一个或少量几个，其余的用细实线或符号表示其中心位置。画出的少量孔要能保证标注孔间或孔组列间的定位尺寸。规律分布明确的孔通常用细实线定位（图 12-21，图 12-22）；对于分布位置不连续的孔，通常用符号表示其中心位置（图 12-23）。

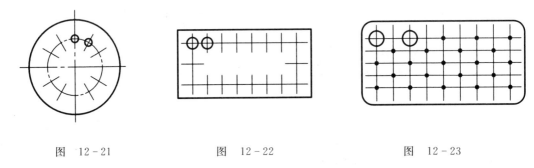

图 12-21　　　　　　　图 12-22　　　　　　　图 12-23

6. 特定结构或要素画法

（1）**倾斜圆或圆弧画法**：与投影面倾斜角度小于或等于 $30°$ 的圆或圆弧，其投影可用圆或圆弧代替（图 12-24）。

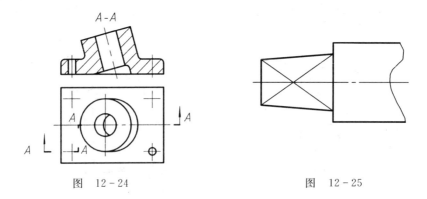

图 12-24　　　　　　　　　　　　　　　图 12-25

（2）**平面画法**：当回转体零件上的平面在图形中不能充分表达时，可用两条相交的细实线表示这些平面(图 12-25)。

(3) 过渡线或相贯线画法：在不致引起误解时,图形中的过渡线和相贯线可以简化,例如用圆或直线代替非圆曲线,如图 12-26 所示(直线代替非圆曲线)。

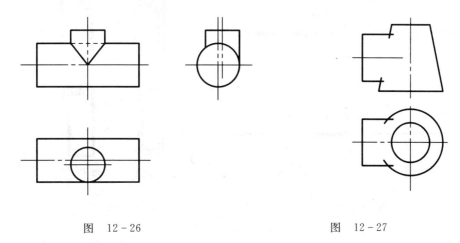

图　12-26　　　　　　　　　　　图　12-27

(4) 模糊画法：相贯线也可采用模糊画法表示(图 12-27)。在生产实际中,一般的铸、锻、机械加工等对相贯线的要求不高,只要求在图样上将组成机件的各个几何体的形状、大小和相对位置表达清楚即可,相贯线和过渡线会在生产过程中自然形成。

7. 特定件画法

(1) 管子画法：管子可仅在端部画出部分形状,其余部分用细点画线画出其中心线(图 12-28(a))。若设计允许,可用与管子中心线重合的单根粗实线表示管子(图 12-28(b))。

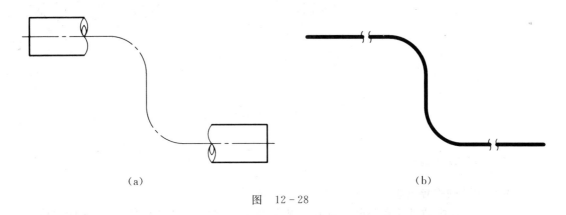

(a)　　　　　　　　　　　　　　　　(b)

图　12-28

(2) 钢筋和钢箍画法：钢筋和钢箍可用单根粗实线表示(图 12-29,图 12-30)。

(3) 圆柱法兰画法：圆柱形法兰和类似零件上均匀分布的孔可按图 12-31 所示的方法表示(由机件外向该法兰端面方向投影)

(4) 机件的肋、轮辐及薄壁画法：对于机件的肋、轮辐及薄壁等,如按纵向剖切,这些结构都不画剖面符号,而用粗实线将它与其邻接部分分开(图 12-32)。当零件回转体上均匀分布的肋、轮辐、孔等结构不处于剖切平面上时,可将这些结构旋转到剖切平面上画出(图 12 - 33)。

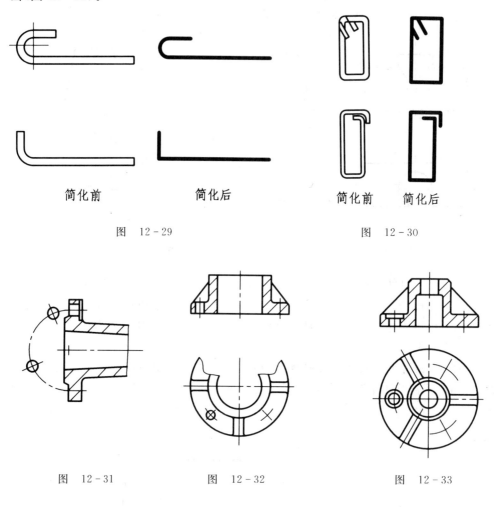

简化前　　　　　　　简化后　　　　　　　简化前　　　简化后

图　12 - 29　　　　　　　　　　　　　　图　12 - 30

图　12 - 31　　　　　图　12 - 32　　　　　图　12 - 33

12.3　简　化　注　法

12.3.1　基本要求

简化注法的主导思想和基本要求有以下三条:

(1) 若图样中的尺寸和公差全部相同或某个尺寸和公差占多数时,可在图样空白处作总的说明,如"全部倒角 C1.6"、"其余圆角 R4"等。这条原则也可引伸到表面粗糙度、焊缝等要求在图样上统一标注和说明的地方。

(2) 对于尺寸相同的重复要素,可仅在一个要素上注出其尺寸和数量(图 12 - 34)。

3. 标注尺寸时,应尽可能使用符号和缩写词。常用的符号和缩写词如表 12 - 1 所示。

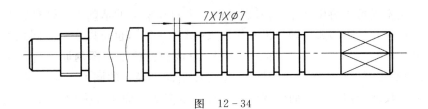

图 12-34

表 12-1

名　称	符号或缩写词	名　称	符号或缩写词
直　径	Φ	45°倒角	C
半　径	R	深　度	↓
球直径	$S\Phi$	沉孔或锪平	⊔
球半径	SR	埋头孔	▽
厚　度	t	均　布	EQS
正方形	□		

12.3.2 简化注法

对于标准中所规定的简化注法方案,按其不同的对象和功用,可以将简化注法的主要内容归纳为以下几类:

1. 标注尺寸要素简化注法

(1) 单边箭头:标注尺寸时,可使用单边箭头(图 12-35)。绘制这种箭头时,通常按水平尺寸左上右下,垂直尺寸上右下左的原则处理,倾斜尺寸按垂直尺寸对待。

(2) 带箭头指引线:标注尺寸时,可采用带箭头的指引线(图 12-36)。这种标注形式是将尺寸线的双向末端结构省略了一端,通常对非圆图形较为集中的尺寸标注使用。

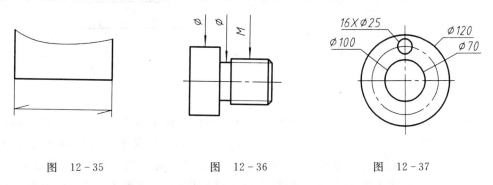

图 12-35　　　　　　图 12-36　　　　　　图 12-37

(3) 不带箭头指引线:标注尺寸时,也可采用不带箭头的指引线(图 12-37)。这种尺寸标注形式省略了尺寸末端,对圆形图形的标注较为合适。指引线不要求通过圆形结构的圆心,可以根据具体的情况和需要进行标注。

(4) 共用尺寸线箭头(同心圆弧+不同心圆弧):一组同心圆弧或圆心位于一条直线上的多个不同心圆弧的尺寸,可用共同的尺寸线箭头依次表示(图 12-38,图 12-39)。

这种标注方法不仅可以简化标注,同时也可以大大提高图样的清晰度。这种针对圆弧的标注方法可以仅在一个圆弧处画出尺寸线箭头(图 12 - 38),也可以在每个圆弧处分别画出尺寸线箭头(图 12 - 39)。采用哪一种形式,应该根据便于读图的原则进行选取。此外,尺寸线的箭头可以指向半径小的圆弧,也可以指向半径大的圆弧。但应注意,半径数字的顺序应随尺寸线箭头的指向而变化。若尺寸线箭头指向半径大的圆弧上,则圆弧半径尺寸数字应按由大到小的顺序标注(图 12 - 38(b));反之,若尺寸线箭头指向半径小的圆弧上,则圆弧半径尺寸数字应按由小到大的顺序标注(图 12 - 38(a))。

(5) 共用尺寸线(同心圆+台阶孔):一组同心圆或尺寸较多的台阶孔的尺寸,也可用共用的尺寸线和箭头依次表示(图 12 - 40,图 12 - 41)。这种标注方法与上述圆弧的标注方法有所不同,一是每一圆处应画出尺寸线箭头,二是箭头应由圆心(或中心线)方向指向外,三是尺寸线通常是超出圆心(中心线)。

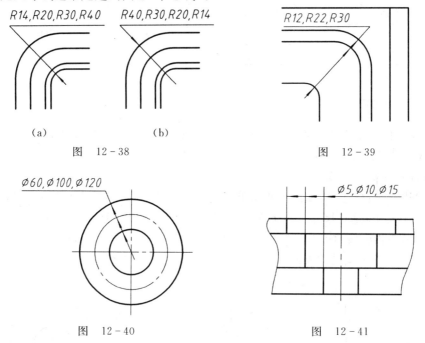

图　12 - 38　　　　　　　　　　　图　12 - 39

图　12 - 40　　　　　　　　　　　图　12 - 41

2. 规定注法

(1) 梯式尺寸注法:从同一基准出发的尺寸可简化标注,如图 12 - 42(直角坐标)和图 12 - 43(极坐标)所示。但应注意,重叠在一起的尺寸线可以是连续的,也可以是断续的;尺寸数字通常靠近尺寸线箭头,字头向上水平书写;同一基准符号处注写尺寸数字"0"。

(2) 链式尺寸注法:间隔相等的链式尺寸可简化标注,如图 12 - 44(直角坐标)和图 12 - 45(极坐标)所示。这种标注方法简化了重复尺寸的标注,括弧中是总体尺寸,作为参考尺寸处理。

(3) 真实尺寸注法:在不反映真实大小的投影上,用在尺寸数字下加画粗实线短划的方法标注其真实尺寸。由于设计修改等因素,不按比例绘制的尺寸,也可采用这种方法标注(图 12 - 46)。

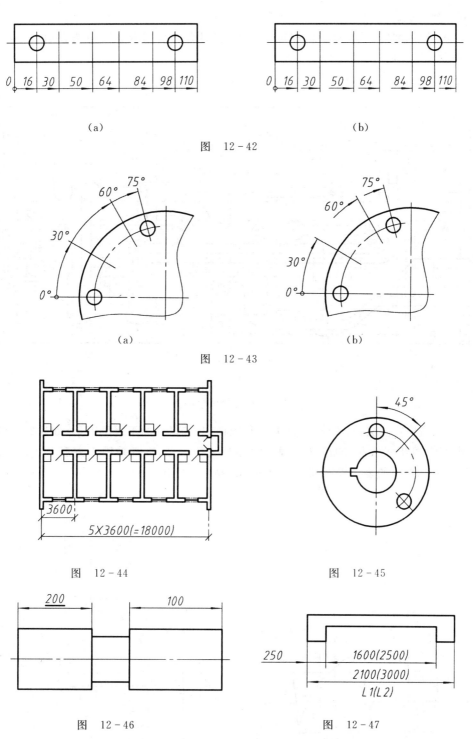

图　12 - 42

图　12 - 43

图　12 - 44

图　12 - 45

图　12 - 46

图　12 - 47

（4）形状相同件注法：两个形状相同但尺寸不同的构件或零件，可共用一张图表示，但应将另一件名称和不相同的尺寸列入括号中表示（图 12 - 47）。应说明的是，这种简化注法仅用于只有两个形状相同但尺寸不同的构件或零件，至于两个以上的简化注法可采用表格图注法。

　　（5）坐标网格注法：对于印制板类的零件，可直接采用坐标网格法表示尺寸，根据需要也可标注必要的尺寸（图 12－48）。

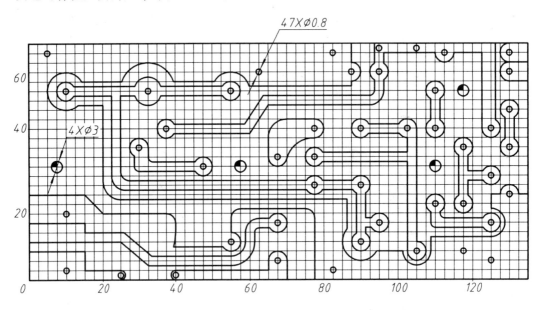

图　12－48

　　（6）网格式注法：在土木、建筑等工程图样中，较复杂的不规则图形（如建筑上的花纹与图案等）可用网格方式加注尺寸表示（图 12－49）。网格宜采用正方形形式，其大小可根据所表达对象的复杂程度和所需要表示的精度来确定。

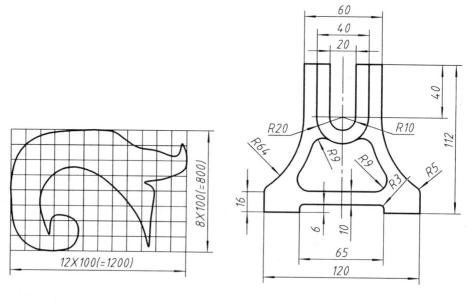

图　12－49　　　　　　　　　　　　　　　图　12－50

（7）对称图形注法：当图形具有对称中心线时，分布在对称中心线两边的相同结构，可仅标注其中一边的结构尺寸，如图 12-50 中的 R64、12、R9、R5 等。

（8）表格图注法：同类型或同系列的零件或构件，可采用表格图注法（图 12-51，图 12-52）。

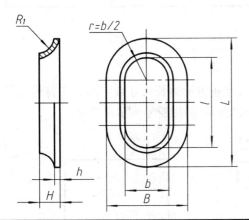

X₄	40	80	60	100	0.8	11
X₃	30	60	50	80	0.8	11
X₂	20	40	36	56	0.5	8.5
X₁	12	24	20	32	0.5	8.5
图样代号	b	l	B	L	h	H	数量

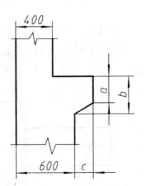

No	a	b	c
Z1	200	400	200
Z2	250	450	200
Z3	200	450	250

图　12-51　　　　　　　　　　　　　　　　　図　12-52

3. 重复要素尺寸注法

（1）成组要素尺寸注法：在同一图形中，对于尺寸相同的孔、槽等成组要素，可仅在一个要素上注出其尺寸和数量（图 12-53）。均布用缩写词"EQS"表示。应注意的是，在标注出定型尺寸的同时，应标注出定位尺寸。当成组要素的定位和分布情况在图形中已明确时，也可不标注其角度，并省略"EQS"（图 12-54）。

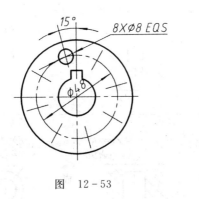

图　12-53　　　　　　　　　　　　図　12-54

（2）标记或字母注法：在同一图形中，如有几种尺寸数值相近而又重复的要素（如孔等）时，可采用标注字母或标记（如涂色等）的方法来区别（图 12-55，图 12-56）。

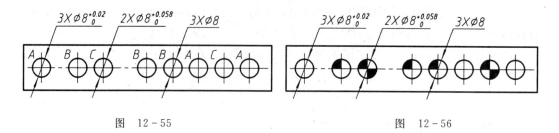

图 12-55   图 12-56

4. 特定结构或要素注法

（1）正方形注法：标注正方形结构尺寸时，可在正方形边长尺寸数字前加注符号"□"（图 12-57）。正方形尺寸还可以用"边长×边长"表示，但用符号表示更简单。

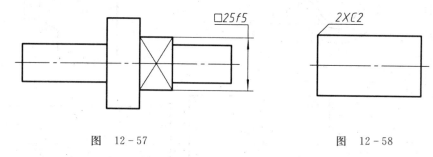

图 12-57   图 12-58

（2）倒角注法：在不致引起误解时，零件图中的 45°倒角可以省略不画，其尺寸也可简化标注，如图 12-58 所示。45°倒角以外的其他角度的倒角应按规定注法标注。"2×C2"中前面的"2"表示两端，"C"是 45°倒角的符号，其后的"2"是倒角的角宽。

（3）孔的旁注法：各类孔（光孔、螺孔、螺纹不通孔、沉孔等）可采用旁注和符号相结合的方法标注，如表 12-2 所示。应注意的是，指引线应从装配时的装入端或孔的圆形视图的中心引出；指引线的基准线上方注写主孔尺寸，下方注写辅助孔尺寸等内容。

表 12-2

简　化　前	简　化　后

续 表

简　化　前	简　化　后
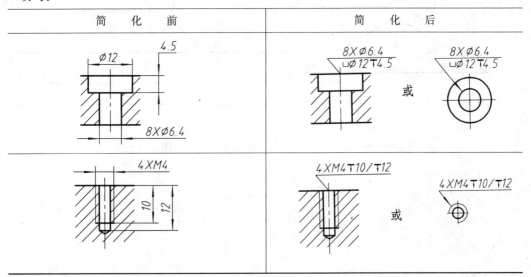	

（4）锪平孔注法：对于锪平孔，也可采用表 12－1 中的符号简化标注，如图 12－59 所示。

5. 特定表面注法（不连续表面尺寸注法）

对不连续的同一表面，可用细实线连接后标注一次尺寸，如图 12－60 中 Φ8 轴被 7 个砂轮越程槽分成 7 部分的标注形式。这种标注通常用于一次装夹一次成型的不连续的同一表面。

6. 特定件尺寸注法（桁架、钢筋、管子等的长度尺寸注法）

单线图上，桁架、钢筋、管子等的长度尺寸可直接标注在相应的线段上，角度尺寸数字可直接填写在夹角中的相应部位（图 12－61，图 12－62）。

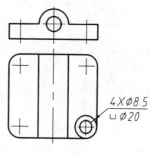

图　12－59

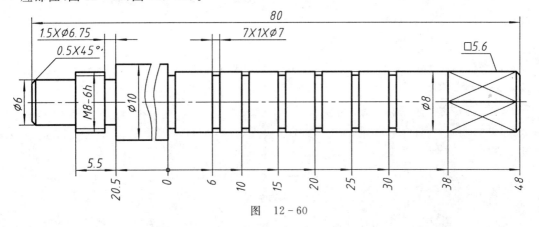

图　12－60

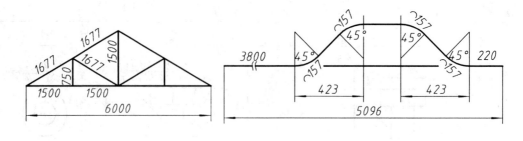

图　12-61　　　　　　　　　　　　图　12-62

附录 "大雄机械CAD"(免费版)简介

"大雄机械CAD"软件由大雄软件工作室研制,采用 VC++6.0 编程语言及 MFC 类库、面向对象技术开发而成。底层做起,拥有完全的自主版权,适用于 Windows 98/Me/NT/2000/XP 操作系统。

免费版"大雄机械CAD"软件既适用于高校计算机绘图教学,也可用于厂矿企业的工程制图。软件提供包括输入、输出、打印、工程标注、标准件库、Word 接口、AutoCAD 的 DWG 接口等完整功能(无任何功能限制),通过 www.321CAD.com 网站为用户解决各种技术问题。该网站可提供软件下载、问题解答、用户建议等相关功能。

该软件已全面用于西北工业大学本科生计算机绘图教学多年,在课内授课学时 6 小时、10 小时上机的情况下,学生能按时完成 2 张中等复杂程度的 A3 零件图。

一、软件的主要技术特点

(1)具有典型的 Windows 环境下软件的用户界面风格,易学易用,是"傻瓜"型的通用绘图软件(主界面如图1)。

(2)具有完善的动态演示帮助系统。借助多媒体教材,将各种问题,如功能命令使用、特殊图形绘制、绘图技巧说明等,用动画形式演示出来,无需老师及说明书,用户在短时间内完全可以自学精通。

(3)齐全的绘制机械图功能命令,使绘制机械零件图、装配图快速、方便、简单。

1)绘图命令多(图2)。

2)工程标注全(图3)。

3)图形编辑、修改方便(图4)。

4)标准件库、标准件库管理、标准件消隐(图5)。

5)尺寸参数驱动(图6)。

(4)具有和 Word 文本编辑框功能、操作基本一致的文本编辑框,使软件具备良好的图文混合编排处理能力(图7)。

(5)能够轻轻松松绘制表格,也可将绘制的图线直接定义成表格。表格中文字可根据表格大小自动调整(图8)。

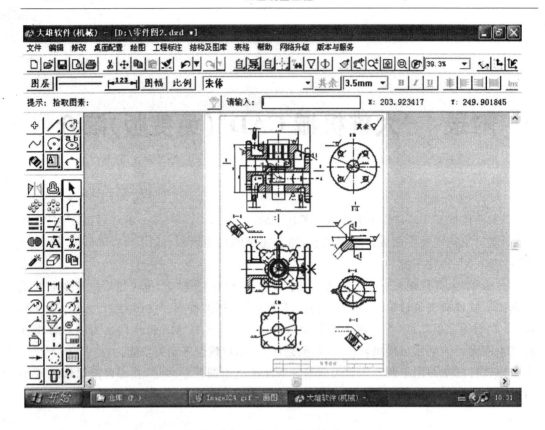

图 1　绘图板主界面

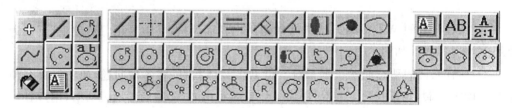

图 2　绘图命令图标菜单

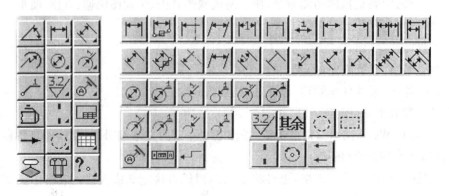

图 3　工程标注图标菜单

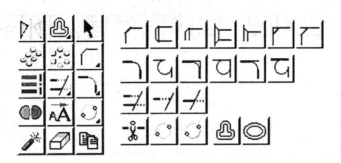

图 4　编辑、修改图标菜单

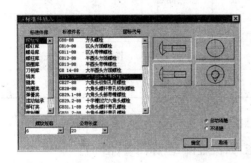
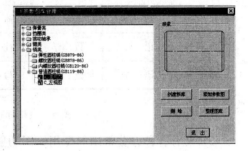

图 5　标准件及参数图库管理对话框

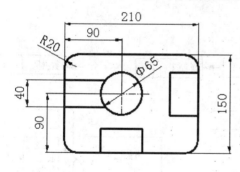

尺寸驱动前

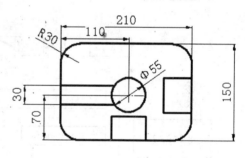

尺寸驱动后

图 6　尺寸驱动图例

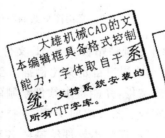

横排　　　　　竖排　　　　　　　横斜排　　　　　竖斜排

图 7　文本编辑图例

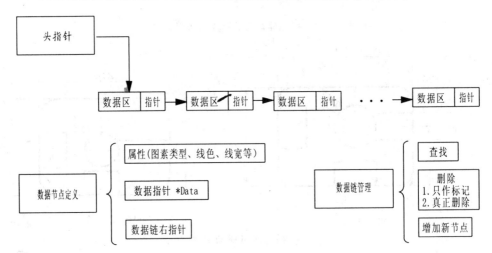

节次\星期	上　　　午				下　　午	
星期一	1	2	3	4	5	6
星期二	数　学	语　文	自　然	体　育	趣　数	社　会
星期三	数　学	语　文	音　乐	思想品德	美　术	英　语
星期四	数　学	语　文	体　育	自　习	健　康	自　然
星期五	语　文	数　学	社　会	作　文	作　文	美　术
星期六	语　文	数　学	写　字	英　语	音　乐	班　会

图 8　表格处理图标菜单及图例

（6）具有各种办公常用的专用绘图功能，如流程图、坐标图等（图 9）。

图 9　常用图形绘制图例

（7）对外接口：通过操作系统粘贴板或 EMF 文件，可将本软件绘制的图形按真实大小、线宽、线色、线型，按 1：1 或用户自定义比例插入到 Word 97/2000 中；能打开 Auto-CAD 14/2000 的 DWG 格式文件，并能将本软件绘制的图形原封不动地输出成 DWG 文件，与 AutoCAD 14/2000 实现了图形双向交流；支持常见格式图片文件插入与输出，如 BMP/JPG/GIF/PNG/EMF 等，能将本软件绘制的各种图形高精度、无锯齿输出成各种图片文件。

二、软件使用简介

1. 软件界面各模块介绍(图 10)

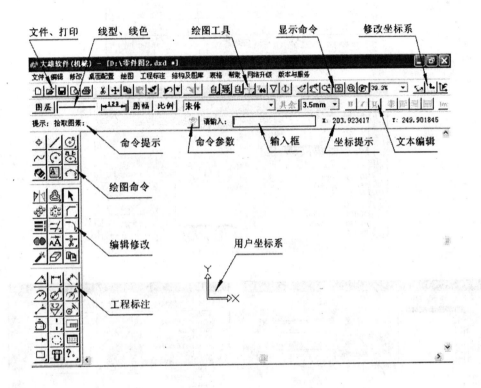

图 10　主界面简介

2. 绘制一个简单图例步骤

(1) 点击文字菜单:"文件"下"新文件"。

(2) 选择自定义方式设置绘图环境(包括:图幅、比例、边框)(图 11)。

(3) 选取直线命令、将线型设置成点画线(图 12)。

(4) 绘制图形对称中心线(图 13)。

(5) 选取直线命令、将线型设置成粗实线(命令点击如同第 3 步),绘制物体轮廓线(图 14)。

(6) 选取圆命令,绘制左视图中圆。为保证视图的对应关系,可将"视图对齐"工具打开(图 15)。

凡是图标右下角有小黑三角形的菜单,当鼠标按下后,如果按住鼠标不放,则 1 s 后将弹出另一些菜单来。如图 15 中的直线命令、圆命令、视图对齐工具等。

(7) 选取工程标注中"直线尺寸"标注直线尺寸(图 16)。

(8) 选取工程标注中"圆尺寸"标注圆尺寸(图 17)。

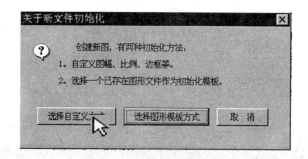

图 11　新文件初始化对话框

图 12　选取命令、设置线型

（9）选取工程标注中"粗糙度"、"形位公差"标注相关内容（图 18）。

（10）填写标题栏（图 19）。

（11）最终打印预览结果图（图 20）。

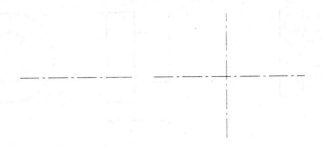

图 13　绘中心线

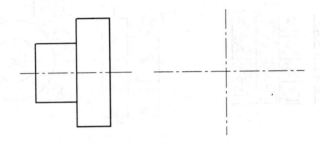

图 14　绘主视图

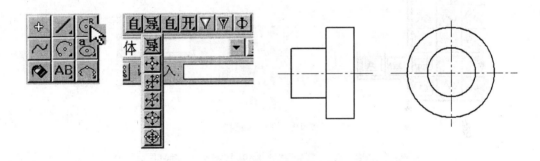

图 15　绘左视图

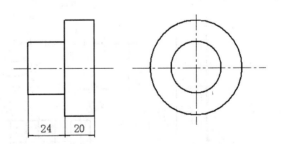

图 16　标注直线尺寸

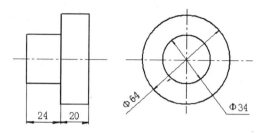

图 17　标注圆尺寸

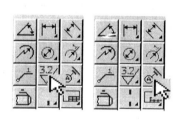
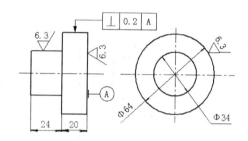

图 18　标注粗糙度及形位公差

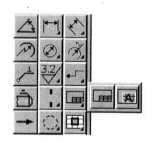
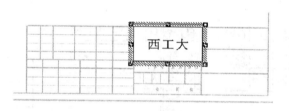

图 19　填写标题栏

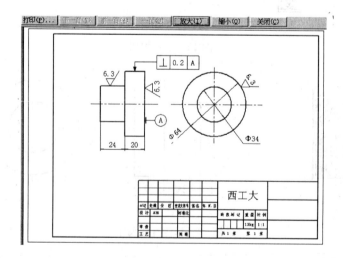

图 20　预览结果

参 考 书 目

1 孙根正．画法几何及机械制图．第5版．西安：陕西科学技术出版社,1998

2 雷光明,刘苏．建筑制图．西安：陕西科学技术出版社,1997

3 何铭新,钱可强．机械制图．第4版．北京：高等教育出版社,1997

4 石光源．机械制图．第3版．北京：高等教育出版社,1997

5 董国耀．机械制图．北京：北京理工大学出版社,1998

6 谭建荣．图学基础教程．北京：高等教育出版社,1999

7 朱福熙．建筑制图．北京：高等教育出版社,1985

8 常明．画法几何及机械制图．武汉：华中理工大学出版社,1999

9 中国纺织大学工程图学教研室．画法几何及工程制图．第4版．上海：科学技术出版社,1997

10 华中理工大学．画法几何及机械制图．第4版．北京：高等教育出版社,1989、、

11 张跃峰,陈通．AutoCAD R14 入门与提高．北京：清华大学出版社,1999

12 孙家厂．计算机图形学．北京：清华大学出版社,1999

13 刁宝成,焦永和．计算机图形学．北京：高等教育出版社,1999

14 王永平,雷光明,贾天科．计算机绘图．西安：陕西科学技术出版社,1994

15 孙国锟．大学生学习方法导论．西安：西北工业大学出版社,1996